普通高等教育"十二五"规划教材

山东省精品课程
山东省优秀教材

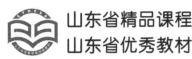

工程图学基础教程

第 3 版

主　编　叶　琳
副主编　程建文　邱龙辉
参　编　高晓芳　李　旭　张慧英　宋晓梅
　　　　骆华锋　陈　东　刘俐华　卜秋祥
主　审　王兰美

机 械 工 业 出 版 社

本教材是山东省精品课程建设成果之一，可作为"机械制图"、"工程制图"、"工程图学"等相关课程的用书，也可供相关技术人员参考。本教材第2版获山东省优秀教材奖，配套多媒体课件获教育部多媒体课件大赛优秀奖，配套智能手机APP（Android版）助教助学软件，获2014年全国多媒体课件大赛一等奖。扫描前言后的二维码可获取手机APP下载链接、购买和注册激活说明，及观看APP使用演示视频。

教材采用最新国家标准。二维和三维图形全部采用计算机绘制处理，以保证图形生动、清晰。例题中配以三维渲染图，在图物对照中帮助学生提高空间想象能力。主要内容包括：工程制图基本知识，点、直线、平面的投影，基本体的投影及表面交线，组合体，机件常用表达方法，螺纹、常用标准件和齿轮，零件图，装配图。

与本教材配套的《工程图学基础教程习题集（第3版）》（附全部习题解答和立体图）也同时修订出版，配套的计算机绘图教材可选用由本教材副主编邱龙辉主编的《AutoCAD工程制图（第2版）》（机械工业出版社出版）。

本教材可供大学本、专科各相关专业40～100学时的制图课程使用，其他学时也可根据具体需要酌情取舍。

与该套教材配套多媒体课件 见机械工业出版社教育服务网（www.cmpedu.com），如有其他需要，请联系 xwdrawing@sina.com。

图书在版编目（CIP）数据

工程图学基础教程/叶琳主编. —3 版. —北京：机械工业出版社，2013.4（2016.8 重印）

普通高等教育"十二五"规划教材

ISBN 978-7-111-41932-7

Ⅰ.①工…　Ⅱ.①叶…　Ⅲ.①工程制图-高等学校-教材　Ⅳ.①TB23

中国版本图书馆 CIP 数据核字（2013）第 058943 号

机械工业出版社（北京市百万庄大街22号　邮政编码100037）
策划编辑：舒　恬　责任编辑：舒　恬　韩旭东　邓海平
版式设计：霍永明　责任校对：樊钟英
封面设计：张　静　责任印制：乔　宇
三河市国英印务有限公司印刷
2016 年 8 月第 3 版第 5 次印刷
184mm×260mm · 16.25 印张 · 396 千字
标准书号：ISBN 978-7-111-41932-7
定价：34.50 元

本教材是山东省精品课程建设成果之一，可作为"机械制图"、"工程制图"、"工程图学"等相关课程的用书。本教材第 2 版获山东省优秀教材奖，配套课件获教育部多媒体课件大赛优秀奖（免费提供）。本教材配套智能手机 APP（Android 版）助教助学软件（含教材和习题集），获 2014 年全国第十四届多媒体课件大赛一等奖。该软件含大量交互虚拟模型、配套训练和精选模型库，内容设计符合教学需求，具有很强的实用性。软件一经推出，便受到师生的好评（该软件有偿使用，批量购买价格从优）。

本版在 2004 年第 2 版的基础上修订而成，同步修订的还有配套的《工程图学基础教程习题集（第 3 版）》（附全部习题解答和立体图）。修订时，作者参考了教育部高等学校工程图学教学指导委员会制定的"普通高等院校工程图学课程教学基本要求"，吸取了近年来教学改革的成功经验并采纳了兄弟院校使用第 2 版提出的建设性意见和建议。本教材自 2001 年初版以来，已被多所院校选作教材。双色印刷的主教材配套附有立体图和全部解答的习题集，加上手机 APP，使本套教材的学习质量和效果得以显著提升。

本教材在保持第 2 版特色和基本框架的基础上作了必要的修改和调整，主要有以下几方面：

1）依据教学定位于应用实际的指导思想，从工程实用角度出发，进一步精选内容和例题，删减与工程实用无关或相关性不大的画法几何的理论部分，如直线与平面、平面与平面的相交问题、组合回转体截交线的较复杂例题等，使之更适合本教材所适用的读者对象。

2）图形是衡量制图教材编写质量的重要指标，本教材的二维和三维图形全部采用计算机绘制处理，且对必要的例题配以三维渲染图，保证图形清晰、生动。从而在图物对照中帮助学生提高空间想象能力。

3）各章节内容编写都有不同程度的更新。第 2 版第 3 章的"立体及立体表面的交线"现改为"基本体的投影及表面交线"，并重新编写了相应内容；第 2 版第 6 章的"标准件和常用件"现改为"螺纹、常用标准件和齿轮"，对其中涉及的概念和画法，作了更明确的定义和解释说明。在"组合体"一章中，根据教学需要增加了正等轴测图的画法。将第 2 版的"零件图和装配图"一章拆分为"零件图"、"装配图"两章。在零件图中，对技术要求部分的"极限与配合"、"表面粗糙度"和"几何公差"等作了重新编写；在"装配图"中增添了"零、部件测绘"的内容。对零件图样和装配图样中牵涉到的国家新标准部分进行了全部更新。

4）本教材的配套习题集在第 2 版配有全部习题解答的基础上，增加了解答中的对应立体图，以帮助学生在图物对照中的自主学习。

5）应读者要求，删除了第 2 版的"计算机绘图简介"部分，配套计算机绘图教材可选用由本教材副主编邱龙辉主编的《AutoCAD 工程制图（第 2 版)》（机械工业出版社出版）。

本教材由叶琳任主编，程建文、邱龙辉任副主编，负责统稿、定稿；邱龙辉还完成了教材中二维图形的计算机处理及三维实体的计算机造型、渲染等工作。

参加本次修订和编写工作的还有：高晓芳、李旭、张慧英、宋晓梅、骆华锋、陈东、刘俐华、卜秋祥。本教材由国家精品课程负责人王兰美教授担任主审。

本教材可供大学本、专科各专业学生 40~100 学时的制图课程使用，其他学时也可根据具体需要酌情取舍。

本教材为青岛科技大学教材建设项目。与该套教材配套的多媒体课件可通过机械工业出版社教育服务网（www.cmpedu.com）下载；扫描前言下方的二维码可获取与本教材配套的 Android 手机版 APP 助教助学软件的购买、注册及激活信息，观看视频操作说明及下载软件，如有问题请联系 xwdrawing@ sina.com。

编　者

［扫描进入 Android 手机版 APP 助教助学软件页面］

目录

Contents

绪　　论

图样与文字、数字一样，也是人类借以表达、构思、分析和交流思想的基本工具之一。"图形学"在漫长的人类历史进程中得到不断的发展、充实和完善，最终形成了一门严谨的基础科学。工程图学是"图形学"中的一个重要分支，工程图样则是工程图学的研究对象。

本课程是研究如何绘制和阅读"工程图样"的一门学科。工程图样是工程信息的强大载体，它准确地表达了工程对象的形状、尺寸及技术要求。工程图样与近现代工业密不可分，从闻名遐迩的埃菲尔铁塔到上海的金茂大厦；从神九与天宫之吻到蛟龙的深海探秘，这些标志性的建筑和高新技术产物的设计思想和设计雏形，都是以工程图样为信息载体来表达的。工程图样在工程中的重要性，奠定了它在工业生产中的地位，被喻为"工程界的语言"。而这一种语言是无国界的，不同国家，使用不同语言文字的人们，都可以通过工程图样进行无障碍的技术交流。

随着我国改革开放的不断深入，尤其是加入 WTO 后，中国已全方位与国际接轨，并正在步入经济强国的行列，与各国之间通过工程图样进行技术交流的范围也扩展到了各个领域，作为培养高科技人才的大专院校，应理所当然地把"工程图学"类课程列为必修的技术基础课，工科专业的大学生必须掌握工程图样的绘制与阅读，必须掌握属于自己的技术语言。近年来，随着工业生产突飞猛进的发展和对外贸易的不断扩大，我国综合性大学和工科院校中理科和文科的许多专业，也在教学计划中将"工程图学"类课程列入了培养学生工程素质的必修课或选修课程。

计算机的广泛应用极大地促进了工程图学的发展，赋予了古老的工程图学勃勃生机。计算机绘图逐步取代传统尺规绘图，带来了几乎所有领域中的设计革命。但这并不意味着计算机可以取代人的作用，计算机图形学是以工程图学为基础发展而来，又反过来为工程图学服务的。一个没有掌握工程图学理论基础的人，是不可能用计算机来代替尺规绘图的。尤其在工程图学类课程的教学中，尺规绘图依然起着不可或缺的重要作用。

本课程的主要任务是：

1) 学习正投影的基本理论应用。

2) 培养学生尺规绘图、徒手绘图的综合绘图能力及阅读简单工程图样的能力。

3) 培养对物体三维空间的逻辑思维能力和形象思维能力。

4) 初步养成自觉遵守国家标准的习惯，培养技术实践的意识和能力。

5) 培养耐心细致的工作作风和认真负责的工作态度。

"工程图学"不仅具有严密的理论性，而且具有极强的实践性。因此在学习它的基本理论的同时，还必须通过多做习题、多画模型，进行由物画图、由图想物的反复训练。

课程以图示、图解贯穿始终。因此，对于投影理论的学习，要紧紧抓住"图形"不放，理论联系实际，将投影分析与空间分析相结合，逐步提高空间想像能力和空间分析能力。

完成一定数量的作业（练习题、草图和尺规图等），是学好本课程的重要实践方式和根本保证。因此，对于课内外练习要给予高度的重视，并认真、按时、优质地完成。对于个体而言，平时作业完成的优劣，也决定了最终的学习结果和考试成绩的优劣。

在学习中，一般对理论的理解并不难，难的是将理论应用在绘图与读图实践中。因此，要注意掌握正确的绘图步骤和方法，在实践中注意积累经验，不断提高绘图和读图的能力。

国家标准是评价工程图样是否合格的重要依据，因此，要认真学习国家标准的相关内容并严格遵守。

第 1 章

工程制图基本知识

工程图纸是工程技术人员表达设计思想、进行技术交流的工具，同时也是指导生产的重要技术资料，是工程界表达和交流技术思想的共同语言，具有严格的规范性。

本章将简要介绍以下内容：国家《技术制图》和《机械制图》标准的一些基本规定；几何作图和常见平面图形的画法；尺规绘图和徒手绘图的基本技能等内容。

1.1 制图基本规定

1.1.1 图纸幅面及格式（GB/T 14689—2008）

1. 图纸基本幅面

绘图时优先采用表 1-1 所规定的图纸基本幅面。基本幅面有五种，幅面代号分别为 A0、A1、A2、A3 和 A4。

表 1-1 图纸基本幅面尺寸及图框尺寸

幅面代号	A0	A1	A2	A3	A4
$B \times L$	841×1 189	594×841	420×594	297×420	210×297
a	25				
c	10			5	
e	20		10		

2. 图框格式

如图 1-1 和图 1-2 所示，图纸中限定绘图区域的矩形框称为图框。在图纸上用粗实线画出图框，其格式分成两种，一种是不需要装订的图框格式，无需留出装订边的尺寸（图1-1）；另一种是需要装订的图框格式，在图纸的左侧要留出装订边的尺寸（图 1-2，装订边尺寸 a 参见表 1-1）。绘图时，图纸可以横放（长边水平，见图 1-1a、图 1-2a）也可以竖放（短边水平，见图 1-1b、图 1-2b）。

3. 标题栏

每张图样中都应画出标题栏。标题栏的位置一般应位于图纸的右下角，看标题栏的方向一般与绘图和看图的方向一致，如图 1-1 和图 1-2 所示。标题栏的格式在 GB/T 10609.1—2008《技术制图 标题栏》中有详细规定。制图作业中的标题栏可采用根据国家标准推荐的标题栏的简化格式（图 1-3）。

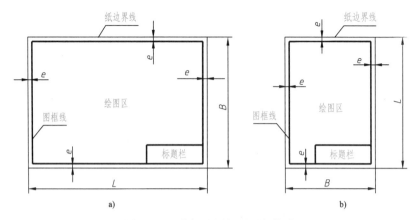

图 1-1　无装订边图纸的图框格式

a）横放的图框格式　b）竖放的图框格式

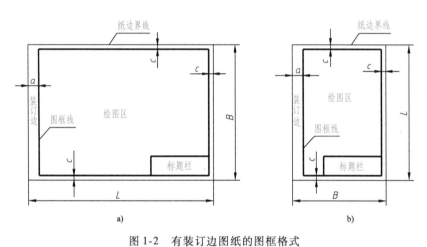

图 1-2　有装订边图纸的图框格式

a）横放的图框格式　b）竖放的图框格式

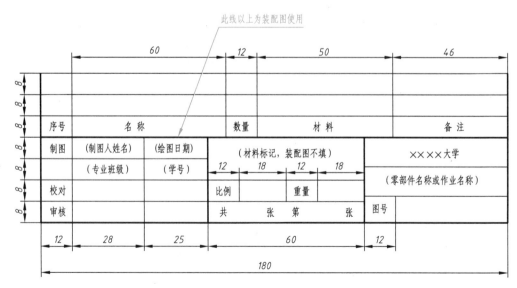

图 1-3　制图作业用简化标题栏的格式和尺寸

1.1.2　比例（GB /T 14690—1993）

比例是图样中图形与其实物相应要素间的线性尺寸之比。

绘图时，应根据需要按表 1-2 规定的系列选取适当的绘图比例。一般应优先采用机件的实际大小（1∶1）绘图，以便从图样上就能得到实物大小的真实概念。但无论采用何种比例，图样上的尺寸必须按实物的实际尺寸注出。图 1-4 所示为采用不同比例绘制的同一图形的效果。图中 C1.5 表示 45°倒角，1.5 表示圆台（倒角）的高度。

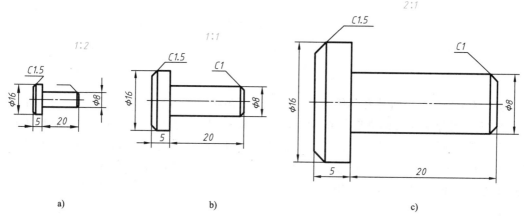

图 1-4　采用不同比例绘制的同一图形

a）缩小一倍（1∶2）　b）原形（1∶1）　c）放大一倍（2∶1）

国家标准规定了绘图比例系列，表 1-2 是常用的部分绘图比例系列，绘制图样时，可从中选择采用。

表 1-2　绘图比例

种　　类					
原值比例	1∶1				
放大比例	2∶1	2.5∶1	4∶1	5∶1	10∶1
缩小比例	1∶1.5	1∶2	1∶2.5	1∶3	1∶4　　1∶5

1.1.3　字体（GB /T 14691—1993）

字体是工程图样中的一个重要组成部分。国家标准规定了图样中汉字、字母、数字的书写规范。

书写字体的基本要求与原则是：字体工整、笔画清楚、间隔均匀、排列整齐。

根据以上原则，国家标准从以下几个方面对书写字体作了规定。

1. 字高

字体的高度代表了字体的号数，字体高度 h 的公称尺寸系列有八种：1.8、2.5、3.5、5、7、10、14、20mm。还需要书写更大的字时，其字体高度按照字高 $\sqrt{2}$ 倍的比率递增。

2. 汉字

汉字应写成长仿宋体，并采用国家正式公布的简化字。汉字的高度不应小于 3.5mm，

其宽度一般为 $h/\sqrt{2}$（约 $0.7h$）。汉字的书写范例如图 1-5 所示。

（10号字） 字体工整 笔画清楚 间隔均匀 排列整齐

（7号字） 横平竖直 注意起落 结构均匀 填满方格

（5号字） 技术制图工程制图计算机绘图三维参数化造型与设计

（3.5号字） 画法几何与机械制图部件测绘技术要求机件常用表达方法

图 1-5　汉字字体示例

3. 数字和字母

数字和字母可写成直体和斜体两种形式，常用斜体。斜体字字头向右倾斜，并与水平基准线成 75°。数字和字母的高度一般不宜小于 3.5mm，用作分数、极限偏差、注脚或下标的数字及字母，一般应采用小一号的字体。A 型字体的笔画宽度为字高 h 的 1/14；B 型字体的笔画宽度为字体高度 h 的 1/10。数字和字母可写成斜体或直体，常用斜体。在同一图样上，只允许选用一种型式的字体。常用 A 型斜体数字、字母的书写示例如图 1-6 所示。

1.1.4　图线（GB/T 17450—1998，GB/T 4457.4—2002）

在绘制图样时，应根据表达的需要，采用相应的图线。

1. 图线的形式及应用（见表 1-3）

因粗虚线和粗点画线使用场合较少，在后文中如不特别说明，均指细虚线和细点画线。

表 1-3　图线的名称、型式、线宽及主要用途

图线名称	线　型	图线宽度	主　要　用　途
粗实线	——————————	d	可见轮廓线
细实线	 ————————	$d/2$	过渡线尺寸线、尺寸界线、剖面线、指引线
细虚线	 ≈4 ≈1 ‑ ‑ ‑ ‑ ‑ ‑	$d/2$	不可见轮廓线
粗虚线	 ▬ ▬ ▬ ▬ ▬	d	允许表面处理的表示线
细点画线	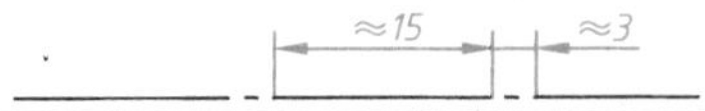 ≈15 ≈3 ‑ · ‑ · ‑ · ‑	$d/2$	轴线、对称中心线
粗点画线	 ▬ · ▬ · ▬ · ▬	d	限定范围表示线
细双点画线	 ≈15 ≈5 ‑ · · ‑ · · ‑	$d/2$	相邻辅助零件的轮廓线、可动零件的极限位置的轮廓线、轨迹线
波浪线	 ～～～～～	$d/2$	断裂处的边界线、视图与剖视图的分界线
双折线	 ———／\———／\———	$d/2$	断裂处边界线

图 1-6　A 型斜体数字、字母的书写示例

a) 拉丁字母　b) 阿拉伯数字　c) 罗马数字

2. 图线的宽度

工程图样中采用两种图线宽度,称为粗线和细线。粗线的宽度为 d,细线的宽度为 $d/2$。图线宽度应根据图样的复杂程度和尺寸大小在下列推荐尺寸中选择：0.13、0.18、0.25、0.35、0.5、0.7、1、1.4、2mm。制图作业中一般常选用粗线的宽度 $d=0.5$mm 或 0.7mm。

3. 注意事项

1) 在同一图样中,同类图线的宽度应一致。

2) 虚线（粗和细）、点画线（粗和细）、细双点画线的短画长度和间隔应各自大致相等。图 1-7 所示为线型应用示例。

3) 绘制圆的对称中心线时,圆心应是线段与线段的交点,点画线的两端应超出圆外约 2mm 为宜,且圆外不能出现点画线中的点,如图 1-8a 所示。当绘制直径较小（一般小于

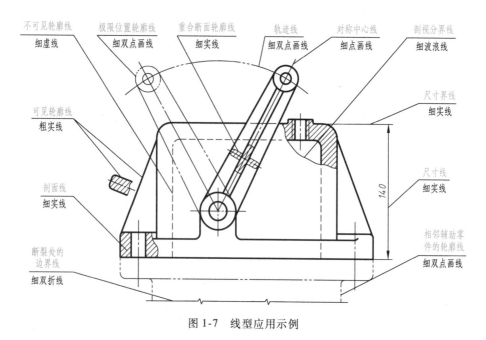

图 1-7　线型应用示例

12mm）的圆时，可用细实线代替点画线绘制圆的中心线，如图 1-8b 所示。

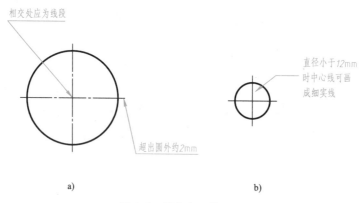

a)　　　　　　　　　　　　　　　　　　b)

图 1-8　圆的中心线画法

a）大圆的中心线　b）小圆的中心线

　　4）虚线、细点画线与其他图线相交时，应在线段处相交；当虚线处于粗实线的延长线上时，虚线与粗实线间应留有间隙，图线画法正误对比如图 1-9 所示。

　　5）图线不宜相互重叠，不可避免时可按习惯画线宽粗的图线；若线宽相同，也可按习惯处理，例如细虚线与细实线或细点画线重叠时，画细虚线。

1.1.5　尺寸注法（GB/T 4458.4—2003，GB/T 16675.2—1996）

　　图形只能表达物体的形状，其大小由所标注的尺寸确定。尺寸是图样中的重要内容之一，是制造机件的直接依据。因此，在标注尺寸时，必须严格遵守国家标准中的有关规则和规定。

　　1. 基本原则

　　1）机件的真实大小应以图样上所标注的尺寸数字为依据，与图形的比例及绘图的准确度无关。

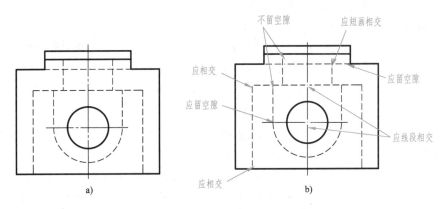

图 1-9　图线画法正误对比

a）正确　b）错误

2）图样中（包括技术要求和其他说明）的尺寸，以 mm 为单位时，不需标注单位。工程图样的线性尺寸，一般以 mm 为单位，如采用其他单位，则必须注明相应计量单位的代号或名称，如 45°、25cm 等。

3）图样中的尺寸，应为该机件的最后完工尺寸，否则应另加说明。

4）机件的每一尺寸，一般应只标注一次，且应标注在反映该结构最清晰的图形上。

5）标注尺寸时，应尽可能采用符号和缩写词，如直径用 ϕ、半径用 R、球直径用 $S\phi$、球半径用 SR 来表示，45°倒角用 C 来表示等，详见表 1-4。

6）尽可能不在不可见轮廓线（虚线）上标注尺寸。

2. 尺寸的构成

如图 1-10 所示，尺寸一般由尺寸界线、尺寸线（含尺寸线终端的箭头或斜线）和尺寸数字组成。

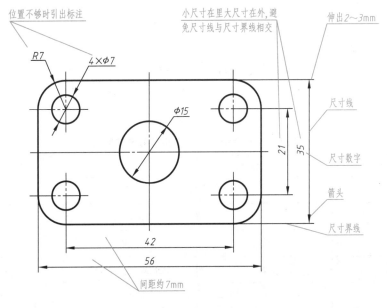

图 1-10　尺寸的组成

（1）尺寸界线　尺寸界线用细实线绘制，应由图形的轮廓线、轴线或对称中心线引出，并超出尺寸线终端约 2~3mm。轮廓线、轴线或对称中心线本身也可用作尺寸界线。

图 1-11　箭头的形式和尺寸

（2）尺寸线和终端形式　尺寸线也用细实线绘制，尺寸线要单独画出，不能用其他图线代替，一般也不得与其他图线重合或画在其延长线上。

尺寸线两端（有时是一端）带有终端符号，一般为箭头（图 1-11），手工绘图时，箭头推荐使用制图模板绘制，以保证图样中箭头的大小一致。

标注线性尺寸时，尺寸线必须与所标注的线段平行；当有几条尺寸线相互平行时，注意大尺寸注在外，小尺寸注在里，避免尺寸线与尺寸界线相交。在标注圆或圆弧的直径和半径时，尺寸线一般要通过圆心或其延长线通过圆心。

（3）尺寸数字　尺寸数字一般注写在尺寸线的上方，也允许注写在尺寸线的中断处，但在同一图样中应统一。数字高度一般不小于 3.5mm，同一图样中字号大小一致。数字的字头方向一般按图 1-12a 所示的方式注写，并应避免在图中 30°范围内注写尺寸，当无法避免时，可采用图 1-12b 所示的方式引出标注。

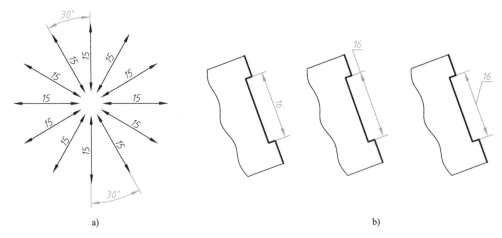

图 1-12　线性尺寸数字的注写方法

a）尺寸数字的方向　b）在 30°范围内允许标注的形式

尺寸标注中的常用符号和缩写词见表 1-4。例如：在标注圆弧的半径时，在尺寸数字前

表 1-4　尺寸标注中的常用符号和缩写词

名　称	符号或缩写词	名　称	符号或缩写词
直径	ϕ	弧度	⌒
半径	R	45°倒角	C
球直径	$S\phi$	深度	↧
球半径	SR	沉孔或锪（huo）平	⊔
厚度	t	埋头孔	⌄
正方形	□	均布	EQS

加 "R"，如 "R30" 表示圆弧半径为 30mm；标注圆的直径时在尺寸数字前加 "φ"，如 "φ50" 表示圆的直径为 50mm。通常当圆弧小于或等于半圆时注写半径 R，当圆弧大于半圆时注写直径 φ。如果要标注球的半径或直径，则在半径或直径的符号前再加 "S"，如 "SR30" 表示球的半径为 30mm；"Sφ50" 表示球的直径为 50mm。机械零件上常见孔的尺寸标注请见附表 31。

3. 尺寸注法示例

国家标准中规定的一些常见图形的尺寸注法见表 1-5。

表 1-5　尺寸注法示例

分类	图　例	说　明
角度尺寸	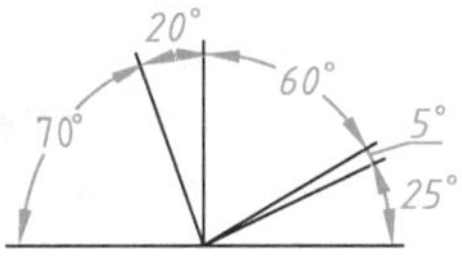 　　　a) 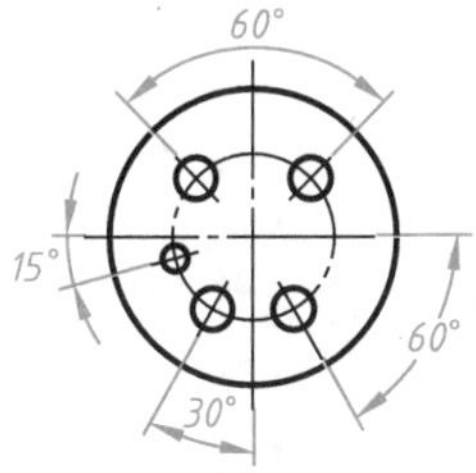　　　　　　b)	尺寸界线应沿径向引出，尺寸线画成圆弧，圆心是角的顶点 　　角度的数值一律水平书写，一般写在尺寸线的中断处，必要时可写在上方或外面，也可引出标注，如图 a 中的 5°
圆和圆弧的尺寸	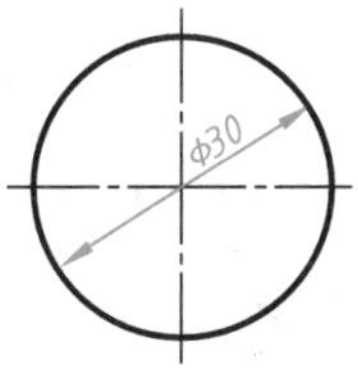 　　c) 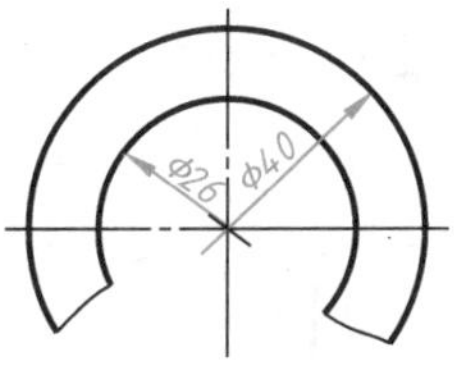　　　　　d) 　　　　　e) 　　f)　　　　　g) 　　h)　　　　　i)	一般直径尺寸线应通过圆心，并在尺寸线两端各画一个箭头，如图 c 所示 　　当圆不完整时，可以只画单边箭头，但尺寸线必须通过并超过圆心，如例图 d 所示
	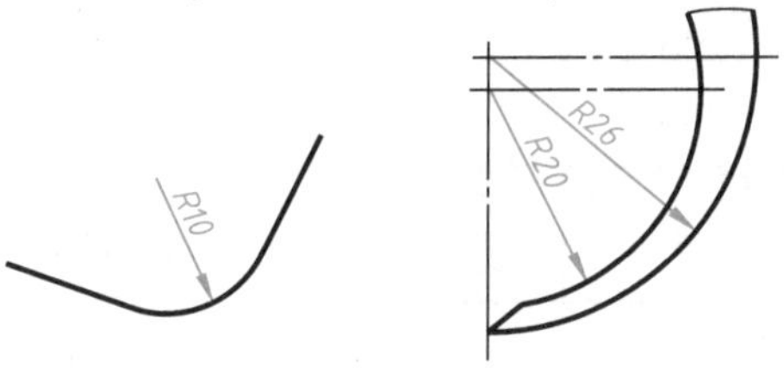	通常，对大于半圆的圆弧标注直径时，直径前加 "φ"，如例图 c、d 中的 φ30、φ40 等 　　对小于或等于半圆的圆弧标注半径时，半径前加 "R"，如例图 e 中的 R10、R20、R26
	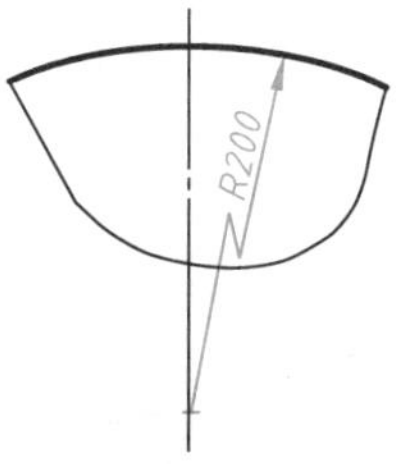 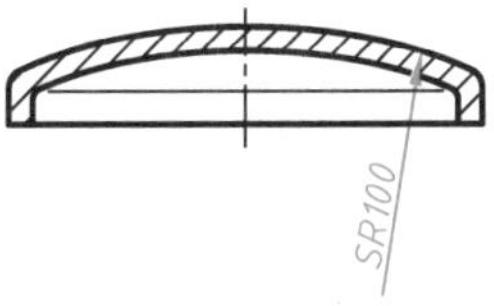	大圆弧无法在图纸范围内标出圆心位置时，可按例图 f 标注，例如 R200 　　不需标出圆心位置时，可按例图 g 标注，例如 SR100（S 表示球面）
	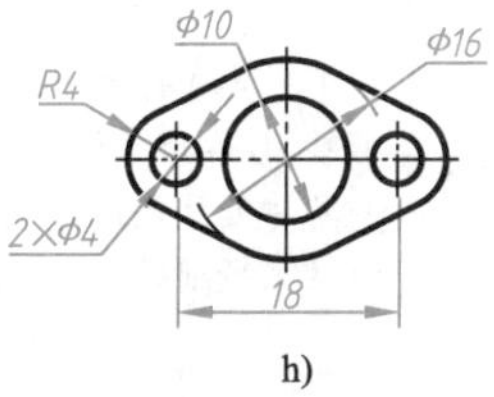 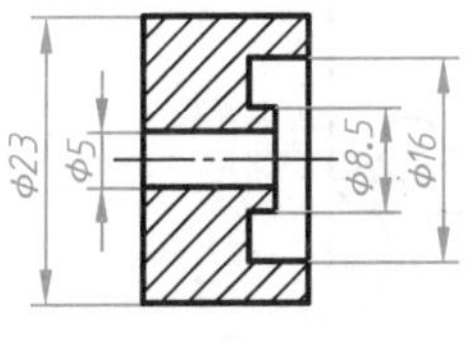	在例图 h 中，上下对称的圆弧标注一个直径尺寸如 φ16 时，尺寸界线可使用圆弧的延长线 　　左右对称的两个圆，可以将尺寸标注在其中一个圆上，例如图 h 中的 2 × φ4 　　圆的尺寸也可以注写在反映非圆的图形中，这时也必须在直径尺寸前注写 "φ"，如例图 i 中的 φ23、φ5 等

工程图学基础教程（第 3 版）

（续）

分类	图　例	说　明
球面尺寸	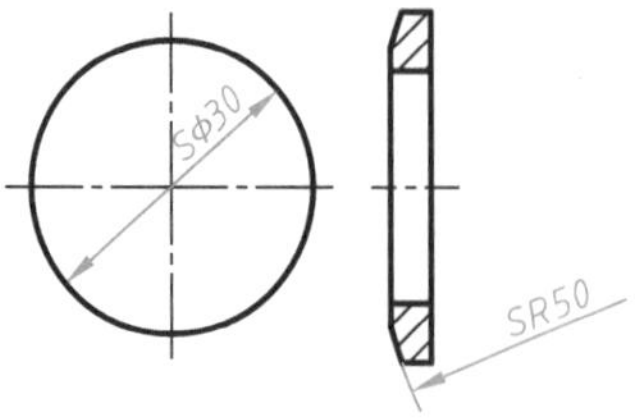 j) 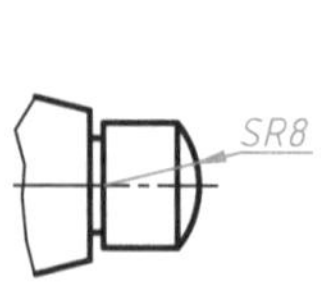　　　　k)	标注球面时，应在 φ 或 R 前加 S，如图 j、k 所示，例如 Sφ30 和 SR50 等
弦长弧长尺寸	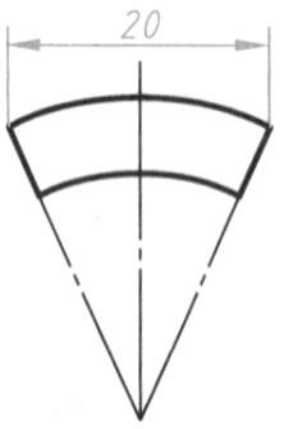 l) 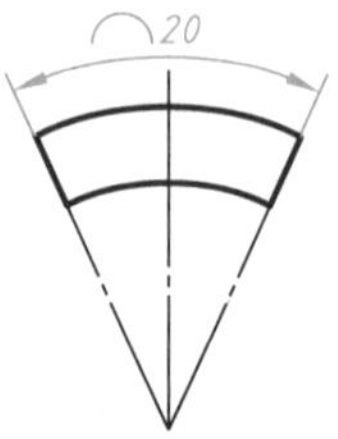　　　　m)	标注弦长时，尺寸界线应平行于弦的中垂线，如例图 l 所示 标注弧长时，尺寸线为与被标注圆弧同心的圆弧，尺寸界线过圆心沿径向引出，并在尺寸数字左侧加符号"⌒"（是以字高为半径的细实线半圆弧），表示所标注的尺寸是弧长，如例图 m 所示
狭小部位的尺寸	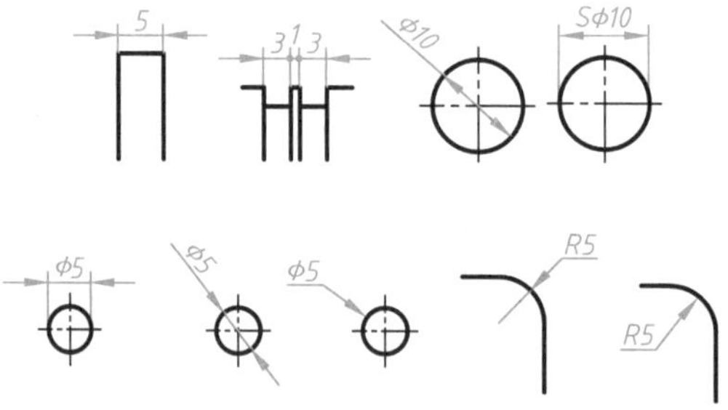 n)	如上排左边两个标注线性尺寸的例图所示，没有足够地方时，箭头可画在外面，或用小圆点代替箭头。尺寸数字也可写在外面或引出标注 小圆和小圆弧的尺寸，可按下排例图标注
正方形结构的尺寸	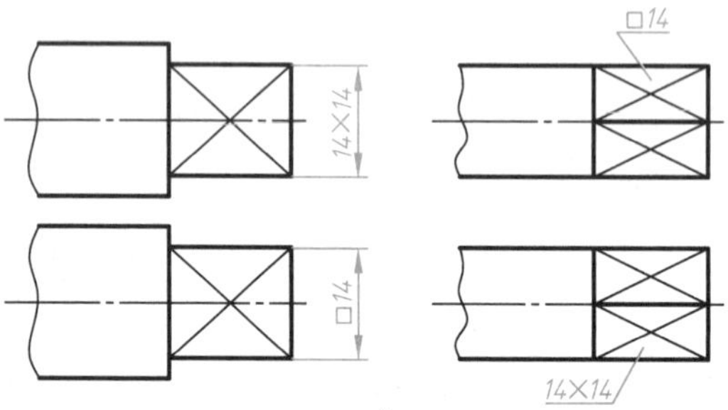 o)	标注断面为正方形结构的尺寸时，可在边长尺寸数字前加注符号"□"，或用"B×B"注出，其中 B 为正方形断面的边长。图 o 中的四个图均表示断面为正方形，其边长为 14
对称板状零件的尺寸	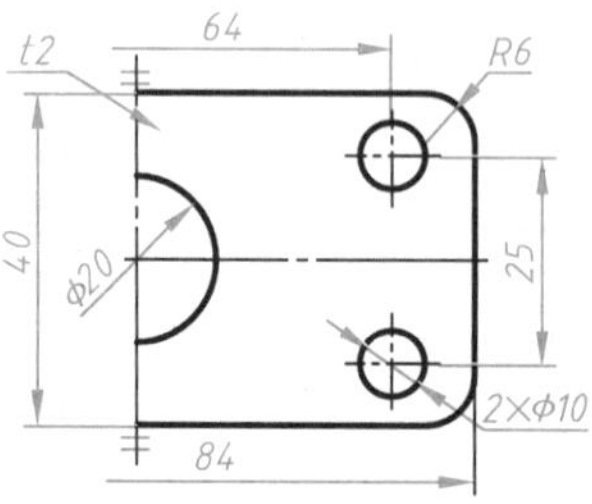 p)	标注板状零件的尺寸时，在厚度的尺寸数字前加注符号" t " 对称图形只画出一半时，总体尺寸（64 和 84）的尺寸线应略超过对称中心线，仅在尺寸线的一端画出箭头，在对称中心线两端分别画出两条与其垂直的平行细线（对称符号）

1.2　尺规绘图

尺规绘图也称手工绘图，是指用铅笔、丁字尺、三角板、圆规、分规等绘图工具来绘制图样。虽然当今计算机绘图已经成为主要绘图方式，但是传统的尺规绘图仍然是工程技术人员必备的基本绘图技能，也是学习和巩固图学理论知识不可或缺的训练方法，必须熟练掌握。

1. 绘图铅笔

铅笔是绘图过程中用来画图线和书写文字的工具，常采用 B、HB、H、2H 等铅笔。铅芯的软硬用 B 和 H 表示，B 前数字越大，表示铅芯越软（色黑），H 前数字越大，表示铅芯越硬（色浅）。画细线或写字时，铅芯一般削成或磨成锥状（图 1-13a）；而画粗线时可将锥状铅芯磨钝或磨成四棱柱（扁铲）状，如图 1-13b、c 所示。

图 1-13　铅芯的形状和使用

a）锥状铅芯用来画细线或写字　b）磨钝的锥状铅芯用来画粗线　c）四棱柱状用来画粗线

2. 图板、丁字尺和三角板的用法

（1）图板　图板是用来铺放、粘贴图纸的一块矩形板，其表面要求平坦光滑，它的左边是移动丁字尺的导边，所以必须平直（图 1-14）。图板的规格视所绘图样幅面的大小分为 A0、A1 和 A2 三种。

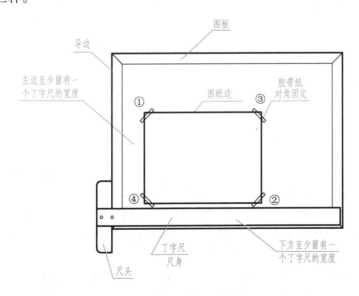

图 1-14　图纸固定在图板上

（2）丁字尺　丁字尺由尺头和尺身组成，是画水平线的长尺。画图时，先将图纸用胶带纸固定在图板上，丁字尺头部紧靠图板导边（图1-14）。丁字尺上下移动到画线位置，自左向右画水平线，如图1-15所示。

（3）三角板　三角板除了直接用来画直线外，还可配合丁字尺画铅垂线和其他倾斜线。画铅垂线时应用左手同时固定住丁字尺和三角板，自下向上画，如图1-16所示。用一块三角板和丁字尺配合能画与水平线成30°、45°、60°夹角的倾斜线；用两块三角板与丁字尺配合能画与水平线成15°、75°夹角的倾斜线，如图1-17所示。在画线时，铅笔应稍稍向前进方向倾斜30°左右。

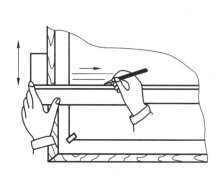

图1-15　用丁字尺画水平线的姿势

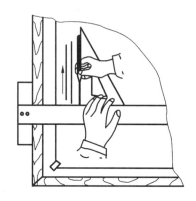

图1-16　用丁字尺、三角板配合画垂线的姿势

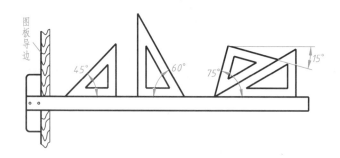

图1-17　用丁字尺、三角板配合画15°角倍数倾斜线

3. 圆规和分规的用法

（1）圆规　圆规主要用于画圆和圆弧。如图1-18所示，圆规的一条腿上装入软硬适度的铅芯，另一条腿上装有钢针，钢针的一端带有台阶。画圆或画弧时，应使用带台阶的一端，以避免图纸上的针孔不断扩大，并使笔尖与纸面垂直。

用圆规画铅笔底稿时，使用较硬的铅芯（H或2H）；加深粗实线圆弧的时候，使用比加深粗实线的铅笔铅芯（HB或B）软一级的铅芯（B或2B）。

（2）分规　如图1-19所示，分规的两脚均装有钢针，当分规两脚合拢对齐时，两针尖应一样长。分规可用来等分线段，或从直尺上量取线段，分规还经常用来试分线段。

4. 其他辅助用品

尺规绘图时，除了上述的各种仪器和工具外，还有一些常用的辅助物品，如铅笔刀、裁纸刀、橡皮、擦图片、量角器、胶带纸、各类绘图模板、清除图面灰屑用的小刷、磨削铅笔

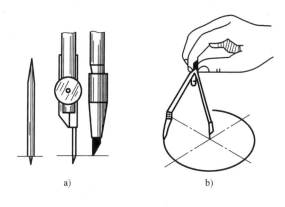

图 1-18　圆规的用法

a）针脚应比铅芯稍长　b）画较大圆时圆规两脚垂直纸面

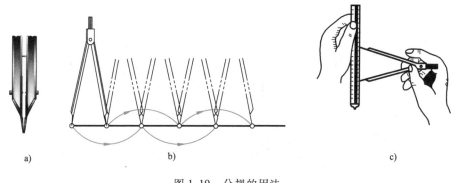

图 1-19　分规的用法

a）针尖对齐　b）等分线段　c）量取线段

的砂纸等。为了保证绘图的质量，这些物品在绘图时也是不可缺少的。

1.3　几何作图

机件轮廓图形是由直线、圆弧和其他曲线组成的平面几何图形。因此，熟练掌握平面几何图形的作图方法，是提高绘图速度、保证图面质量的有效手段之一，也是工程技术人员必须具备的基本素质。

1.3.1　常用正多边形画法

1. 正五边形的画法

已知正五边形的外接圆，其正五边形的作图方法如图 1-20 所示。

2. 正六边形的画法

由于正六边形的对角线长度等于其外接圆直径 D，且正六边形的边长就是外接圆的半径，因此，以边长在外接圆上截取各顶点，即可画出正六边形，如图 1-21a 所示。也可在画出外接圆后，利用丁字尺和 30°×60° 的三角板配合作出正六边形，如图 1-21b 所示。

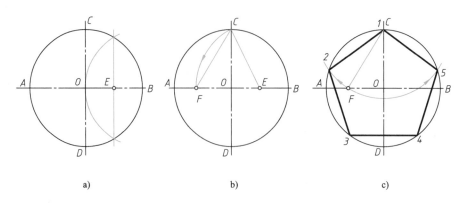

a)　　　　　　　　　　b)　　　　　　　　　　c)

图 1-20　圆的内接正五边形画法

a）平分半径 *OB* 得点 *E*　b）以 *E* 为圆心，*EC* 为半径，画圆弧交 *OA* 于点 *F*，线段 *CF* 的长度即为五边形的边长

c）以 *CF* 为边长，用分规依次在圆周上截取正五边形的顶点 1、2、3、4、5，连接各顶点即得正五边形

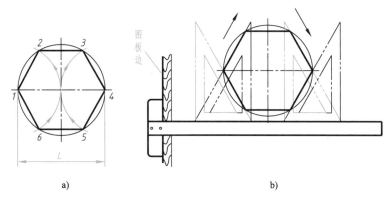

a)　　　　　　　　　　　　b)

图 1-21　已知对角线的长度画正六边形的方法

a）利用外接圆半径作图　b）用丁字尺和三角板配合作图

3．正三角形和正四边形的画法

在用图 1-21 所示的方法得到正六边形的六个顶点后，隔点用直线相连就得到了正三角形。

（1）已知正三角形和正四边形的外接圆　已知正三角形和正四边形的外接圆时，使用

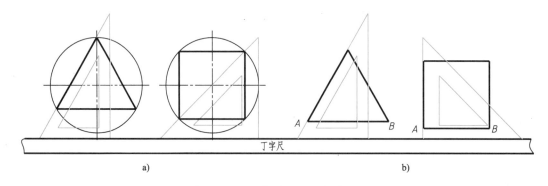

a)　　　　　　　　　　　　b)

图 1-22　正三角形和正四边形画法

a）已知外接圆　b）已知正三角形和正四边形边长

三角板和丁字尺配合，可以方便地画出正三角形和正四边形，如图 1-22 a 所示。

（2）已知正三角形和正四边形边长　已知正三角形和正四边形边长为 *AB* 时，可利用丁字尺和三角板直接画正三角形和正四边形，如图 1-22b 所示。

1.3.2　椭圆的画法

绘图时，除了直线和圆弧外，也会遇到另外一些非圆曲线，例如椭圆等。

下面介绍用"四心圆弧法"画椭圆的方法。

由于这种椭圆的近似画法相对简单，因此是工程制图中用得较多的一种方法。如已知 *AB* 为椭圆的长轴，*CD* 为椭圆的短轴，具体画图步骤如图 1-23 所示。

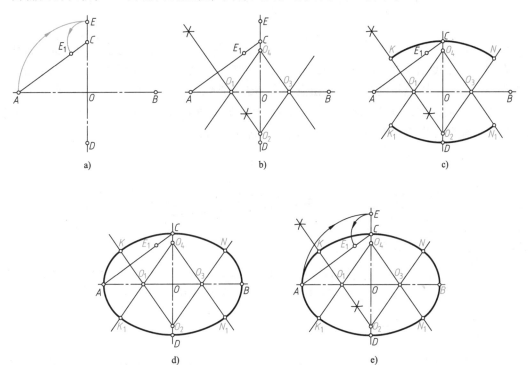

图 1-23　四心圆弧法画椭圆

a）画长、短轴 *AB* 和 *CD*，连接 *AC*。在 *OC* 的延长线上取 *CE* = *OA* − *OC*；在 *AC* 上取 *CE₁* = *CE*　b）作 *AE₁* 的垂直平分线与长、短轴交于 *O₁* 和 *O₂* 两点，在轴上取对称点 *O₃* 和 *O₄*，连 *O₁O₄*、*O₄O₃*、*O₂O₃* 并延长　c）分别以 *O₂* 和 *O₄* 为圆心，以 *O₂C*（或 *O₄D*）为半径，画出两个大圆弧，在有关圆心连心线上，得到四个切点，*K*、*K₁*、*N*、*N₁*　d）分别以 *O₁* 和 *O₃* 为圆心，以 *O₁A*（或 *O₃B*）为半径，画出两段小圆弧，两小圆弧与两大圆弧相切于 *K*、*K₁*、*N*、*N₁*，得到椭圆　e）完整的作图过程

1.3.3　斜度和锥度的作图

1. 斜度

斜度是指直线或平面对另一直线或平面的倾斜程度，其大小用两直线或两平面间夹角的正切来表示，并将其比值化为 1:*n* 的形式标注。图 1-24a 所示为斜度符号的画法，可用细实线绘制，*h* 为字高。图 1-24b 所示为斜度为 1:6 的画法及标注：由点 *A* 在水平线 *AB* 上取六

个单位长度得点 D，由点 D 作 AB 的垂线 DE，取 DE 为一个单位长度，连接 AE，即得斜度为 1:6 的直线。斜度的标注要注意：斜度符号的倾斜方向应与直线的倾斜方向一致。

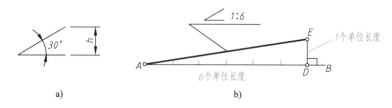

图 1-24　斜度符号、画法和标注

a）斜度符号画法　b）斜度画法和标注

2. 锥度

锥度是指圆锥的底面直径与高度之比。如果是锥台，则为两底圆直径之差与圆台高度之比。在图样上锥度通常用 1:n 的形式标注。图 1-25 所示为锥度 1:6 的画法及标注：由点 S 在水平线上取 6 个单位长度得点 O，由点 O 作 SO 的垂线，在垂线上以 O 为中心向上和向下分别量半个单位长度，得到点 A 和点 B，连接 AS、BS，即得 1:6 的锥度。锥度标注要注意：锥度符号的倾斜方向应与圆锥或圆台的倾斜方向保持一致。

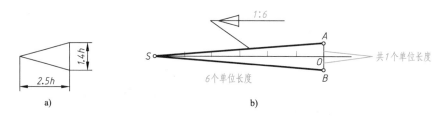

图 1-25　锥度符号、画法和标注

a）锥度符号画法　b）锥度画法和标注

1.3.4　圆弧连接的作图

圆弧连接在机械零件的外形轮廓中常常见到。这里所说的圆弧连接一般是指用已知半径的圆弧将两个几何元素（直线、圆、圆弧）光滑连接起来，即几何中图形间的相切问题，其中的连接点就是切点。将不同几何元素连接起来的圆弧称为连接圆弧。圆弧连接作图的要点是根据已知条件，准确地定出连接圆弧的圆心与切点。

表 1-6 给出了几种常用圆弧连接形式的作图过程。

表 1-6　常用圆弧连接形式的作图过程

要求	作图方法和作图步骤（已知连接圆弧半径为 R）			
	被连接线段（圆弧）	求圆心 O	求切点 K_1、K_2	画连接圆弧
（1）直线间的圆弧连接				

（续）

要求	作图方法和作图步骤(已知连接圆弧半径为 R)			
	被连接线段（圆弧）	求圆心 O	求切点 K_1、K_2	画连接圆弧
（2）外连接两圆				
（3）内连接两圆				
（4）连接一直线并与一圆外连接				

1. 直线间的圆弧连接

用半径为 R 的圆弧连接两直线的作图方法见表 1-6 中 （1）。其中连接圆弧的圆心 O 是分别平行于两直线并且距离为 R 的直线的交点，而连接圆弧与两直线的切点 K_1 和 K_2 是通过圆心且垂直于两直线的垂足。

2. 外连接两圆

外连接是指用连接圆弧通过外切的方式，将两个已知圆或圆弧光滑地连接起来。用半径为 R 的圆弧外连接两个已知圆的作图过程见表 1-6 中（2）。其中连接圆弧的圆心 O 是分别以 O_1 和 O_2 为圆心，以 $R+R_1$、$R+R_2$ 为半径作出的圆弧的交点；切点 K_1 和 K_2 分别是 O 与 O_1、O 与 O_2 的连线与两个圆的交点。

3. 内连接两圆

内连接是指用圆弧通过内切的方式，将两个已知圆光滑地连接起来。用半径为 R 的圆弧内连接两个已知圆的作图过程见表 1-6 中（3）。其中连接圆弧的圆心 O 是分别以 O_1 和 O_2 为圆心，以 $R-R_1$、$R-R_2$ 为半径作出的圆弧的交点；切点 K_1 和 K_2 分别是 O 与 O_1、O 与 O_2 连线的延长线与两个圆的交点。

4. 连接一直线并与一圆外连接

用半径为 R 的圆弧连接一直线并与一圆外连接的作图过程见表 1-6 中（4）。求连接圆弧圆心以及两切点方法参见表 1-6 中（1）和（2）。

1.4 平面图形的分析和作图

平面图形由若干线段（直线或曲线）连接而成，这些线段之间的相对位置和连接关系根据给定的尺寸来确定。在平面图形中，有些线段的尺寸已完全给定，可以直接画出，而有些线段要按照圆弧连接的关系画出。因此，画图前应对所要绘制的图形进行分析，从而确定正确的作图方法和步骤。下面以图 1-26 所示的手柄为例，进行尺寸分析和线段分析并作图。

1.4.1　尺寸分析

平面图形中的尺寸按其作用可分为两类：定形尺寸和定位尺寸。要想确定平面图形中线段的相对位置，必须引入尺寸基准的概念。

1. 尺寸基准

确定平面图形尺寸位置的几何元素称为尺寸基准。一般平面图形中常用作基准线的有：①对称图形的对称线；②较大圆的中心线；③较长的直线。图 1-26 中的手柄是以较长的垂直线和水平对称中心线作基准线的。垂直线是长度尺寸的基准，对称中心线是宽度尺寸的基准。

2. 定形尺寸

确定平面图形中各线段形状大小的尺寸称为定形尺寸。如直线段的长度、圆弧的直径或半径、角度的大小等都是定形尺寸。在图 1-26 中，$\phi20$、$\phi5$、$R15$、$R12$、$R50$、$R10$ 和 15 都是定形尺寸。一般情况下，确定平面图形所需定形尺寸的个数是一定的，如矩形的定形尺寸是长和宽、圆和圆弧的定形尺寸是直径和半径等。

3. 定位尺寸

确定平面图形中各部分之间相对位置的尺寸，称为定位尺寸（定位尺寸一般应与尺寸基准相联系）。在图 1-26 中，8、45 和 75 为定位尺寸。8 确定了 $\phi5$ 小圆的位置，45 确定了 $R50$ 圆心距长度尺寸基准的距离，75 确定了 $R10$ 的位置。

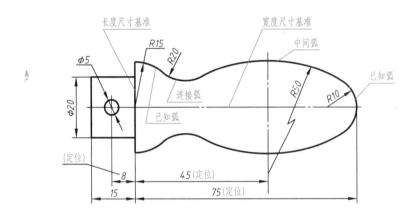

图 1-26　手柄的尺寸分析与线段分析

1.4.2　线段分析

平面图形中，有些线段具有完整的定形和定位尺寸，可根据标注的尺寸直接画出；有些线段的定位尺寸并未全部注出，要根据已注出的尺寸和该线段与相邻线段的连接关系，通过几何作图才能画出。因此，通常按平面图形中各线段（圆、圆弧、直线等）的尺寸标注是否齐全将线段分为以下三种（图 1-26）。

1. 已知线段

定形、定位尺寸全部注出的线段，称为已知线段。$\phi5$ 的圆，$R15$、$R10$ 的圆弧（已知弧），矩形的长 15 和 $\phi20$ 均为已知线段。

2. 中间线段

具有定形尺寸和一个定位尺寸（缺少一个定位尺寸），必须依靠相邻线段的连接关系才能画出的线段，如 $R50$ 圆弧（少一个圆心在宽度方向的定位尺寸）。

3. 连接线段

仅有定形尺寸，没有定位尺寸，因而要根据两个连接关系才能画出的线段，称为连接线段。对于圆弧来说，一般只给出圆弧的半径尺寸，不标注确定圆心位置的定位尺寸，如 $R12$ 圆弧即为连接线段或连接弧。

1.4.3　作图步骤

通过以上对平面图形的线段分析可知，画平面图形的步骤可归纳如下：在画平面图形时，应先画已知线段，再画中间线段，最后画连接线段。图 1-27 给出了图 1-26 所示手柄的作图步骤：

1）画出尺寸基准线，并根据各个封闭线框的定位尺寸画出定位线（图 1-27a）。

2）画出全部已知线段（图 1-27b）。

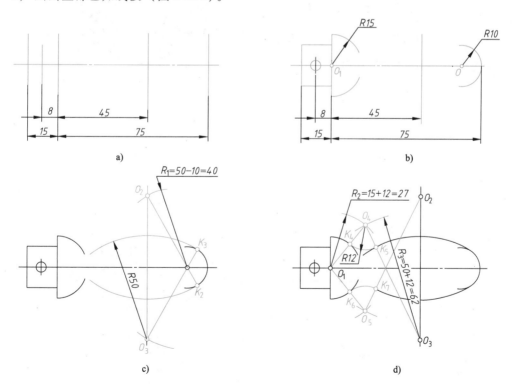

图 1-27　手柄的画图步骤

a）画出尺寸基准线和必要的作图定位线　b）画出各已知线段　c）画出中间线段 $R50$　d）画出连接线段 $R12$

3）画出中间线段（圆弧 $R50$）。画 $R50$ 圆弧时，先根据其一端与 $R10$ 圆弧内切定出圆心 O_2 和 O_3（以右端 $R10$ 圆弧的圆心 O 为圆心，以 $R_1 = (50-10)\text{mm} = 40\text{mm}$ 为半径画弧，与距长度方向尺寸基准 45mm 的垂线交得两个点，即 $R50$ 圆弧的圆心 O_2 和 O_3）；求出切点 K_2 和 K_3，（将 O_2 和 O_3 分别与圆心 O 相连，连心线延长与 $R10$ 圆弧的交点即切点 K_2 和 K_3）；分别以 O_2 和 O_3 为圆心，$O_2 K_2 = O_3 K_3 = 50\text{mm}$ 为半径，过切点 K_2 和 K_3 画出两圆弧 $R50$（图 1-27c）。

4）画出连接线段（圆弧 $R12$）。画 $R12$ 圆弧时，先根据其两端分别与 $R15$ 和 $R50$ 圆弧外切定出圆心 O_4、O_5（以 O_1 为圆心，以 $R_2 = (15+12)\text{mm} = 27\text{mm}$ 为半径画弧；分别以 O_2、O_3 为圆心，以 $R_3 = (50+12)\text{mm} = 62\text{mm}$ 为半径画弧；两对圆弧的交点即为 O_4、O_5）；求出切点 K_4、K_5 和 K_6、K_7（连接 $O_4 O_1$、$O_4 O_3$ 与 $R15$ 和 $R50$ 圆弧相交，交点即为切点 K_4、K_5；连接 $O_5 O_1$、$O_5 O_2$ 与 $R15$ 和 $R50$ 圆弧相交，交点即为切点 K_6、K_7），然后再分别以 O_4、O_5 为圆心，在切点 K_4、K_5 和 K_6、K_7 之间画出 $R12$ 连接圆弧（图 1-27d）。完成后的平面图形如图 1-26 所示。

1.4.4　几种常见平面图形尺寸标注示例

图 1-28 所示为几种常见平面图形的尺寸标注示例。

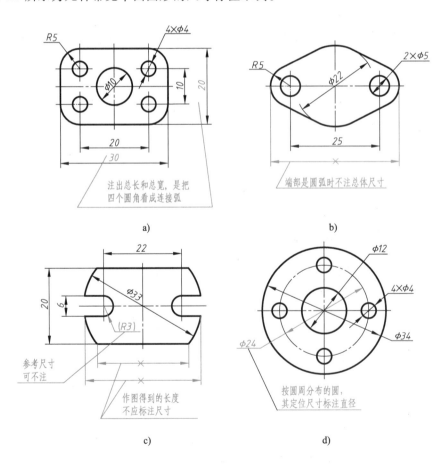

图 1-28　几种常见平面图形的尺寸标注示例

1.5　尺规绘图的一般方法和步骤

1. 画图前的准备工作

准备好必需的绘图工具和仪器，按使用要求磨削好铅笔及圆规上的铅芯，将图纸固定在图板的适当位置，使绘图时丁字尺、三角板移动自如。

2. 布置图形

根据所画图形的大小和选定的比例，合理布图。图形尽量均匀布置在图纸的绘图区域，并要考虑标注尺寸的位置，确定图形的作图基准线。

3. 画底稿

底稿应使用削尖的 H 或 2H 铅笔轻淡地画出，暂不区分各种图线的粗细。但虚线、点画线等的长短、间隔应符合规定（这些线可一次完成，不再描深，也可在画底稿时作出位置记号，待描深图样时再准确画出）。波浪线也可在画底稿或描深时一次画出。画底稿的一般步骤是：先画轴线或对称中心线，再画主要轮廓，然后画细节。

4. 铅笔描深

描深图线前，要仔细检查底稿，纠正错误，擦去多余的作图线和图面上的污迹，按标准线型描深图线，描深图线的顺序为：

1）描深全部细线（HB 铅芯的圆规、H 或 2H 铅笔）。

2）描深全部粗实线（2B 铅芯的圆规、HB 或 B 铅笔），先描深圆和圆弧，后描深直线。先描深水平线（由上至下），再描深垂直线（自左向右）和斜线（据倾斜方向，可左上至右下或右上至左下）等。

5. 标注尺寸和填写标题栏

按国家标准有关规定在图样中标注尺寸和填写标题栏。

1.6　徒手绘图的一般方法和步骤

1.6.1　徒手图及其用途

在零件或部件测绘中，常常需要徒手目测绘制草图。这种不使用绘图仪器，徒手绘制的图样，称为徒手图。

徒手绘图常用于下述场合：

1）在初步设计阶段，需要用徒手图表达设计方案。

2）在机器修配时，需要在现场绘制徒手图。

3）在参观访问或技术交流时，徒手图是一个很好的表达工具。

因此，工程技术人员应具备徒手绘图的能力。

1.6.2　画徒手图的方法

画徒手图的图纸最好选用印有浅方格的图纸，以便于掌握图形的尺寸和比例，对初学者来说更为有利。画草图时用削成圆锥状的 HB 铅笔即可。画徒手图时，为了便于控制图样的尺寸和图线的走向，草图纸无需固定在图板上，可根据绘图的需要和习惯任意调整和转动图纸的位置。

1. 握笔方法

画草图时握笔的位置要比用仪器绘图时高些，手指一般握在高于笔尖的35mm处，以利运笔和观察目标；执笔要稳，笔杆与纸面应成45°~60°角。

2. 直线画法

徒手画较短的直线时主要靠手指的握笔动作，小指要压在纸面上，用手腕运笔；画长线段时，眼睛要看着线段的终点，沿着画的方向移动小臂来画直线。

水平方向的直线从左向右画；垂直方向的直线由上向下画；左下右上的斜线，从左下至右上运笔，左上右下的斜线，从左上至右下运笔，也可将图纸旋转，使所要画的图线成水平或垂直位置时再画，如图1-29所示。画水平线和垂直线时要充分利用坐标纸的方格线，画45°斜线时，可利用方格的对角线方向。

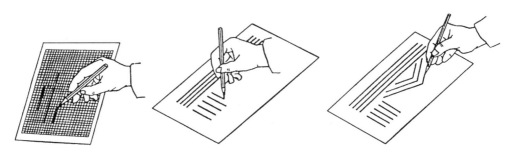

图1-29　徒手画直线

3. 徒手画角度线

对30°、45°、60°等常见的角度线，可根据两直角边的近似比例关系，定出两端点，然后连接两点即为所画角度线，如图1-30所示。

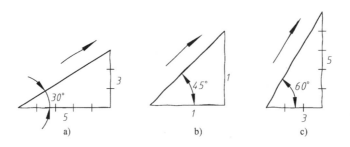

图1-30　徒手画角度线
a）30°角斜线　b）45°角斜线　c）60°角斜线

4. 徒手画圆

画较小圆时，首先过圆心画出两条互相垂直的中心线，再根据半径大小在中心线上定出四点，然后过这四点画圆；也可按图1-31a中所示方向画出两个半圆拼成整圆（图1-31a）。

画直径较大的圆时，可如图1-31b所示，除在中心线上取点外，再过圆心画几条不同方向的直线，在这些直线上按半径目测定出若干点，再徒手连成圆（图1-31b）。

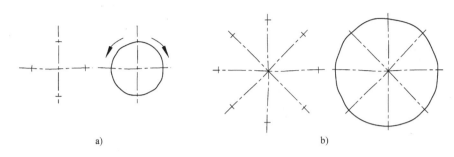

图 1-31　徒手画圆

a）画较小圆　b）画较大圆

1.6.3　徒手绘制的立体图样示例

图 1-32 所示为在坐标纸上徒手绘制的立体三视图（参见第 4 章）。

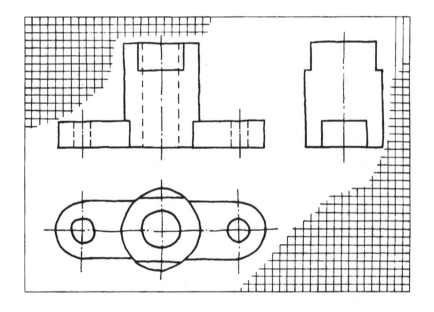

图 1-32　徒手绘制的立体三视图

第2章

点、直线、平面的投影

工程图样的绘制是以投影法为依据的。点、直线和平面的投影是投影法理论中最基础的部分，本章将重点讨论点、直线和平面在三投影面体系中的投影规律及其投影图的作图方法。同时引导初学者逐步培养起根据点、直线和平面的多面投影图，想象它们在三维空间的位置，从而逐步培养空间分析能力和想象能力，为学好本课程打下坚实的基础。

2.1 投影法及其分类

2.1.1 投影法

如图 2-1 所示，投射线通过物体向选定的平面进行投射，并在该平面上得到图形的方法叫做投影法，所得到的图形叫做投影，选定的平面叫做投影面。

2.1.2 投影法的分类

根据投射线是相交于一点还是平行，投影法可分为中心投影法和平行投影法两类。

1. 中心投影法

投射线相交于一点的投影法叫做中心投影法（图 2-1a），其中投射线的交点 S 称为投射中心，用中心投影法得到的投影图称为中心投影图。由于中心投影图与物体距离投影面的远近等有关，投影不能反映物体表面的真实形状和大小，但立体感较强，常用于绘制建筑物的直观图（透视图）。

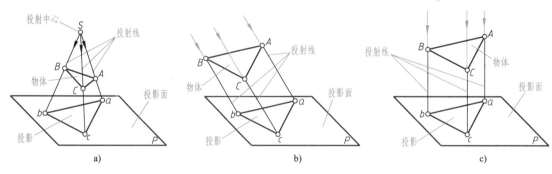

图 2-1 投影法及其分类

a）中心投影法　b）平行投影法（斜投影法）　c）平行投影法（正投影法）

2. 平行投影法

投射线相互平行的投影法叫做平行投影法（图 2-1b、c），其中投射线与投影面倾斜的叫做斜投影法（图 2-1b），投射线与投影面垂直的叫做正投影法（图 2-1c）。用正投影法得到的图形称为正投影图，简称"投影图"或"投影"。

正投影图的直观性虽不如中心投影法好，但由于正投影一般能真实地表达空间物体的形状和大小，作图也比较简便，因此机件的图样采用正投影法绘制。

2.2 点的投影

点、直线和平面是构成立体的基本几何要素，因此要能够正确而迅速地绘制物体的投影图，必须先掌握这些基本几何要素的投影特性。

2.2.1 点的单面投影

如图 2-2a 所示，过空间点 A 的投射线与投影面 P 的交点 a，称为点 A 在投影面 P 上的投影。点的空间位置确定后，它在一个投影面上的投影是唯一确定的。但是，若只有点的一个投影，一般不能唯一确定点的空间位置（图 2-2b），因此工程上常采用多面投影。

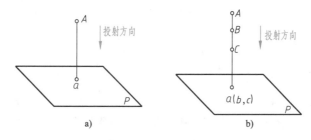

图 2-2　点的单面投影
a）投射线上有一个点　b）投射线上有多个点

2.2.2 点的三面投影及投影特性

1. 三投影面体系

以相互垂直的三个平面作为投影面，便组成了三投影面体系，如图 2-3 所示。正立放置的投影面称为正立投影面（简称正面），用 V 表示；水平放置的投影面称为水平投影面（简称水平面），用 H 表示；侧立放置的投影面称为侧立投影面（简称侧面），用 W 表示。相互垂直的三个投影面的交线称为投影轴，分别用 OX、OY、OZ 表示。

如图 2-4 所示，投影面 V、H 和 W 将空间分成的各个区域称为分角，共八个分角。将物体置于第Ⅰ分角内，使其处于观察者与投影面之间而得到的正投影的方法叫做第一角画法。将物体置于第Ⅲ分角内，使投影面处于物体与观察者之间而得到正投影的方法叫做第三角画法。我国标准规定，工程图样采用第一角画法。美国、日本等少数国家采用第三角画法。

2. 点的三面投影的形成

如图 2-5a 所示，将空间点 A 分别向 H、V、W 三个投影面投射，得到点 A 的三面投影 a、a'、a''，分别称为点 A 的水平投影、正面投影和侧面投影。

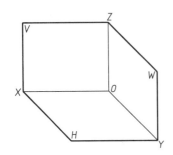

图 2-3 三投影面体系

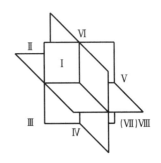

图 2-4 八个分角

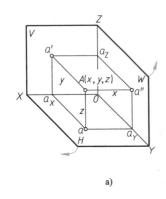 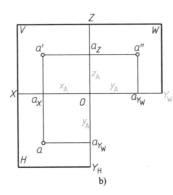 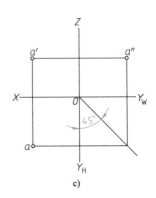

a)　　　　　　　　　　b)　　　　　　　　　　c)

图 2-5 点的三面投影

a）立体图　b）投影面展开图　c）投影图

为了使点的三个投影画在同一图面上，规定 V 面保持不动，将 H 面绕 OX 轴向下旋转 90°，W 面绕 OZ 轴向后旋转 90°，使 H、V、W 三个投影面共面。这时，OY 轴分成 H 面上的 OY_H 和 W 面上的 OY_W，a_Y 成为 H 面上的 a_{Y_H} 和 W 面上的 a_{Y_W}（图 2-5b）。画点的投影图时，不必画出投影面的边框等，如图 2-5c 所示（45°也不必注写）。

3. 点的三面投影的投影特性

由图 2-5a、b 不难证明，点的三面投影具有以下特性：

1）$a'a \perp OX$，即点的正面投影与水平投影的连线垂直于 OX 轴（因为同反映 X 坐标）。

2）$a'a'' \perp OZ$，即点的正面投影与侧面投影的连线垂直于 OZ 轴（因为同反映 Z 坐标）。

3）$aa_X = a''a_Z$，即点的水平投影到 OX 轴的距离等于点的侧面投影到 OZ 轴的距离（因为同反映 Y 坐标）。

从 3）可以得到推论：过 a 的水平线与过 a'' 的垂线必相交于过点 O 的 45°斜线上，如图 2-5c 所示。

另外，还可得到点的投影与坐标的关系（图 2-5a、b）：

点 A 到 W 面的距离 $Aa'' = a'a_Z = aa_Y = x_A$（点 A 的 x 坐标）。

点 A 到 V 面的距离 $Aa' = aa_X = a''a_Z = y_A$（点 A 的 y 坐标）。

点 A 到 H 面的距离 $Aa = a'a_X = a''a_Y = z_A$（点 A 的 z 坐标）。

根据上述投影特性，在点的三面投影中，只要知道其中任意两个面的投影，就可以很方便地求出第三面投影。

例 2-1　如图 2-6a 所示，已知点 A 的两面投影 a' 和 a''，求 a。

解　方法一：由点的投影特性可知，$a'a \perp OX$，$aa_X = a''a_Z$，故过 a' 作垂线垂直于 OX 轴，交 OX 轴于 a_X，在 $a'a_X$ 的延长线上量取 $aa_X = a''a_Z$，从而求出 a（图 2-6b）。

方法二：也可以利用用 45°斜线的方法求出 a（图 2-6c）。

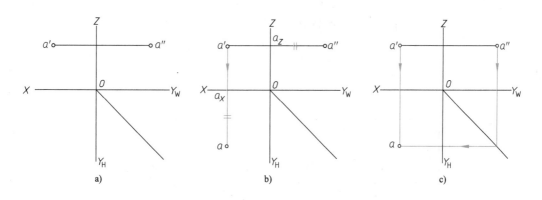

图 2-6　由点的两面投影求第三投影

a）已知条件　b）作图方法一　c）作图方法二

例 2-2　如图 2-7a 所示，已知点 A 距离 H、V、W 面分别为 13、12、10，画出其三面投影。

解　该题可以根据所给的点 A 到三个投影面的距离分别为 13、12、10 直接作图。具体作图步骤如下：（也可将点 A 到三个投影面的距离，转换为点 A 的三个坐标来求解，即 A (10，12，13)）。

作图过程（图 2-7b）：

1）在 OZ、OY、OX 轴上分别量取 $z = 13$、$y = 12$、$x = 10$。

2）过量取的各点作相应轴线的垂线，得到 a、a'。

3）由 a、a'，求得 a''。

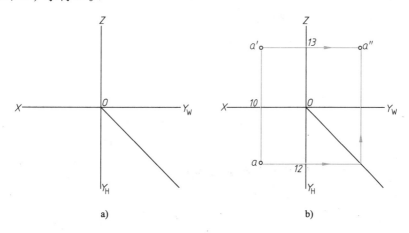

图 2-7　已知点到投影面的距离求点的投影

a）已知条件　b）作图过程及结果

2.2.3 两点的相对位置与重影点

1. 两点的相对位置

两点的相对位置是指空间两点的左右、前后、上下的位置关系，这种位置关系可以通过两点的同面投影（在同一个投影面上的投影）的相对位置或坐标的大小来判断，即：x 坐标大的在左，y 坐标大的在前，z 坐标大的在上。

如图 2-8 所示，由于 $x_A > x_B$，故点 A 在点 B 的左方，同理可判断点 A 在点 B 的前方、上方。

若已知两点的相对位置及其中一点的投影即可作出另一点的投影。

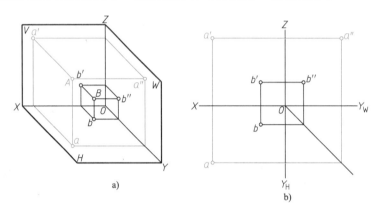

图 2-8　两点的相对位置

a）立体图　b）投影图

例 2-3　如图 2-9a 所示，已知点 A 的三面投影 a、a'、a''，点 B 在点 A 的左方 10mm、后方 5mm、上方 8mm 处；作出点 B 的三面投影。

解　作图过程如下（图 2-9b）：

1）根据点 B 在点 A 的左方 10mm、上方 8mm 处，作出点 B 的正面投影 b'；再根据点 B 在点 A 后方 5mm 作出点 B 的水平投影 b。

2）据 b' 和 b，作出点 B 的侧面投影 b''。

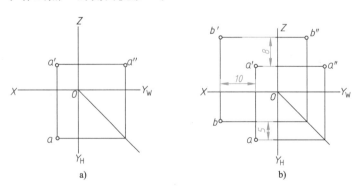

图 2-9　利用两点的相对位置求点的投影

a）已知条件　b）作图过程及结果

2. 重影点

如图 2-10 所示，点 A 与点 C 位于垂直于 V 面的同一条投射线上，它们的正面投影重合。若空间两点对某个投影面的投影重合，则这两点称为对该投影面的重影点。

重影点的两对同面坐标相等，在图 2-10 中，点 A 与点 C 是对 V 面的重影点，$x_A = x_C$，$z_A = z_C$，由于 $y_A > y_C$，故点 A 在点 C 的前方。若沿投射线观察，看到者为可见，被遮挡者为不可见，为了表示点的可见性，被挡住的点的投影写在可见点的投影后面并加括号，如图 2-10b 中的 $a'(c')$。也可省略括号，将不可见的点写在后面，如 $a'c'$。

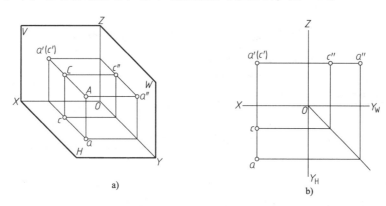

图 2-10　重影点
a) 立体图　b) 投影图

例 2-4　如图 2-11a 所示，①已知点 A 与点 B 为对 H 面的重影点，点 B 距点 A 5mm，求 b'、b''；②已知点 C 与点 A 为对 W 面的重影点，点 C 在点 A 的左方 10mm，求 C 的三面投影 c、c'、c''。

解　①由图 2-11a 的水平投影 $b(a)$ 可知，只有点 B 在点 A 的正上方时，才产生点 B 的水平投影 b 遮住点 A 的水平投影 a 的情况，根据已知条件"点 B 距点 A 5mm"可知，点 B 应该在点 A 的正上方 5mm 处。②因为点 C 与点 A 为对 W 面的重影点且点 C 在点 A 的左方，所以侧面投影中，C、A 两点重影，且 c'' 可见，a'' 不可见，从而可确定 c''；根据"点 C 在点 A 的左方 10mm"，在正面投影中 a' 的正左方 10mm 处得到 c'；再根据点的投影规律，可作出点 C 的水平投影 c。

作图过程：

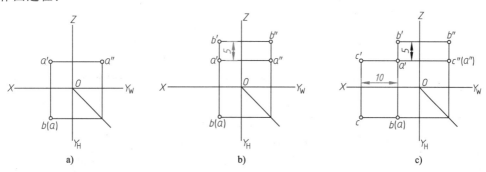

图 2-11　利用重影点求点的投影
a) 已知条件　b) 求 b'、b''　c) 求 c'、c'' 及作图结果

1）求 b′、b″（图 2-11b）：在 a′ 正上方 5mm 处得到 b′，由 b、b′ 求出 b″。

2）求 c、c′、c″（图 2-11c）：在 b（a）和 a′ 的左方 10mm 处得到 c 和 c′，据 c 和 c′ 再求得 c″。

2.3 直线的投影

2.3.1 直线的分类和投影特性

两点可确定一条直线，所以直线的投影由该直线上两点的投影所确定。将直线上两点的同面投影（在同一个投影面上的投影）相连就得到该直线的投影。如图 2-12 所示，分别将直线 AB 的同面投影相连，就得到了直线 AB 的三面投影。

1. 直线对单一投影面的投影特性

直线相对于单一投影面（以 H 面为例）有三种位置：

（1）直线平行于投影面（图 2-13a）　其投影的长度反映空间线段的实际长度，即 ab = AB。投影的这种特性称为实长性。

（2）直线垂直于投影面（图 2-13b）　其投影重合为一点，而且位于直线上的所有点的投影都重合在这一点上。投影的这种特性称为积聚性。

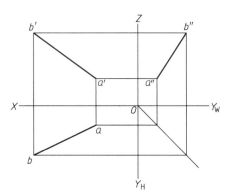

图 2-12　直线的投影

（3）直线倾斜于投影面（图 2-13c）　其投影仍为直线，但投影的长度比空间直线的实际长度缩短了，在图 2-13c 中，ef = EFcosα。投影的这种特性称为类似性。

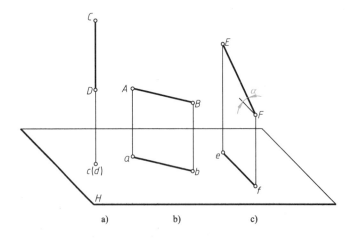

图 2-13　直线对单一投影面的三种位置及投影特性

a）平行　b）垂直　c）倾斜

2. 直线在三投影面体系中的分类及投影特性

在三投影面体系中，直线按照对投影面的相对位置可分为三类：投影面垂直线、投影面平行线和一般位置直线。投影面平行线和投影面垂直线又称为特殊位置直线。有关直线对投影面的倾角问题略。

（1）投影面垂直线　垂直于某一投影面，从而与另外两个投影面平行的直线称为投影面垂直线。

其中，垂直于 V 面的直线叫正垂线，垂直于 H 面的直线叫铅垂线，垂直于 W 面的直线叫侧垂线。表 2-1 给出了投影面垂直线的投影特性。

归纳表 2-1 的内容，投影面垂直线的投影特性为：

1）在其垂直的投影面上的投影积聚为一点。

2）另外两个投影面上的投影反映空间线段的实长，且分别垂直于不同的投影轴。

表 2-1　投影面垂直线的投影特性

名称	正垂线 （$\perp V$ 面，$/\!/ H$ 和 W）	铅垂线 （$\perp H$ 面，$/\!/ V$ 和 W 面）	侧垂线 （$\perp W$ 面，$/\!/ H$ 和 V 面）
立体图	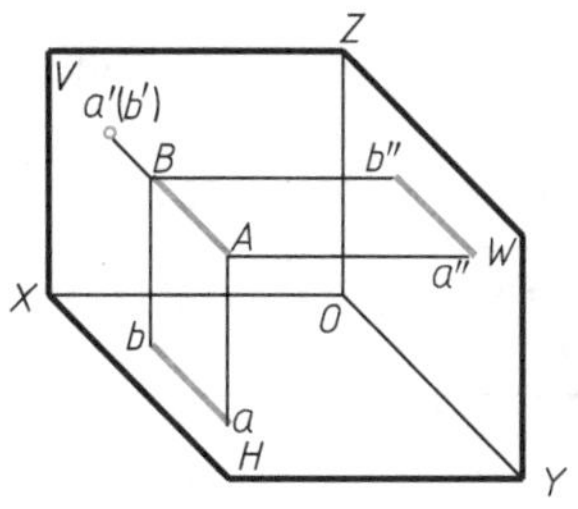	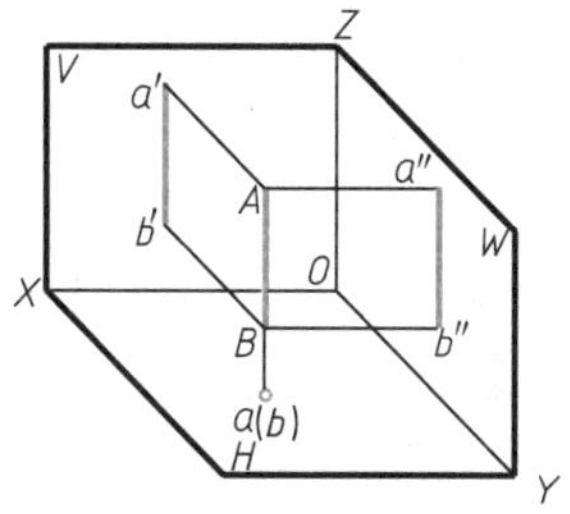	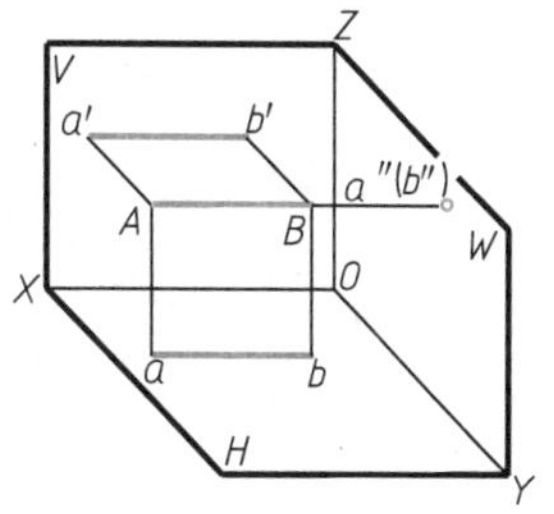
投影图	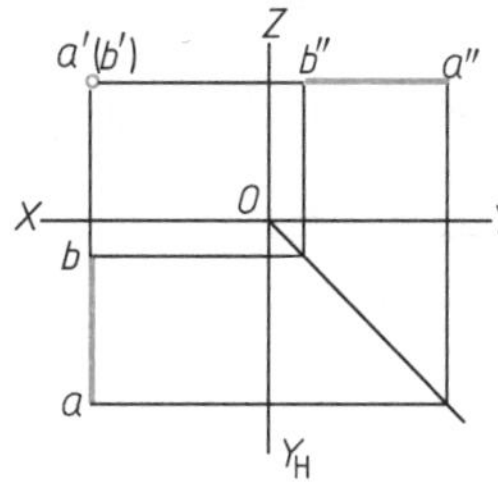	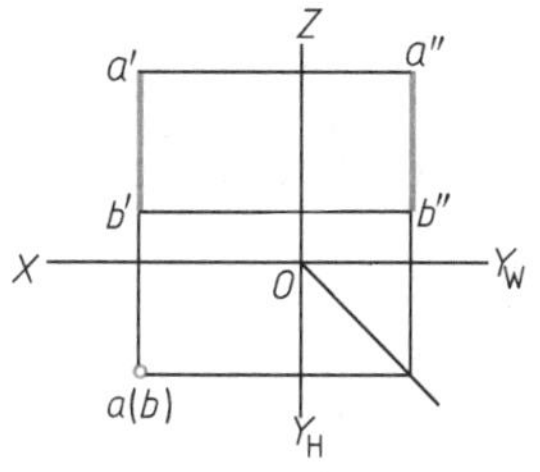	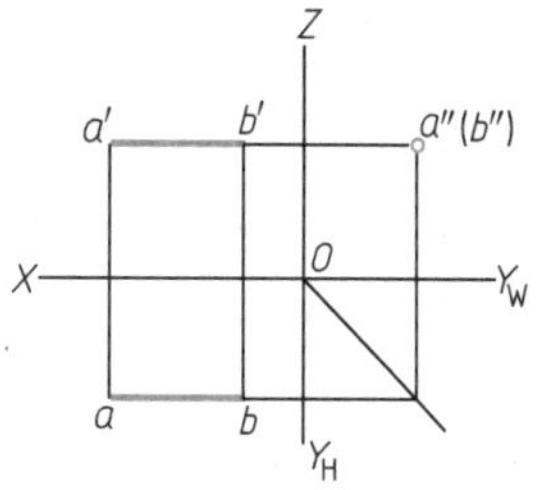
投影特性	1）正面投影积聚为一点 2）$ab = a''b'' = AB$，反映实长 3）$ab \perp OX$，$a''b'' \perp OZ$	1）水平投影积聚为一点 2）$a'b' = a''b'' = AB$，反映实长 3）$a'b' \perp OX$，$a''b'' \perp OY_{\mathrm{W}}$	1）侧面投影积聚为一点 2）$ab = a'b' = AB$，反映实长 3）$ab \perp OY_{\mathrm{H}}$，$a'b' \perp OZ$

（2）投影面平行线　平行于某一投影面，而与另外两个投影面倾斜的直线称为投影面平行线。

其中，平行于 V 面的直线叫正平线，平行于 H 面的直线叫水平线，平行于 W 面的直线叫侧平线。表 2-2 给出了投影面平行线的投影特性。

归纳表 2-2 的内容，投影面平行线的投影特性为：

1）在其平行的投影面上的投影反映实长。

2）另外两个投影面上的投影分别平行于不同的投影轴，且长度比空间线段短。

（3）一般位置直线　与三个投影面都倾斜的直线称为一般位置直线（图 2-14a）。

如图 2-14b 所示，一般位置直线的投影特性为：三个投影都倾斜于投影轴，且三个投影的长度都比空间线段短，即都不反映空间线段的实长。

表 2-2　投影面平行线的投影特性

名称	正平线 （∥V 面，∠H 和 W）	水平线 （∥H 面，∠V 和 W 面）	侧平线 （∥W 面，∠H 和 V 面）
立体图	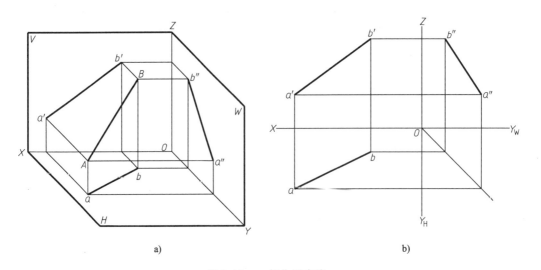		
投影图			
投影特性	1）a'b'＝AB，反映实长 2）ab∥OX，a"b"∥OZ	1）ab＝AB，反映实长 2）a'b'∥OX，a"b"∥OY_W	1）a"b"＝AB，反映实长 2）ab∥OY_H，a'b'∥OZ

图 2-14　一般位置直线

a）立体图　b）投影图

2.3.2　直线上点的投影

如图 2-15 所示，直线与其上的点有如下的关系（侧面投影未画出）：

1）若点在直线上，则点的投影一定在直线的同面投影上，反之亦然。

2）不垂直于投影面的直线上的点，分割空间线段之比在投影前后保持不变（定比定理），反之亦然，即

$$ad:db = a'd':d'b' = a''d'':d''b'' = AD:DB$$

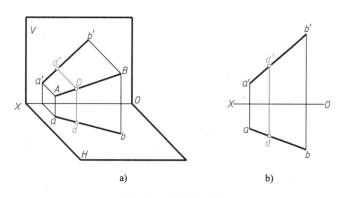

a)   b)

图 2-15 直线上的点

a) 立体图 b) 投影图

例 2-5 如图 2-16a 所示，已知点 K 在直线 AB 上，求作它们的三面投影。

解 由于点 K 在直线 AB 上，所以点 K 的各个投影一定在直线 AB 的同面投影上。如图 2-16b 所示，求出直线 AB 的侧面投影 $a''b''$ 后，即可在 ab 和 $a''b''$ 上确定 K 的水平投影 k 和侧面投影 k''。

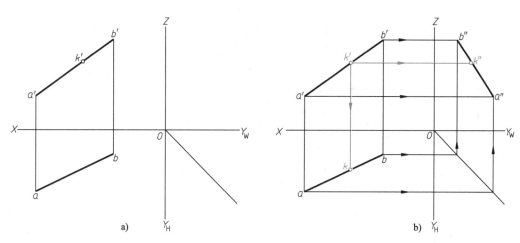

a)   b)

图 2-16 求直线上点的投影

a) 已知条件 b) 作图过程及结果

例 2-6 如图 2-17a 所示，已知直线 AB 的两面投影，试在直线上求出一点 C，使 $AC:CB = 2:3$。

解 因 $AC:CB = 2:3$，则 $ac:cb = a'c':c'b' = 2:3$。只要将 AB 分成 5 等分，再根据比例关系即可求出点 C 的水平投影 c、和正面投影 c'。

作图过程（图 2-17b）：

1）由 a（或 b）任作一直线 aB_0。

2）在 aB_0 上以适当长度取 5 等份，得等

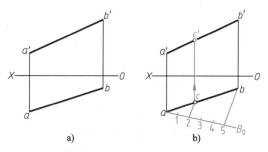

a)   b)

图 2-17 求点 C 的两面投影

a) 原题 b) 求点 C 的两面投影

分点 1、2、3、4、5。

3）连 $b5$，自 2 作直线平行于 $b5$，此直线与 ab 的交点即 c 点。

4）由 c 求得 c'，c 及 c' 即为所求。

例 2-7 如图 2-18a 所示，试判断点 K 是否在直线 AB 上。

解 图中 AB 是一条侧平线，在这种情况下，虽然点 K 的正面投影和水平投影似乎都在 AB 的同面投影上，但还不足以说明 K 一定在直线 AB 上（也可能是直线与线外一点构成的一个垂直于 H、V 面的平面），这时可用两种方法判断。

解法一： 根据直线上点的投影特性，利用第三面投影即求出侧面投影来判断，如图 2-18b 所示。构建三投影面体系，作出 AB 的侧面投影 $a''b''$；再按照点的投影规律，求出点 K 的侧面投影 k''。如果 k'' 在 AB 的侧面投影 $a''b''$ 上，则点 K 在直线 AB 上，反之则不在。由作图结果可知，点 K 不在直线 AB 上。

解法二： 利用定比定理来判断（图 2-18c）。过 b 作一条直线，在直线上取 $bA_0 = a'b'$，$bK_0 = b'k'$；连接 aA_0，过 K_0 作直线平行于 aA_0，如果点 K 在直线 AB 上，则过 K_0 所作平行于 aA_0 的直线与 ab 应相交于点 k，反之，则点 K 不在直线 AB 上。由作图结果可知，点 K 不在直线 AB 上。

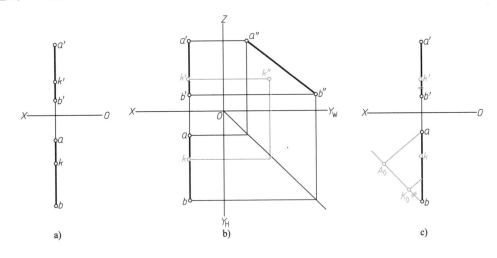

图 2-18 判断点 K 是否在直线 AB 上

a）原题　b）解法一：利用第三面投影判断　c）解法二：利用定比分点判断

2.3.3 两直线的相对位置

空间两直线的相对位置有三种：平行、相交和交叉（异面）。

1. 平行两直线

如图 2-19a 所示，若空间两直线相互平行，则其同面投影必相互平行。

判断空间两直线是否平行，一般情况下，只要判断两直线的任意两对同面投影是否分别平行即可，如图 2-19b 所示。但是，在如图 2-20a 所示（AB 和 CD 为侧平线）的情况中，$ab \mathbin{/\!/} cd$、$a'b' \mathbin{/\!/} c'd'$，却不能直接判断两直线是否平行。从求出的侧面投影（图 2-20b）可知，由于 $a''b''$ 不平行于 $c''d''$，所以 AB 和 CD 是不平行的。

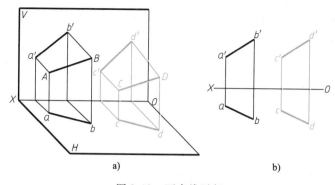

图 2-19　两直线平行

a）空间情况　b）投影图

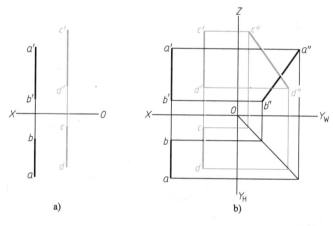

图 2-20　判断两直线是否平行

a）已知条件　b）作第三投影判断

2. 两直线相交

若空间两直线相交，则其同面投影必相交，且交点必须符合空间一个点的投影规律，反之亦然。

如图 2-21 所示，直线 AB 和 CD 交于点 K，其投影 ab 与 cd、a'b' 与 c'd'、a"b" 与 c"d" 分别

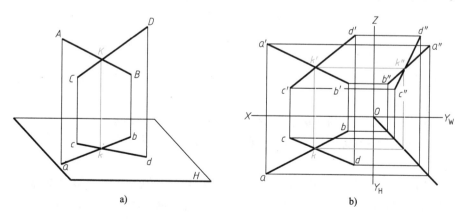

图 2-21　相交两直线

a）空间情况　b）投影图

相交于 k、k' 和 k'' 且 $kk' \perp OX$ 轴；$k'k'' \perp OZ$ 轴；k 到 OX 轴的距离等于 k'' 到 OZ 轴的距离。

相交两直线的交点是两直线的共有点，因此交点应满足直线上点的投影特性。

判断空间两直线是否相交，一般情况下，只需判断两组同面投影相交，且交点符合空间一个点的投影特性即可。但是，当两条直线中有一条直线的两面投影垂直于同一条轴线时，虽然同面投影相交，但空间的位置不一定相交。

例 2-8　如图 2-22a 所示，已知 AB、CD 为相交两直线，求 AB 的正面投影。

解　根据相交两直线的投影特点，可求出交点 K 的正面投影 k'，a' 必在 $b'k'$ 的延长线上，据此求出 a'，得到 $a'b'$。

作图过程：

1) 如图 2-22b 所示，ab、cd 的交点即为点 K 的水平投影 k，过 k 作 OX 轴的垂线，在 $c'd'$ 上得到 k'。

2) 如图 2-22c 所示，连接 $b'k'$ 并延长。过 a 作 OX 轴的垂线与 $b'k'$ 的延长线相交得到 a'，连接 $a'b'$ 即为所求。

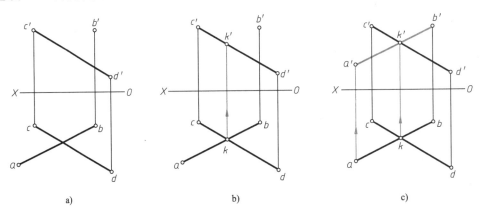

图 2-22　求 AB 的正面投影

a) 已知条件　b) 求交点 K 的两面投影　c) 求出 a'，完成作图

3. 两直线交叉

既不平行也不相交的两条直线，称为两交叉直线（即异面）。

如图 2-23a 所示，AB、CD 为两交叉直线，虽然它们的同面投影也相交了，但"交点"不符合一个点的投影特性。

两交叉直线同面投影的交点是直线上一对重影点的投影，用它可判断空间两直线的相对位置。

在图 2-23a 中，直线 AB 和 CD 水平投影的交点是直线 AB 上的点 I 和 CD 上的点 II（对 H 面的重影点）的水平投影 1（2），由正面投影可知，点 I 在上，点 II 在下，故在该处 AB 在 CD 的上方。

如图 2-23b 所示，交叉两直线的同面投影可能都相交，但各同面投影交点的关系不符合点的投影规律，均为重影点的投影。此处有三对重影点：对 H 面的一对重影点 I、II，对 V 面的一对重影点 III、IV，对 W 面的一对重影点 V、VI。图 2-23b 给出了求 H 面的一对重影点 I、II 的其他两面投影（$1'2'$ 和 $1''2''$）的过程。同理，可求出另外两对重影点的其他

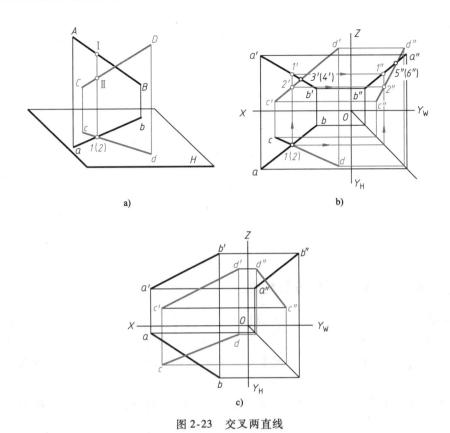

图 2-23　交叉两直线

a）立体图　b）三面投影均相交（三对重影点）　c）两面投影相交，另一组平行（两对重影点）

投影。

如图 2-23c 所示，有时还会出现两组同面投影相交、另一组平行，有两对重影点的情况。

2.4　平面的投影

2.4.1　平面的表示法

在投影图上，通常用图 2-24 所示的五组几何要素中的任意一组表示一个平面的投影。

1）不在同一直线上的三个点（图 2-24a）。

2）一直线与直线外一点（图 2-24b）。

3）相交两直线（图 2-24c）。

4）平行两直线（图 2-24d）。

5）平面几何图形，如三角形、四边形、圆等（图 2-24e）。

显然，各种几何元素间是可以互相转换的。例如，将图 2-24a 中的 ab 和 a'b' 相连，即转变成了图 2-24b 所示的直线与直线外一点表示的平面；将图 2-24b 中的 ac 和 a'c' 相连，即转变成了图 2-24c 所示的用相交两直线表示的平面。至于具体采用何种几何元素表示平面，可根据作图需要来选择。

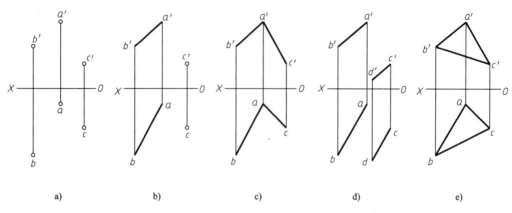

图 2-24　用几何元素表示平面

a）不在同一直线上的三个点　b）一直线与直线外一点　c）相交两直线　d）平行两直线　e）平面几何图形

2.4.2　平面对单一投影面的投影特性

平面相对于单一投影面（以 H 面为例）有三种位置：

（1）平面垂直于投影面　如图 2-25a 所示，$\triangle ABC$ 垂直于投影面 H，它在 H 面上的投影积聚为一直线，平面内的所有几何元素在 H 上的投影都重合在这条线上，这种投影特性称为积聚性。

（2）平面平行于投影面　如图 2-25b 所示，$\triangle ABC$ 平行于投影面 H，它在 H 面上的投影反映 $\triangle ABC$ 的实形，这种投影特性称为实形性。

（3）平面倾斜于投影面　如图 2-25c 所示，$\triangle ABC$ 倾斜于投影面 H，它在 H 面上的投影不反映 $\triangle ABC$ 的实形，但形状与 $\triangle ABC$ 是类似的，这种投影特性称为类似性。

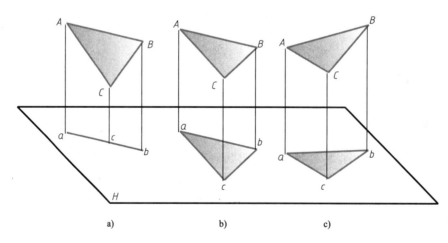

图 2-25　平面对单一投影面的三种位置及投影特性

a）垂直　b）平行　c）倾斜

2.4.3　平面在三投影面体系中的分类及投影特性

平面在三投影面中的投影特性取决于平面对投影面的相对位置（有关平面对投影面倾

角的问题略）。在三投影面体系中，平面按照对投影面的相对位置可分为三类：投影面垂直面、投影面平行面和一般位置平面。投影面平行面和投影面垂直面又称为特殊位置平面。

1. 投影面垂直面

垂直于某一个投影面，倾斜于其余两个投影面的平面称为投影面垂直面。

其中垂直于 V 面的叫做正垂面，垂直于 H 面的叫做铅垂面，垂直于 W 面的叫做侧垂面，表 2-3 给出了投影面垂直面的投影特性。

归纳表 2-3 的内容，投影面垂直面的投影特性为：

1）在其垂直的投影面上的投影积聚成直线，该直线与该投影面内的两根投影轴都倾斜。

2）在另外两个投影面上的投影反映类似性。

表 2-3　投影面垂直面的投影特性

名　　称	正　垂　面	铅　垂　面	侧　垂　面
立体图	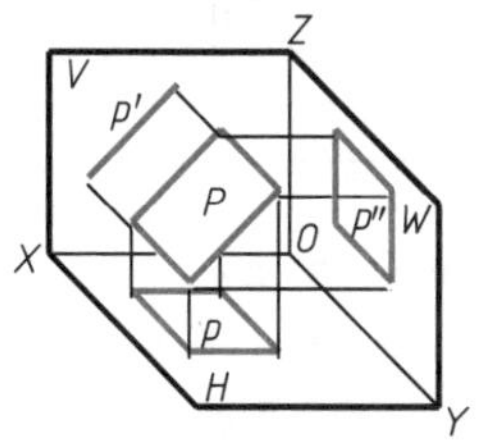	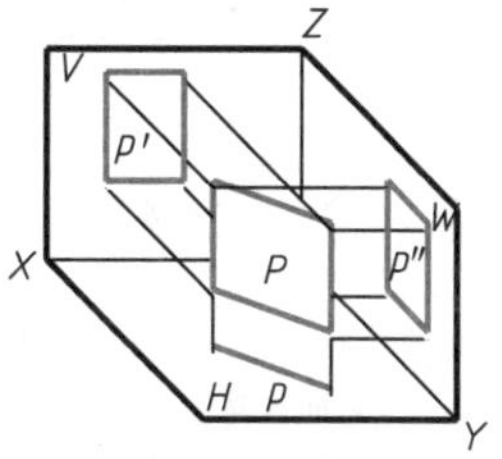	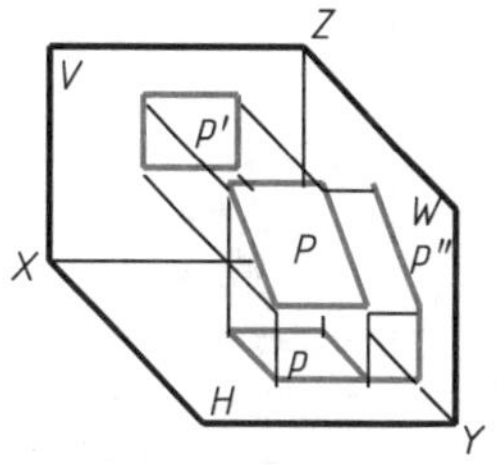
投影图	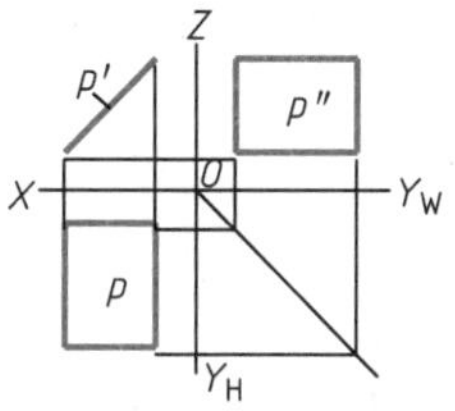	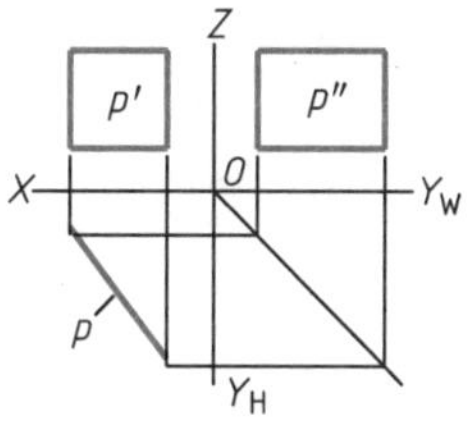	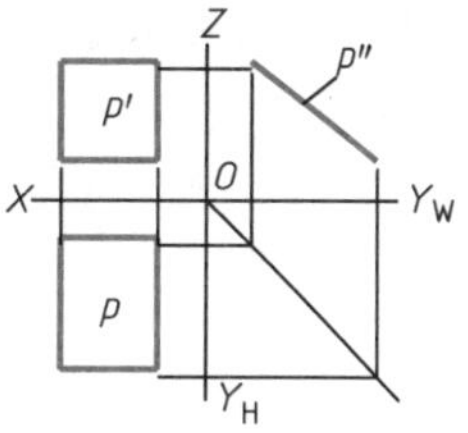
投影特性	1）正面投影积聚为直线，且倾斜于 OX 和 OZ 轴 2）水平投影和侧面投影为类似形	1）水平投影积聚为直线，且倾斜于 OX 和 OY_H 轴 2）正面投影和侧面投影为类似形	1）侧面投影积聚为直线，且倾斜于 OZ 和 OY_W 轴 2）水平投影和正面投影为类似形

2. 投影面平行面

平行于某一个投影面，垂直于其余两个投影面的平面称为投影面平行面。

其中平行于 V 面的叫做正平面，平行于 H 面的叫做水平面，平行于 W 面的叫做侧平面，表 2-4 给出了投影面平行面的投影特性。

归纳表 2-4 的内容，投影面平行面的投影特性为：

1）在其平行的投影面上的投影反映平面的实形。

2）在另外两个投影面上的投影均积聚为直线，且平行于相应的投影轴。

3. 一般位置平面

与三个投影面都倾斜的平面称为一般位置平面。

一般位置平面的投影特性为：在三个投影面上的投影均为类似性。

表 2-4　投影面平行面的投影特性

	正 平 面	水 平 面	侧 平 面
立体图			
投影图			
投影特性	1）正面投影 p' 反映实形 2）水平投影和侧面投影均积聚为直线，且水平投影 p // OX 轴、侧面投影 p'' // OZ 轴	1）水平投影 p 反映实形 2）正面投影和侧面投影均积聚为直线，且正面投影 p' // OX 轴、侧面投影 p'' // OY_W 轴	1）侧面投影 p'' 反映实形 2）水平投影和正面投影均积聚为直线，且水平投影 p // OY_H 轴、正面投影 p' // OZ 轴

如图 2-26 所示，$\triangle ABC$ 与三个投影面都倾斜，它的三面投影的形状相类似，但都不反映 $\triangle ABC$ 的实形。

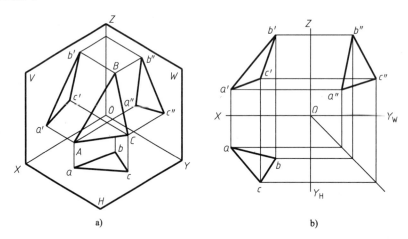

图 2-26　一般位置平面
a）立体图　b）投影图

2.4.4　平面内的直线和点

在绘图中经常会遇到在平面的投影图中求点、直线和作平面图形等问题，这需要用到几何中一些有关平面作图的原理。

1. 平面内取直线

具备下列条件之一的直线必位于给定的平面内：

1）直线通过平面内的两个点。

2）直线通过平面内的一个点且平行于平面内的某条直线。

例 2-9　已知相交二直线 AB、AC 的正面投影和水平投影，试在相交两直线确定的平面内任意作一条直线，并求出两面投影（图 2-27a）。

解　可用以下两种方法作图：

1）在平面内任找两个点并连接同面投影（图 2-27b）。在直线 AB 上任取一点 E（e，e'），在直线 AC 上任取一点 F（f，f'），用直线连接 EF 的同面投影，直线 EF 即为所求。

2）过平面内的一点，作平面内的一条已知直线的平行线（图 2-27c）。过点 B 作直线 $BE /\!/ AC$（$be /\!/ ac$，$b'e' /\!/ a'c'$），直线 BE 即为所求。

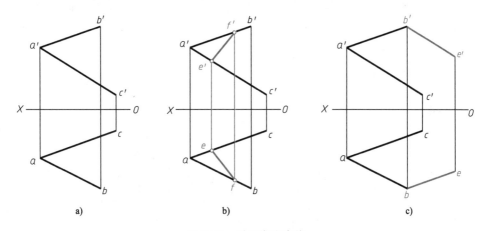

图 2-27　平面内取直线

a）已知条件　b）过平面内两点　c）过平面内一点且平行于平面内一直线

例 2-10　如图 2-28a 所示，已知直线 EF 在 △ABC 平面内，试求其正面投影。

解　因为直线 EF 在 △ABC 平面内，因此 EF 必通过平面内的两个点。可将 EF 的水平

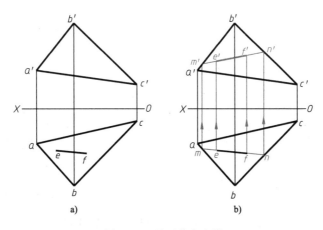

图 2-28　平面内求直线

a）已知条件　b）求正面投影 $e'f'$

投影 ef 延长，与 ab、bc 交于 m、n 两点，求出直线 MN 的正面投影 $m'n'$，在 $m'n'$ 上即可求得 $e'f'$。

作图过程（图 2-28 b）：

1）延长 ef 交 $\triangle abc$ 于点 m、n。

2）由 m、n 求出 $m'n'$。

3）据投影关系在 $m'n'$ 上由 ef 求得 $e'f'$。

2. 平面内取点

点位于平面内的几何条件是：点位于平面内的某条直线上，即点的投影也应位于这条直线的同面投影上。因此在平面内取点应首先在平面内取直线，然后再在该直线上取符合题意的点。

例 2-11 如图 2-29a 所示，已知点 M 位于 $\triangle ABC$ 内，试求点 M 的水平投影。

解 在平面内过点 M 任意作一条辅助直线，点 M 的投影必在该直线的同面投影上。

作图过程（图 2-29 b）：

1）过 $a'm'$ 作直线与 $b'c'$ 交于 d'。

2）由 d' 在 bc 上求出 d。

3）据 m' 在 ad 上求出 m。

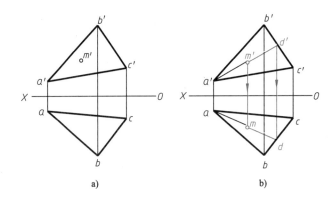

a)   b)

图 2-29 在平面内取点

a) 已知条件 b) 作图步骤

例 2-12 如图 2-30a 所示，已知平面四边形 $ABCD$ 的正面投影和 AB、AD 边的水平投影，试完成其水平投影。

解 只要求出点 C 的水平投影 c 即可。因为 C 是四边形 $ABCD$ 上的一点，即点 C 在四边形表示的平面上，因此可将四边形所表示的平面，转换为用两条相交直线 AC、BD 所表示的平面，而点 C 必在点 A 与两直线交点 K 的连线上，从而求得点 C 的水平投影。

作图过程（图 2-30b）：

1）连接 $a'c'$、$b'd'$ 得交点 k'。

2）连接 bd，由 k' 在 bd 上求得其水平投影 k。

3）连接 ak 并延长，由 c' 在 ak 的延长线上求得其水平投影 c。

4）连接 dc、cb 得到四边形的水平投影。

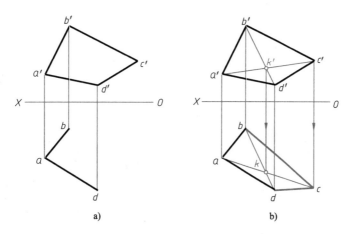

图 2-30 完成平面四边形 *ABCD* 的水平投影

a）已知条件　b）作图步骤和结果

2.4.5　特殊位置圆的投影

与其他平面图形一样，圆也可以表示平面。下面介绍特殊位置圆，即投影面平行圆和投影面垂直圆的投影。

1. 投影面平行圆

平行于一个投影面，且垂直于其他两个投影面的圆称为投影面平行圆。

投影面平行圆可分为三种。

1）水平圆（*H* 面平行圆）：∥*H* 面，⊥*V* 面，⊥*W* 面。

2）正平圆（*V* 面平行圆）：∥*V* 面，⊥*H* 面，⊥*W* 面。

3）侧平圆（*W* 面平行圆）：∥*W* 面，⊥*H* 面，⊥*V* 面。

图 2-31 所示为水平圆的三面投影图。水平圆平行于 *H* 面，垂直于 *V* 面和 *W* 面，因此，在 *H* 面的投影反映圆的实形，而在 *V* 面和 *W* 面的投影，积聚成一条直线（长度为圆的直径）。

同理，读者可自行总结出平行于另外两个投影面的正平圆和侧平圆的投影特性。

2. 投影面垂直圆

垂直于一个投影面，且倾斜于其他两个投影面的圆称为投影面垂直圆。

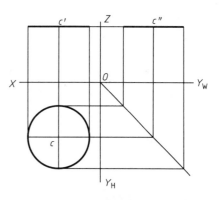

图 2-31 水平圆的投影

投影面垂直圆可分为三种。

1）正垂圆（*V* 面垂直圆）：⊥*V* 面，∠*H* 面，∠*W* 面。

2）铅垂圆（*V* 面垂直圆）：⊥*H* 面，∠*V* 面，∠*W* 面。

3）侧垂圆（*W* 面垂直圆）：⊥*W* 面，∠*H* 面，∠*V* 面。

如图 2-32 所示，正垂圆垂直于 *V* 面，倾斜于 *H* 面和 *W* 面，因此，在 *V* 面的投影积聚为一条直线（长度为圆的直径）；在 *H* 面和 *W* 面上的投影均为椭圆，椭圆的长轴等于圆的直

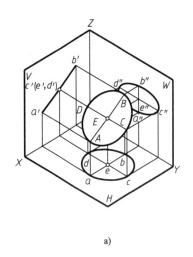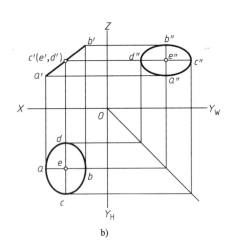

图 2-32　正垂圆
a）立体图　b）投影图

径，短轴由作图得到。在求出椭圆的长、短轴后可由第 1 章图 1-23 介绍的四心圆弧法（近似椭圆）画出椭圆。

同理，读者可自行总结出垂直于另外两个投影面的铅垂圆和侧垂圆的投影特性。

2.5　直线与平面及两平面的相对位置

直线与平面、平面与平面的相对位置，各有两种情况：直线与平面相交，直线与平面平行；两平面相交，两平面平行。

2.5.1　相交问题

1. 直线与平面相交

直线与平面相交，其交点是直线与平面的共有点，因此交点的投影必满足直线上点的投影特性，也满足平面上点的投影特性。

当直线或平面处于特殊位置，特别是当其中某一投影具有积聚性时，交点的投影也必定在有积聚性的投影上，利用这一特性可以较简单地求出交点的投影。

这里仅讨论参与相交的直线或平面至少其中之一垂直于投影面的情况。

例 2-13　如图 2-33a 所示，求直线 AB 与铅垂面 $CDEF$ 的交点 K，并判断可见性（图 2-33a）。

解　（1）求交点 K（图 2-33b、c）　$CDEF$ 的水平投影有积聚性，根据交点的共有性可确定交点 K 的水平投影 k，再利用点 K 位于直线 AB 上的投影特性，采用线上取点的方法求出交点的正面投影 k'。

（2）判断可见性（图 2-33b、d）　由水平投影可知，KB 在平面之前，故正面投影中 $k'b'$ 可见，用粗实线画；$k'a'$ 与 $c'd'f'e'$ 重叠部分不可见，用虚线画出。

由例 2-13 可知：一直线与垂直于投影面的平面相交，平面有积聚性的投影与直线同面投影的交点即为交点的一个投影，据此可求出交点的另一个投影；在平面有积聚性的投影面

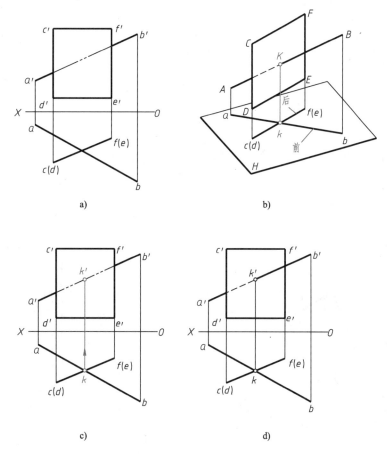

图 2-33　直线与平面（铅垂面）相交——求交点并判断可见性

a）已知条件　b）空间情况分析　c）求交点 K　d）判断可见性完成作图

上，可直接判断另一投影面上直线的可见性。

例 2-14　如图 2-34a 所示，求铅垂线 EF 与 $\triangle ABC$ 的交点 K，并判断可见性。

解　（1）求交点 K（图 2-34b、c）　因为 EF 的水平投影有积聚性，故交点 K 的水平投影与直线 EF 的水平投影重合。根据交点的共有性，利用交点 K 位于 $\triangle ABC$ 内的投影特性，采用面上找点的方法求出交点 K 的正面投影 k'。

（2）判断可见性（图 2-34d、e）　选择重影点判断，其方法是判断哪个投影面上的可见性就在哪个投影面上找重影点的投影，本例是要判断正面投影的可见性，所以选一对重影点的正面投影 $1'（2'）$。假设点 I 在 EF 上，点 II 在 BC 上，由水平投影可知点 I 在前，点 II 在后，故 $e'k'$ 可见，用粗实线画出；$k'f'$ 与 $\triangle a'b'c'$ 重叠的部分不可见，画成虚线。

2. 两平面相交

两平面相交，其交线为一直线，它是两平面的共有线。所以，只要确定两平面的两个共有点，就可以确定两平面的交线。

这里仅讨论两相交平面中至少有一个垂直于投影面的情况。

例 2-15　如图 2-35a 所示，求 $\triangle ABC$ 与平面 $DEFG$ 的交线 MN，并判断可见性。

解　（1）求交线 MN（图 2-35b）　因两平面垂直于 V 面，其交线 MN 应为正垂线。两平

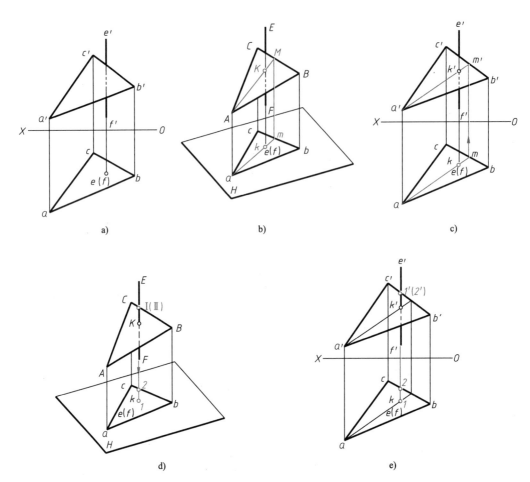

图 2-34 投影面垂直线与一般位置平面相交——求交点并判断可见性

a）已知条件 b）交点空间情况分析 c）求交点 K（k，k'）

d）可见性的空间情况分析 e）判断可见性完成作图

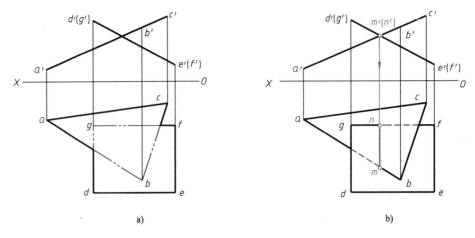

图 2-35 两个正垂面相交——求交线并判断可见性

a）已知条件 b）作图过程及结果

面正面投影的交点即为交线的正面投影 $m'n'$，交线的水平投影应垂直于 OX 轴，由此可求出交线的水平投影 mn。

（2）判断可见性（图 2-35b） 由正面投影可知，△ABC 在交线的左侧部分位于平面 $DEFG$ 的下方，其水平投影与平面 $DEFG$ 的水平投影相重叠部分为不可见。△ABC 在交线的右侧部分位于平面 $DEFG$ 的上方，其水平投影与平面 $DEFG$ 的水平投影相重叠部分为可见。

例 2-16 如图 2-36a 所示，求△ABC 与平面 $DEFG$ 的交线 MN，并判断可见性。

解 （1）求交线 MN（图 2-36b） 平面 $DEFG$ 的水平投影有积聚性，它的水平投影 $defg$ 与 ac 的交点 m，与 bc 的交点 n 即为两平面的两个共有点的水平投影，分别在 $a'c'$ 和 $b'c'$ 上求出其正面投影 m'、n'，连接 $m'n'$ 即为交线 MN 的正面投影。

（2）判断可见性（图 2-36b） 由水平投影可知，△ABC 在交线的右侧部分位于平面 $DEFG$ 的前方，其正面投影中与平面 $DEFG$ 的正面投影相重叠部分为可见；△ABC 在交线的右侧部分位于平面 $DEFG$ 的后方，其正面投影与平面 $DEFG$ 的正面投影相重叠部分为不可见。

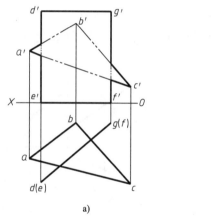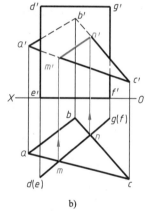

图 2-36 平面与投影面垂直面相交——求交线并判断可见性

a）已知条件 b）作图过程及结果

2.5.2 平行问题

1. 直线与平面平行

仅讨论直线与垂直于投影面的平面的平行问题。

直线与平面平行应满足以下条件：

1）同垂直于某一投影面的直线和平面相平行。

如图 2-37 所示，铅垂线 MN 与铅垂面 $CDEF$ 同垂直于 H 面，二者在 H 面的投影 mn 和 $cdef$ 都有积聚性，所以二者是平行关系。

2）当直线的投影与平面有积聚性的投影平行时，该直线与平面平行。

如图 2-37 所示，直线 AB 的水平投影 ab 平行于平面 $CDEF$ 有积聚的投影 $cdef$，所以二者是平行关系。

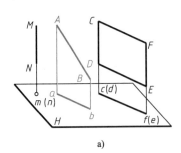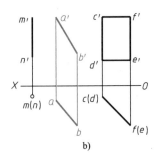

图 2-37　直线与铅垂面相平行

a）立体图　b）投影图

例 2-17　如图 2-38a 所示，已知△ABC 和点 D 的两面投影，试过点 D 任作一正平线 DE 平行于△ABC。

解　由△ABC 为正垂面可知，过点 D 所作正平线 DE 的正面投影应平行于△ABC 有积聚性的正面投影 a'b'c'。因 DE 是正平线，其水平投影 de 应平行于 OX 轴。

作图过程（2-38b）：

1）过 d'作 d'e' // a'b'c'，d'e'的长度任定。

2）过 d 作直线平行于 OX 轴，据 e'在此直线上求得 e。d'e'和 de 为所求正平线 DE 的正面投影和水平投影。

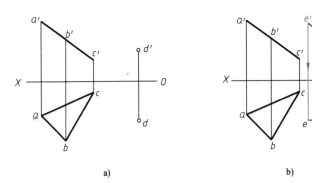

图 2-38　作直线与平面平行

a）原题　b）作图过程及结果

2. 平面与平面平行

仅讨论垂直于同一投影面的两平面的平行问题。

由图 2-39 可得到以下结论：当垂直于同一投影面的两平面平行时，它们有积聚性的同面投影一定平行。

在该图中，平面 ABCD 和 EFGH 同为铅垂面，在 H 面有积聚性的同面投影 abcd、efgh，且 abcd // efgh。所以平面 ABCD 与 EFGH 相平行。

例 2-18　如图 2-40a 所示，已知△ABC // 矩形 EFGH，完成△ABC 的正面投影。

解　矩形 EFGH 为正垂面，△ABC // 矩形 EFGH，所以△ABC 也应是正垂面，根据两投影面垂直面相互平行的投影特性，△ABC 有积聚性的正面投影 a'b'c'应平行于矩形 EFGH 有积聚性的正面投影 e'f'g'h'。作图过程及结果如图 2-40b 所示。

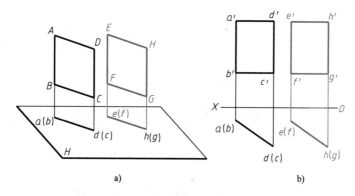

a)   b)

图 2-39 两铅垂面相互平行

a) 立体图 b) 投影图

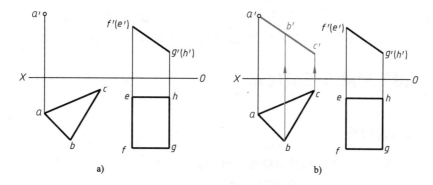

a)   b)

图 2-40 完成 △*ABC* 的正面投影

a) 已知条件 b) 作图过程及结果

第 3 章

基本体的投影及表面交线

工程中常把棱柱、棱锥、圆柱、圆锥、圆球（也称球）、圆环等形状简单、经常使用的单一几何形体称为基本体，将其他较复杂形体看成是由基本体组合而成的。

常用基本体可分为平面立体和回转体两类。

本章将重点讨论以下内容：三视图的画法，基本体的投影，基本体被平面切割产生的截交线的投影，基本体与基本体表面相交产生的相贯线的投影等。

3.1 三视图的形成及投影规律

3.1.1 三视图的形成

在工程制图中，将立体向投影面投影所得的图形称为视图。

如图 3-1a 所示，在三投影面体系中，物体的正面投影称为主视图，物体的水平投影称为俯视图，物体的侧面投影称为左视图。为了把空间的三个视图画在同一张图纸上，还需要将三个投影面展开（图 3-1b）。展开的方法与第 2 章中投影面的展开方法相同，这里不再赘述。展开后的三视图如图 3-1c 所示。为了简化作图，在三视图中不画投影面的边框线，视图之间的距离可根据具体情况自行确定，视图的名称也不必标出，如图 3-1d 所示。

3.1.2 三视图的投影规律

如图 3-1c 所示，根据三个投影面的相对位置及其展开的规定，三视图的位置关系是：以主视图为准，俯视图在主视图的正下方，左视图在主视图的正右方。若将物体左右方向的尺寸称为长，前后方向的尺寸称为宽，上下方向的尺寸称为高，那么，主视图和俯视图都反映了物体的长度，主视图和左视图都反映了物体的高度，俯视图和左视图都反映了物体的宽度，因而三视图之间存在下面的投影规律：

1）主视图与俯视图——长对正。

2）主视图与左视图——高平齐。

3）俯视图与左视图——宽相等。

该投影规律反映了三视图间的位置关系和度量关系：

1）主、俯视图——长对正。

位置关系：主视图与俯视图左右对正。

度量关系：主视图与俯视图长度相等。

2）主、左视图——高平齐。

位置关系：主视图与左视图上下平齐。

度量关系：主视图与左视图高度相等。

3）俯、左视图——宽相等。

位置关系：俯视图与左视图前后对应。

度量关系：俯视图与左视图宽度相等。

应特别注意，俯、左视图除了反映"宽相等"之外，还有物体前、后位置的对应关系，俯视图的下方和左视图的右方，表示物体的前面；俯视图的上方和左视图的左方，表示物体的后面，如图 3-1b、c 所示。

另外，在三视图中，可见的轮廓线画成粗实线，不可见的轮廓线画成虚线（例如图 3-1d 中左端的方槽在主视图中不可见，因此用虚线画），对称中心线画成点画线（图 3-1 中的俯视图和左视图）。

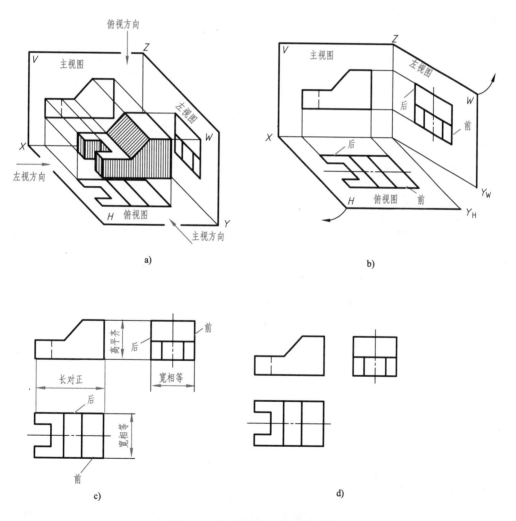

图 3-1　三视图的形成和投影规律

a）物体在三投影面体系中的投影　b）三个投影面的展开方法

c）展开后的三视图　d）物体三视图

3.2　平面立体

表面由平面组成的基本体，称为平面立体。常用的平面立体有两种：棱柱和棱锥。棱柱和棱锥是由棱面和底面围成的，相邻两棱面的交线称为棱线，底面和棱面的交线称为底边（图 3-2a）。根据三视图的投影规律及点、线、面的投影特性，即可画出平面立体的三视图。

3.2.1　棱柱

1. 棱柱的三视图

以六棱柱为例。如图 3-2a 所示，六棱柱上、下两个底面平行于 H 面，在俯视图上反映六边形的实形；前、后两个棱面平行于 V 面，在主视图上反映实形；其余四个棱面为铅垂面。六个棱面在俯视图上都积聚成与六边形的边重合的直线。

作图过程（图 3-2b）：

1）画出对称中心线（点画线），以确定三个视图的位置。

2）画出反映两底面实形（正六边形）的俯视图。

3）由棱柱的高度按三视图的投影规律（三等关系）画出其余两个视图。

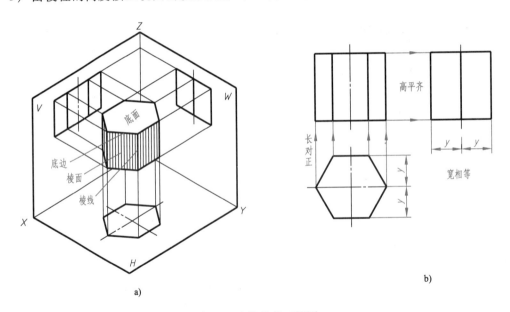

a)

b)

图 3-2　六棱柱的三视图

a）六棱柱三视图的生成　b）作图过程及结果

2. 棱柱表面上取点

例 3-1　如图 3-3a 所示，已知六棱柱表面点 A 的侧面投影，点 B、点 C 的正面投影，求点 A 的水平投影和正面投影；点 B、点 C 的水平投影和侧面投影。

解　由图 3-3a 可知，点 A 位于最左边的棱线（铅垂线）上，棱线的水平投影积聚为一点。点 B 位于左前侧棱面上，因为该棱面的 H 面投影积聚为直线，水平投影 b 必在这一直线上。点 C 位于右后侧棱面上，因为该棱面的 H 面投影积聚为直线，水平投影 c 必在这一直线上。

作图过程（图 3-3b）：

1）点 A 的水平投影 a 与最左边棱线积聚的点重合，a' 可由 a″ 根据"高平齐"求出。

2）点 B 的水平投影 b 可由 b' 根据"长对正"求出，再由"三等关系"求出 b″。

3）点 C 的水平投影 c 可由 c' 根据"长对正"求出，再由"三等关系"求出 c″。

4）a、a'、b、b″ 和 c 均可见，c″ 不可见。

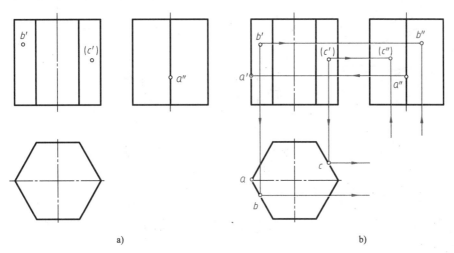

图 3-3 棱柱表面上取点

a）已知条件 b）作图过程及结果

3.2.2 棱锥

棱锥与棱柱的区别是棱锥的棱面交于一点（锥顶）。

1. 棱锥的三视图

以三棱锥为例。如图 3-4a 所示，正三棱锥的底面为正三角形 ABC（水平面），俯视图中反映正三角形的实形；后侧面 SBC 是侧垂面，在左视图上积聚成一条直线；左右两侧对称的棱面 SAB 和 SAC 是一般位置平面。

作图过程（图 3-4b）：

1）画出反映底面实形的水平投影 △abc 及积聚成直线的正面投影 a'b'c' 和侧面投影 a″b″c″。

2）作出 △abc 的角平分线，角平分线的交点为锥顶 S 的水平投影 s；根据三棱锥的高度确定顶点 S 的正面投影 s'，由 s 和 s' 根据"三等关系"求出 s″。

3）分别连接顶点 S 与底面各顶点的同面投影，得到所求三视图。

2. 棱锥表面取点

若棱锥的棱面处于特殊位置，其表面上的点可利用投影的积聚性求得；若棱面处于一般位置，其表面上的点可以利用在平面上取点的方法，通过作辅助线求得。

在棱锥表面取点，一般有三种作辅助线的方法：

1）作已知点与锥顶的连线。

2）过已知点作底边的平行线。

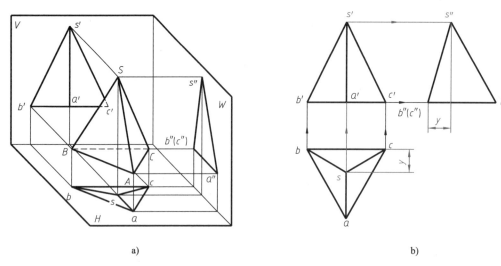

a)   b)

图 3-4　三棱锥三视图的画法

a）三视图的生成　b）画图过程及结果

3）过已知点作任意直线。

例 3-2　如图 3-5a 所示，已知三棱锥表面点 D 的正面投影 d'，求出它的水平投影 d 和侧面投影 d''。

解　由点 D 的正面投影 d' 及其位置，对照俯视图可知，点 D 位于前棱面 $\triangle SAB$ 上，因此，d 应位于 $\triangle sab$ 上，并且为可见的。因为 $\triangle SAB$ 为一般位置平面，可由上述作辅助线方法之一求出 d。

作图过程：下面给出了三种作辅助线求点的方法。

方法一（图 3-5b）：将点 D 与锥顶 S 相连。连 $s'd'$ 并延长交 $a'b'$ 于 $1'$；由 $1'$ 求得 1、$1''$，

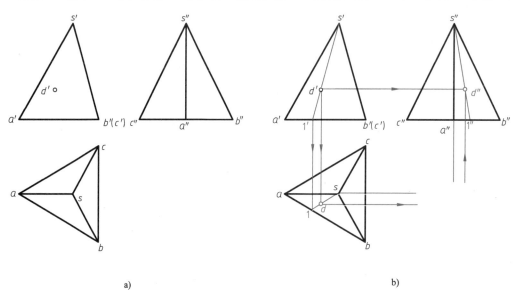

a)   b)

图 3-5　棱锥表面取点作辅助线的三种方法

a）已知条件　b）作过锥顶的连线为辅助线

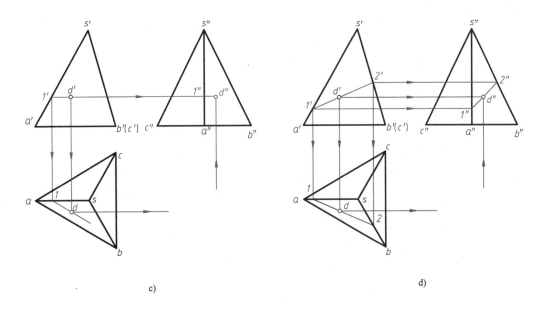

c)   d)

图 3-5 棱锥表面取点作辅助线的三种方法（续）

c）作底边 AB 的平行线为辅助线 d）作任意直线为辅助线

连接 s1、s″1″，在 s1 上求得 d；在 s″1″ 上求得 d″。d″ 也可据 d、d′ 由"三等关系"求到。

方法二（图 3-5c）：过点 D 作一直线 DⅠ平行于底边 AB。作 d′1′∥a′b′；由 1′ 求得 1，过 1 作直线平行于 ab，在此直线上求得 d；d″ 由"三等关系"求得。

方法三（图 3-5d）：过点 D 在 △SAB 作任意直线ⅠⅡ。过 d′ 作直线交 s′a′ 于 1′，交 s′b′ 于 2′；由 1′2′ 求出 12，在 12 上求得 d；d″ 可在求得 1″2″ 后求出，也可由"三等关系"求得。

3.3 常见的回转体

常见的回转体有圆柱、圆锥、圆球和圆环，如图 3-6 所示。它们的特点是有光滑连续的回转面，不像平面立体那样有明显的棱线。在画图时，要注意回转面的形成规律和回转面的投影特点。

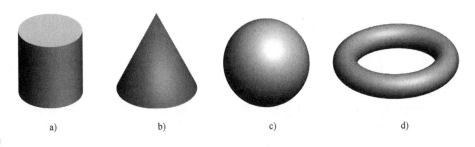

a)   b)   c)   d)

图 3-6 常见的回转体

a）圆柱 b）圆锥 c）圆球 d）圆环

3.3.1 圆柱

1. 圆柱的生成

圆柱由圆柱面和两个底面组成。如图 3-7a 所示，圆柱面可看做由直线 MM_0 绕与它平行的轴线 OO_0 旋转而成的。运动的直线 MM_0 称为母线，圆柱面上与轴线平行的任一直线称为素线。

2. 圆柱的三视图

如图 3-7b 所示，当圆柱的轴线为铅垂线时，圆柱面在俯视图上积聚为一个圆，其主视图和左视图上的轮廓线为圆柱面上最左、最右、最前、最后轮廓素线的投影。圆柱体上下底面为水平面，水平投影为圆（底面实形），与圆柱面在俯视图上积聚成的圆重合，两底面的其余投影积聚为直线。

作图过程（图 3-7c）：

1）画俯视图的十字中心线及轴线的正面和侧面投影（点画线）。

2）画投影为圆的俯视图。

3）由圆柱的高据"三等关系"画出另外两个视图（矩形）。

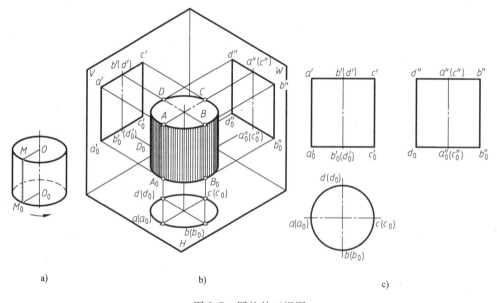

图 3-7　圆柱的三视图

a）圆柱面的生成　b）圆柱三视图的生成　c）作图过程及三视图

3. 轮廓线的投影分析及圆柱面的可见性判断

由图 3-7b、c 可见，主视图上的轮廓线 $a'a_0'$ 和 $c'c_0'$ 是圆柱面上最左和最右两条素线 AA_0 和 CC_0 的正面投影。在左视图上，AA_0 和 CC_0 的投影与轴线的投影重合，规定在图中不画。AA_0 和 CC_0 又是圆柱面前半部分与后半部分的分界线，称为对正面投影的转向轮廓线，因此在主视图上，以 AA_0 和 CC_0 为界，前半个圆柱面是可见的，后半个圆柱面是不可见的。

左视图上的轮廓线 $b'b_0'$ 和 $d'd_0'$ 是圆柱面上最前和最后两条素线 BB_0 和 DD_0 的投影。在主视图上，BB_0 和 DD_0 的投影与轴线的投影重合，规定在图中不画。BB_0 和 DD_0 又是圆柱面左半部分与右半部分的分界线，称为对侧面投影的转向轮廓线，因此在左视图上，以 BB_0 和 DD_0 为界，左半个圆柱面是可见的，右半个圆柱面是不可见的。

4. 圆柱面上取点

例 3-3　如图 3-8 a 所示，已知圆柱面上的点 A、B 的正面投影和点 C 的侧面投影，作出这些点的其余两面投影。

解　由点 A 的正面投影位置和投影可见得知，点 A 位于左前圆柱面上；由点 B 的正面投影位置可知，点 B 位于圆柱面最左边的素线上；由点 C 的侧面投影位置和不可见得知，点 C 位于右后圆柱面上。

作图过程（图 3-8b）：

1）由 a' 在圆柱面有积聚性的俯视图上求出 a，再由"三等关系"求出 a''。

2）由 b' 可判断其水平投影 b 重合在最左素线积聚性的点上，再由最左素线的侧面投影与左视图的轴线重合，据 b' 直接求得 b''。

3）由 c'' 据"宽相等"在圆柱面有积聚性的俯视图上求出 c，再由"三等关系"求出 c'。

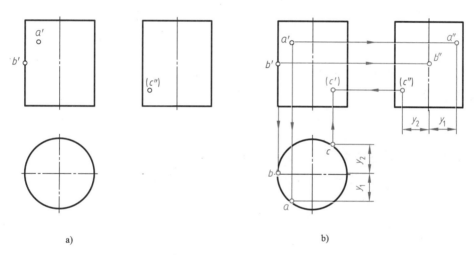

图 3-8　圆柱面上取点

a）已知条件　b）作图过程及结果

3.3.2　圆锥

1. 圆锥的形成

圆锥由圆锥面和一个底面组成。如图 3-9a 所示，圆锥面可看做由直线 OM_0 绕与它相交的轴线 OO_0 旋转而成的。运动的直线 OM_0 称为母线，圆锥面上过锥顶 S 的任一直线称为素线。母线上任一点 A 的轨迹为垂直于轴线的圆。

2. 圆锥的三视图

如图 3-9b 所示，当圆锥的轴线为铅垂线时，其俯视图为圆（底面实形），主视图和左视图为相同的等腰三角形，三角形的底边为圆锥底面的投影，等腰三角形的两个腰分别为圆锥面上素线的投影。圆锥面的三个投影均无积聚性。

作图过程（图 3-9c）：

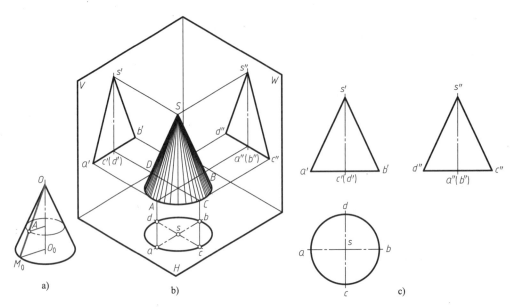

图 3-9　圆锥的三视图

a）圆锥面的形成　b）圆锥三视图的生成　c）作图过程及三视图

1）画俯视图的十字中心线及轴线的正面和侧面投影（细点画线）。

2）画投影为圆的俯视图（底面圆）。

3）由圆锥的高确定顶点 S 的投影，并按"三等关系"画出另外两个视图（两个等腰三角形）。

3．轮廓线的投影分析及圆锥面的可见性判断

由图 3-9b、c 可见，主视图上的轮廓线 $s'a'$ 和 $s'b'$ 是圆锥面上最左和最右两条素线 SA 和 SB 的投影，在左视图上，SA 和 SB 的投影与轴线的投影重合，规定在图中不画。SA 和 SB 又是圆锥面前半部分与后半部分的分界线，称为对正面投影的转向轮廓线，因此在主视图上，以 SA 和 SB 为界，前半个圆锥面是可见的，后半个圆锥面是不可见的。

左视图上的轮廓线 $s''c''$ 和 $s''d''$ 是圆锥面上最前和最后两条素线 SC 和 SD 的投影，在主视图上，SC 和 SD 的投影与轴线的投影重合，规定在图中不画。SC 和 SD 又是圆锥面左半部分与右半部分的分界线，称为对侧面投影的转向轮廓线，因此在左视图上，以 SC 和 SD 为界，左半个圆锥面是可见的，右半个圆锥面是不可见的。

4．圆锥面上取点

圆锥面上取点，一般需要作辅助线，有两种方法：

1）作过锥顶的素线（辅助素线法）。

2）作垂直于轴线的圆（辅助圆法）。

例 3-4　如图 3-10 a 所示，已知圆锥表面点 A 和点 B 的正面投影，求作它们的其余两个投影。

解　由点 A 的正面投影位置可知，点 A 位于圆锥面最左边的素线上；由点 B 的正面投影位置和投影的可见得知，点 B 位于左前圆锥面上。

作图过程：

（1）求 a、a''（图 3-10b）　由 a' 在俯视图和左视图上，由"长对正"求出 a，由"高平齐"求出 a''。

（2）求 b、b''

1）辅助素线法（图 3-10c）。如图 3-10a 的立体图所示，过锥顶 S 和点 B 在圆锥面上作一条素线 SN 作为辅助线，在该素线上求出 b 和 b''。

作图方法（图 3-10c）：

① 在主视图上，连 $s'b'$ 与底边交于 n'。

② 求 SN 的水平投影 sn，在其上求出 b。

③ 由 b' 和 b 据"三等关系"求出 b''。

2）辅助圆法。如图 3-10d 和图 3-10a 的立体图所示，过点 B 作一平行于底面（垂直于轴线）的圆，该圆的水平投影是底面投影圆的同心圆。

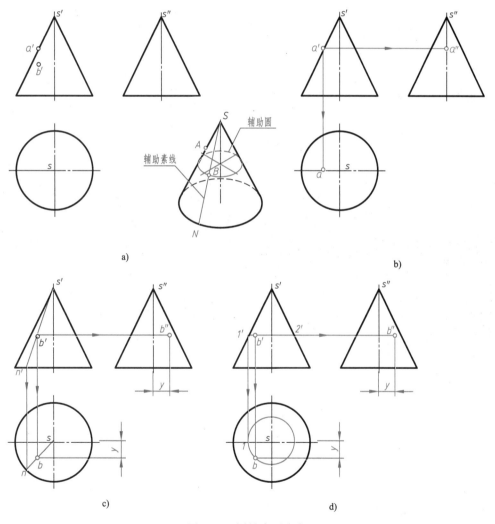

a）

b）

c）

d）

图 3-10　圆锥表面取点

a）已知条件　b）求素线上的点　c）辅助素线法求圆锥面上的点　d）辅助圆法求圆锥面上的点

作图方法：

① 过 b' 作直线 $1'2'$ 平行于底边，$1'2'$ 即为辅助圆的正面投影。

② 以 $1'2'$ 为直径，在俯视图上作辅助圆的水平投影圆，并在其上求出 b。

③ 由 b' 和 b 由"三等关系"求出 b''。

3.3.3 圆球

1. 圆球的形成

如图 3-11a 所示，圆球可看做由半圆形的母线绕其直径 OO_1 旋转而成的。母线上任一点的运动轨迹均为圆，圆所在的平面垂直于轴线。球面上没有直线。

2. 圆球的三视图

如图 3-11b、c 所示，圆球的三个视图均为大小等于圆球直径的圆，它们分别是球的三个方向的轮廓圆的投影。

圆 A 是球面上最大的正平圆，也是对正面投影的转向轮廓线。圆 A 在主视图上的投影为廓线圆 a'，而在俯视图和左视图中的投影 a 和 a'' 都与中心线重合而不画出。对正面投影的转向轮廓线 A 又是前半个球面和后半个球面的分界线，在主视图中前半个球面可见，后半个球面不可见。球面上最大的水平圆 B 和最大的侧平圆 C 的分析同圆 A。

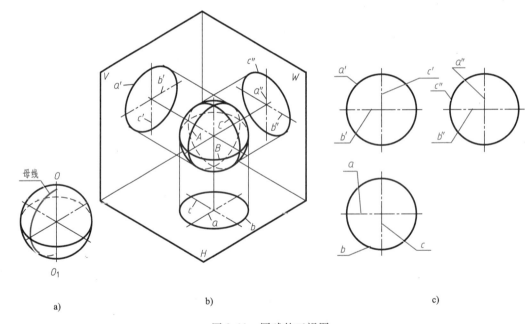

图 3-11　圆球的三视图

a）圆球面的形成　b）三视图的生成　c）三视图

3. 圆球面上取点

除了点在外轮廓线上外，在圆球面上取点，需采用辅助圆法。

例 3-5　如图 3-12 a 所示，已知圆球上点 A 和点 B 的正面投影，求这两点的其余两面投影。

解　由点 A 正面投影的位置和投影可见得知，点 A 位于对正面投影的转向轮廓线上。

由点 B 正面投影的位置和投影可见得知，点 B 位于上半个球面的右前方，需采用辅助圆法求点的投影。

作图过程：

1）求 a、a''（图 3-12b）。点 A 位于对正面投影的转向轮廓线上，该轮廓线的水平投影和侧面投影分别与相应轴线的水平投影和侧面投影重合，因此，可由 a' 根据"三等关系"在相应的轴线上求出 a、a''。

2）求 b、b''（图 3-12c）。过 b' 作水平直线与主视图的轮廓圆相交于 $1'$ 和 $2'$，$1'2'$ 即为辅助圆的正面投影；以 $1'2'$ 为直径作辅助圆的水平投影圆，并在其上据 b' 求出 b；由 b 和 b' 根据"三等关系"求出（b''）。

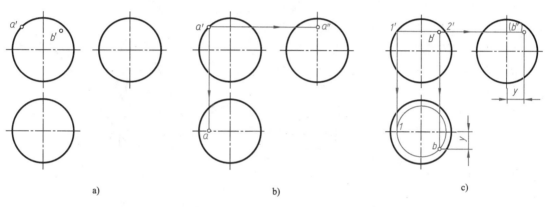

图 3-12　圆球的三视图

a）已知条件　　b）求转向轮廓线上的点　　c）求圆柱面上的点

3.3.4　同轴回转体

几个回转体共轴线时，称为同轴回转体。

如图 3-13a 所示，圆锥和直径不同的两个圆柱共轴线（侧垂线）它们共同构成了一个同轴回转体，图 3-13b 给出了它的三视图。

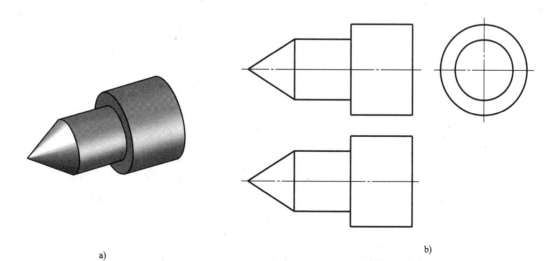

图 3-13　同轴回转体的三视图

a）立体图　b）三视图

3.4 平面与立体表面相交

平面与立体表面相交，可看做是用平面切割立体，此平面称为截平面。截平面与立体表面的交线称为截交线。

3.4.1 平面立体的截交线

如图3-14所示，平面与平面立体相交，其截交线是由直线围成的平面多边形（ABCD），多边形的边是截平面与平面立体表面的交线（AB、BC、CD、DA），多边形的顶点是截平面与平面立体棱线的交点（A、B、C、D）。因此，求平面立体的截交线可归结为求这些交线或交点的问题。

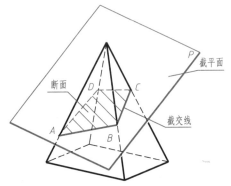

图3-14 平面立体的截交线

例3-6 如图3-15a所示，试求四棱锥被正垂面P切割后的三视图。

解 截平面P与四棱锥的四个棱面相交，所以截交线为四边形，其四个顶点即四棱锥的四条棱线与截平面P的交点。因为截平面为正垂面，所以截交线的正面投影积聚在p'上。

作图过程（图3-15b）：

1）截交线顶点的正面投影a'、b'、c'、d'积聚在p'上，可直接得到。由正面投影求得相应的水平投影a、b、c、d和侧面投影a″、b″、c″、d″。

2）将四个顶点的同面投影依次相连得到截交线的水平投影abcd和侧面投影a″b″c″d″。

3）完成棱线的投影。棱线SⅠ、SⅢ被切割后，只剩下AⅠ和CⅢ，在侧面投影中，原来重合的两条棱线，因a″1″较短，因此棱线c″3″在c″a″之间应画成虚线。棱线SⅡ、SⅣ被切割后，只剩下BⅡ和DⅣ。完成的三视图如图3-15c所示。

例3-7 如图3-16a所示，已知一个缺口三棱锥的主视图，试补全它的俯视图和左视图。

解 从主视图可见，缺口是由两个截平面（水平面、正垂面）切割三棱锥而形成的。因为水平截平面平行于底面，所以它与前、后棱面的交线DE、DF分别平行于相应底边AB、AC。正垂截平面分别与前、后棱面相交于直线GE、GF。由于两个截平面都垂直于正面，所以它们的交线EF是正垂线。切割的结果如图3-16a中的立体图所示。画出了这些交线的投影，也就完成了这个缺口的投影。

作图过程（图3-16b、c）：

1）因为两个截平面都垂直于正面，所以两组截交线分别重合在它们有积聚性的正面投影上，截交线的正面投影d'e'、d'f'和g'e'、g'f'可直接在主视图中得到。

2）由d'求出d，再由d作底边ab和ac的平行线为辅助线，由e'、f'在辅助线上求出e、f，再由"三等关系"求出e″、f″；d″在e″、f″的连线上；由g'求出g和g″。

3）将俯视图和左视图中各点的同面投影顺序相连。EF的水平投影ef因被三个棱面遮挡而不可见，因此ef画成虚线。

4）棱线SA被切割了中间部分，俯视图中的dg和左视图中的d″g″之间无图线，另两条

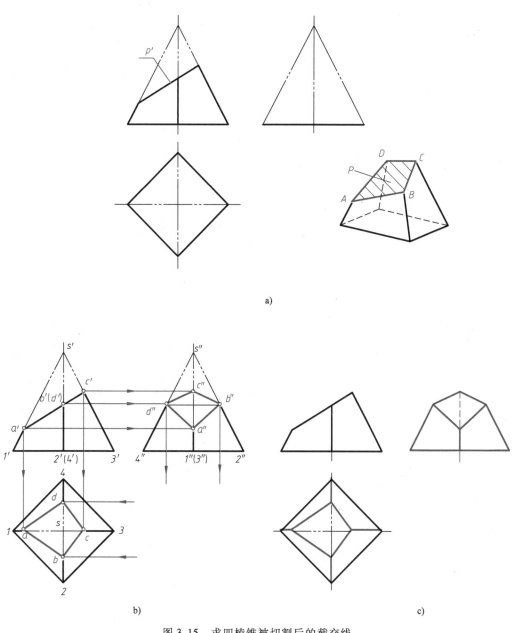

图 3-15 求四棱锥被切割后的截交线

a）已知条件 b）作图过程 c）作图结果

棱线完整。

例 3-8 如图 3-17a 所示，求作六棱柱被平面 P 切割后的俯视图和左视图。

解 截平面 P 与六棱柱的五个棱面及顶面相交，截交线为六边形。因为截平面 P 是正垂面，所以截交线的正面投影积聚在截平面有积聚性的正面投 p' 上，即截交线的正面投影为已知，截交线的水平投影和侧面投影为类似形。

作图过程：

1）如图 3-17b 所示，补画完整六棱柱的左视图。确定截平面 P 与棱面及顶面交线端点

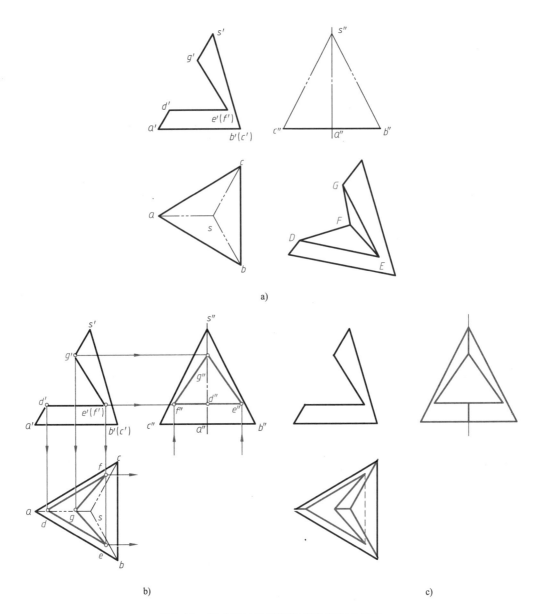

图 3-16 完成缺口三棱锥的俯视图和左视图

a) 已知条件　b) 作图过程　c) 作图结果

的正面投影 a'、b'、c'、d'、e'、f'；由截交线的正面投影按"长对正"求出其水平投影 a、b、c、d、e、f；再由截交线的正面投影和水平投影据"三等关系"求出其侧面投影 a''、b''、c''、d''、e''、f''。

2）如图 3-17b 所示，截交线在俯视图、左视图中均可见，在俯视图中连接 cd，在左视图中顺序连接 $a''b''c''d''e''f''$，得到截交线的两面投影。左视图中，a'' 和 f'' 所在的两条棱线的上段被切掉了，与这两条棱线投影重合的原本不可见的棱线，在 a'' 和 f'' 以上的部分应画成虚线；最前、最后两条棱线在 b''、e'' 以上部分被截去，上底面积聚成的直线只剩下 c'' 和 d'' 之间的一段。作图结果如图 3-17c 所示。

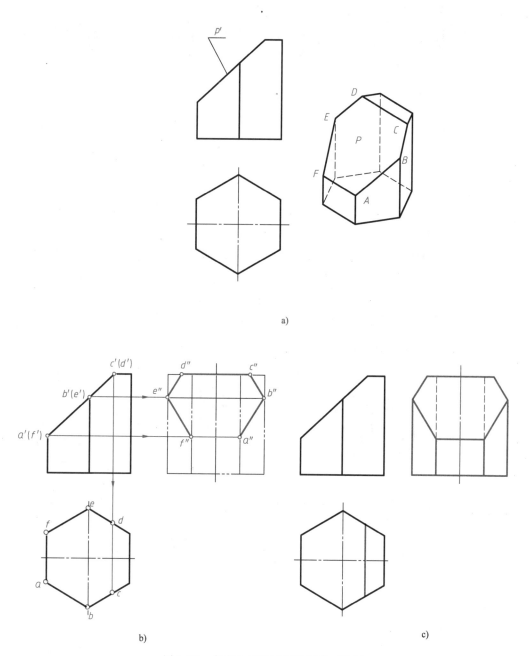

图 3-17 完成六棱柱被切割后的三视图

a）已知条件　b）求截交线过程　c）作图结果

3.4.2 常见回转体的截交线

在一些零件上，由平面与回转体表面相交所产生的截交线是经常见到的，如图 3-18 所示。

平面与回转体相交时，可能只与其回转面相交也可能既与其回转面相交又与其平面（底面）相交，平面与平面的交线自然为直线，不必讨论，下面将讨论平面与回转面相交产

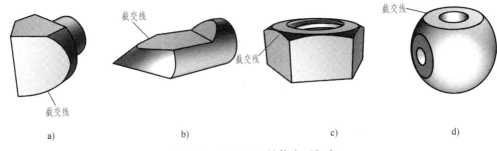

图 3-18　平面与回转体表面相交
a）切刀　b）顶尖　c）六角螺母　d）手柄球

生的截交线。

1. 圆柱的截交线

平面与圆柱面的截交线据平面与圆柱轴线的位置不同有三种情况：平行两直线、圆、椭圆，见表 3-1。

表 3-1　平面与圆柱面交线的三种情况

截平面的位置	平行于轴线	垂直于轴线	倾斜于轴线
截交线的形状	平行两直线	圆	椭圆
立体图			
投影图			

例 3-8　如图 3-19a 所示，圆柱被正垂面截切，已知主视图和俯视图，补画出左视图。

解　该物体可看成圆柱被一个正垂面截去左上方一部分后形成的，截平面倾斜于圆柱的轴线，截交线实形为椭圆。由于圆柱的轴线为铅垂线，截平面为正垂面，因此截交线的正面投影重合在 p' 上，截交线水平投影重合在圆上，侧面投影为椭圆但不反映实形。求截交线时，应先求出椭圆长、短轴的端点。为使作图更为准确，再适当作出一般点。在判断可见性后，用曲线光滑连接即可。

作图过程：

① 求特殊点。如图 3-19b 所示，画出完整圆柱体的左视图后先求特殊点。转向轮廓线上的点 A、B、C、D，同时也是椭圆长、短轴的端点，根据它们已知的正面投影，求出水平投影 a、b、c、d，从而求得侧面投影 a''、b''、c''、d''。由于 $b''d''$ 和 $a''c''$ 互相垂直，且 $b''d'' >$

$a''c''$，所以截交线的侧面投影中 $b''d''$ 为长轴，$a''c''$ 为短轴。

② 求一般点。图 3-19b 表示了在圆柱面上求一般点 G、H 的方法，先在截交线已知的正面投影上取一对重影点的投影 $g'h'$，由此再求得它们的水平投影和侧面投影。

③ 判断可见性。显然，截交线的侧面投影椭圆是可见的，用曲线光滑连接各点即可。

④ 完成外轮廓线。回转体被平面切割，往往会使其外轮廓线的长度发生变化，在左视图中对侧面的转向轮廓线只剩下 b''、d'' 以下的一部分。

上题的求解步骤也是求回转体截交线的一般步骤。当截交线发生的范围较小时，也可只求特殊点，省略一般点。

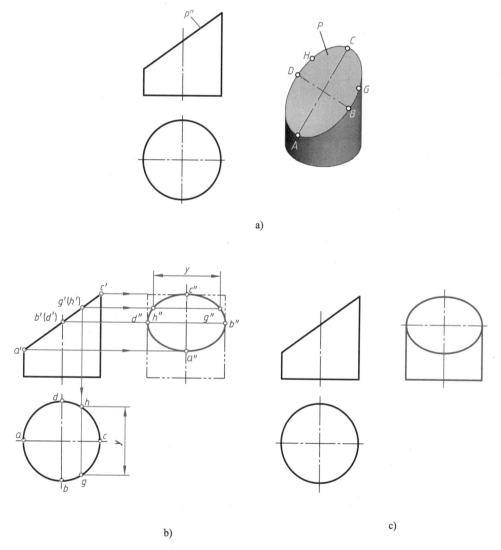

图 3-19　圆柱被正垂面截切

a）已知条件　b）求截交线上的点　c）作图结果

例 3-9　如图 3-20a 所示，已知圆柱被切割后的主视图和左视图，补画俯视图。

解　这是一个轴线为侧垂线的圆柱被两个截平面 P 和 Q 切割形成的立体，且上下对称，可只分析立体上半部分截交线的水平投影情况。水平面 P 平行于圆柱体的轴线，截交线是平行于圆柱轴线的两直线 AC 和 BD，截交线 AC 和 BD 的正面投影重合在 p′ 上，侧面投影 a″、c″ 和 b″d″ 均积聚为点并重合在圆上；侧平面 Q 垂直于圆柱体的轴线，由于没有完全切割，截交线为圆弧 DC，其正面投影重合在 q′ 上，侧面投影重合在圆上（p″ 以上的圆弧）。

作图过程：

1）求截交线的水平投影。如图 3-20 b 所示，补画出完整圆柱体的俯视图，并由截交线的正面投影 a′c′、b′d′ 及侧面投影 a″c″、b″d″，根据"三等关系"求出水平投影 ac 和 bd。水平投影 cd 也是截平面 Q 切割圆柱产生的截交线（圆弧）的水平投影。

2）完成外轮廓线。由主视图可见，圆柱对水平面的转向轮廓线（最前和最后素线）未被切割，在俯视图中应是完整的，作图结果如图 3-20c 所示。

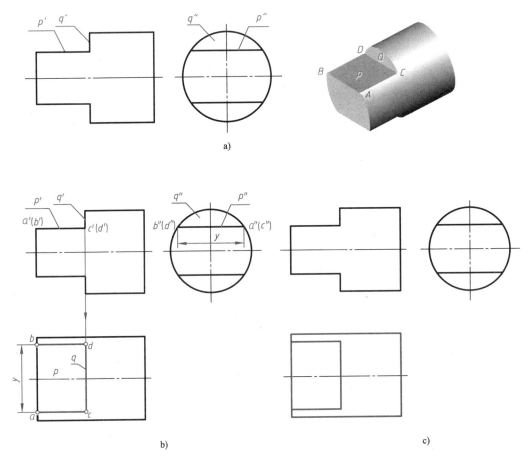

图 3-20　求作圆柱体被切割后的俯视图

a）已知条件　b）求作截交线的水平投影　c）作图结果

例 3-10　如图 3-21a 所示，已知圆柱体被切槽后的主视图和左视图，补画俯视图。

解　圆柱体被两个对称的平面 P（水平面）和一个平面 Q（侧平面）共同开了一个方槽，因其上下对称，只分析立体上半部分。如图 3-21b 所示，水平面 P 切割圆柱面的截交线是与圆柱轴线平行的直线，其正面投影 a′c′、b′d′ 重合在 p′ 上；侧面投影 a″c″、b″d″ 重合在 p″ 与圆的交点上。侧平面 Q 垂直于圆柱体轴线，截交线是两段圆弧 CE 和 DF，它们的正面投

影 $c'e'$、$d'f'$ 重合在 q' 上；侧面投影 $c''e''$、$d''f''$ 重合在圆上。

作图过程：

1）求截交线的水平投影。如图 3-21b 所示，在补画出完整的俯视图后，由截交线的正面投影 $a'c'$、$b'd'$ 和侧面投影 $a''c''$、$b''d''$，求出截交线的水平投影 ac 和 bd；求出两段截交线圆弧积聚为直线的水平投影 ce 和 df；cd 是两平面交线 CD 的水平投影，cd 重合在 q 上。

2）完成轮廓线。从主视图可见，圆柱对水平投影面的两条转向轮廓线在 Q 平面的左边被切割，俯视图中对应左端的两段轮廓线不存在了。由于 P 平面的遮挡，在俯视图中，cd 之间的直线不可见，作图结果如图 3-21c 所示。

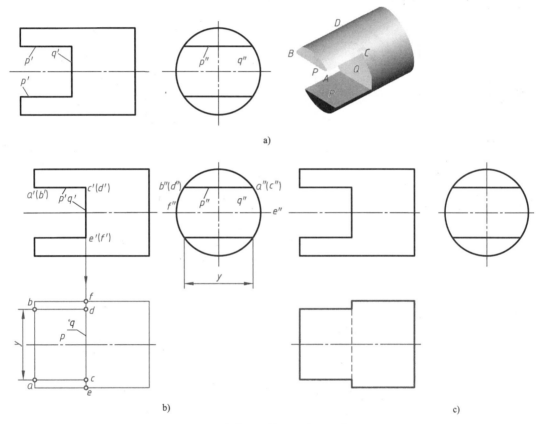

图 3-21 求作圆柱体被切槽后的俯视图

a）已知条件 b）求截交线的水平投影 c）作图结果

例 3-11 如图 3-22a 所示，已知被切槽圆柱筒的主视图和左视图，求作俯视图。

解 本例与例 3-10 的区别仅在于所切割的立体是圆柱筒，因此对截交线分析的方法类似，不再重复。只是在分析和求作截交线时，可先考虑用截平面切割圆柱体外表面，再考虑用截平面切割圆柱孔的内表面。

作图过程：

1）在画出完整的俯视图后，求作截平面 P、Q 切割圆柱体外表面产生的完整截交线（图 3-22b、c）。

2）求作截平面 P、Q 切割圆柱孔内表面的截交线（图 3-22d）。

3）判断可见性，完成转向轮廓线的投影，作图结果如图 3-22e 所示。

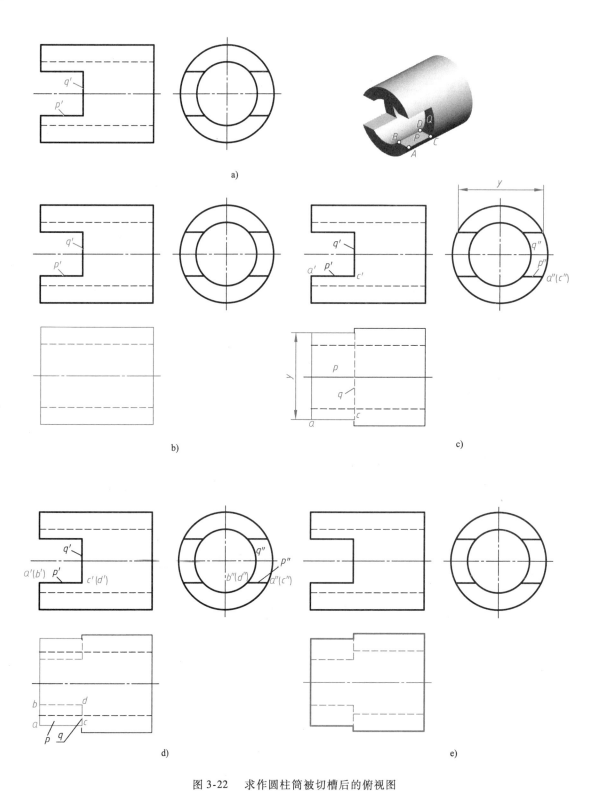

图 3-22　求作圆柱筒被切槽后的俯视图

a）已知条件　b）补画出完整的俯视图　c）求与外圆柱面的交线及 P、Q 间交线

d）求与内圆柱面的交线　e）作图结果

例 3-12　如图 3-23a 所示，圆柱体被两个截平面 P、Q 所截，已知其主视图和左视图，补画出俯视图。

解　截平面 P 为水平面，与圆柱的轴线平行，截交线为两条平行于轴线的侧垂线 AB 和 DC，AB 和 DC 的正面投影积聚在 p' 上，侧面投影积聚在圆上；截平面 Q 为正垂面，与圆柱的轴线倾斜，截交线为一段椭圆弧，其正面投影积聚在 q' 上，侧面投影积聚在圆上。截平面 P 和 Q 的交线为正垂线 BC。截交线的正面投影和侧面投影已知，待求的是水平投影。

作图过程（图 3-23b）：

1）补画完整圆柱的俯视图；求出圆柱被水平面 P 切割产生截交线的水平投影：由 $a'b'$、$d'c'$ 和 $a''b''$、$d''c''$ 根据"三等关系"求出 ab 和 dc。

2）求圆柱被正垂面 Q 切割产生的一段椭圆弧截交线的水平投影。求特殊点：由 f'、e'、g' 和 f''、e''、g''，根据"三等关系"求出 f、e、g。椭圆弧的端点 B、C 的水平投影 b、c 已在上一步得到；求一般点：由 $1'2'$ 和 $1''$、$2''$ 根据"三等关系"求出 1、2。

3）在俯视图上，对水平投影的转向轮廓线只剩下 e、f 右边的部分（由主视图可看出）。作图结果如图 3-23c 所示。

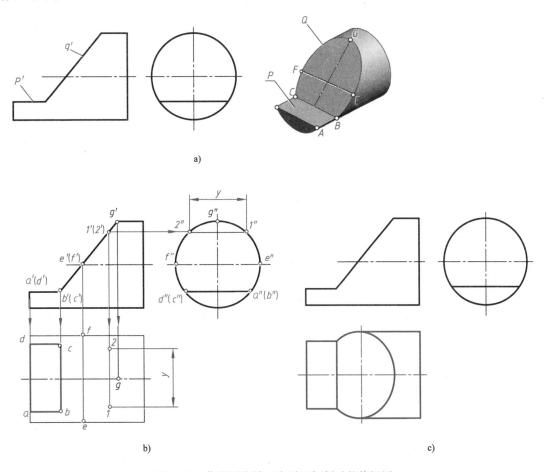

a)

b)　　　　　　　　　　　　　　　c)

图 3-23　作出圆柱被两个平面切割后的俯视图
a）已知条件　b）作图过程　c）作图结果

2. 圆锥的截交线

平面与圆锥面的截交线，据截平面与圆锥轴线的位置不同有五种情况：相交两直线、圆、椭圆、抛物线、双曲线，见表3-2。

表3-2　平面与圆锥面交线的五种情况

截平面的位置	过锥顶	不过锥顶			
		$\theta=90°$	$\theta>\alpha$	$\theta=\alpha$	$0°\leqslant\theta<\alpha$
截交线的形状	相交两直线	圆	椭圆	抛物线	双曲线
立体图	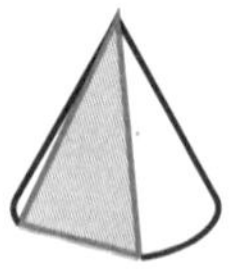		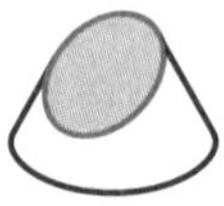	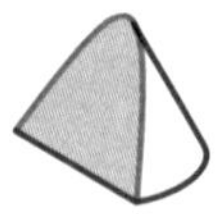	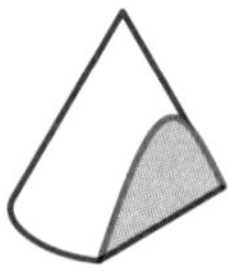
投影图	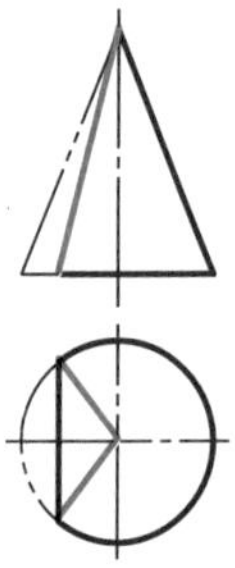	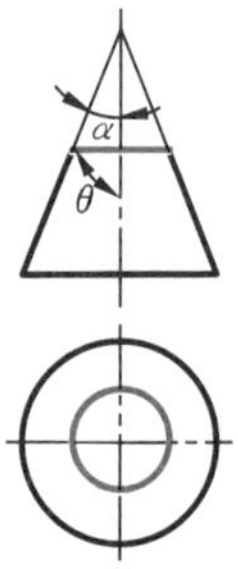	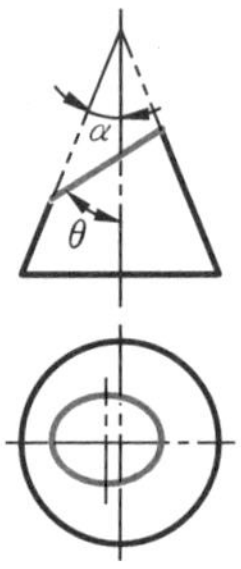	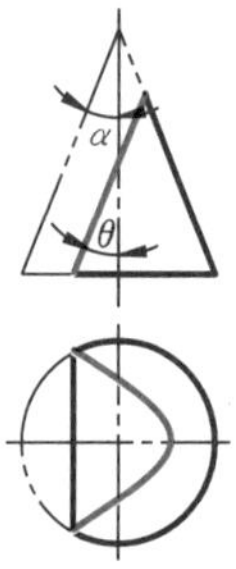	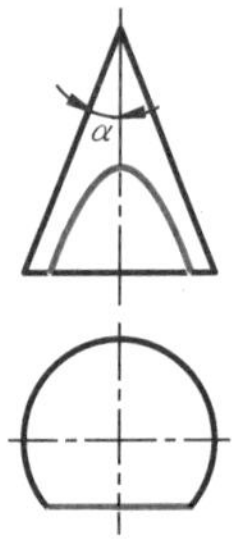

例 3-13　如图 3-24a 所示，已知圆锥被截平面 P 所截，完成主视图。

解　截平面 P 为正平面，与圆锥的轴线平行，截交线为双曲线的一支，在主视图中反映双曲线的实形，其侧面投影积聚在 p'' 上。

作图过程（图 3-24b）：

1）求特殊点 A、B、C 的正面投影。两端点 A、B 的正面投影 a'、b' 可由已知的 a''、b'' 求得；点 C 是双曲线的顶点，也是最左点，它位于垂直于轴线的最小的圆上，在左视图上作出与 p'' 相切的辅助圆，切点即 c''，求出此辅助圆积聚为直线的正面投影，该直线与轴线的交点即为 c'。

2）求一般点。可在左视图合适位置处作一辅助圆，该圆交 p'' 于上下对称的 d''、e''，在主视图上求出辅助圆正面投影（直线），由 d''、e'' 据"高平齐"求出 d'、e'。

3）完成轮廓线。圆锥对正面的转向轮廓线未被切割，因此是完整的，作图结果如图 3-24c所示。

例 3-14　如图 3-25a 所示，已知圆锥被截平面 P 所截，完成俯视图并补画左视图。

解　由截平面 P 相对于圆锥轴线的位置可知，截交线为椭圆，该椭圆的正面投影积聚在 p' 上，水平投影和侧面投影均为类似形椭圆。

作图过程：

1）补画出圆锥的完整左视图。根据特殊点 A、B、C、D、Ⅰ、Ⅱ的正面投影，求出

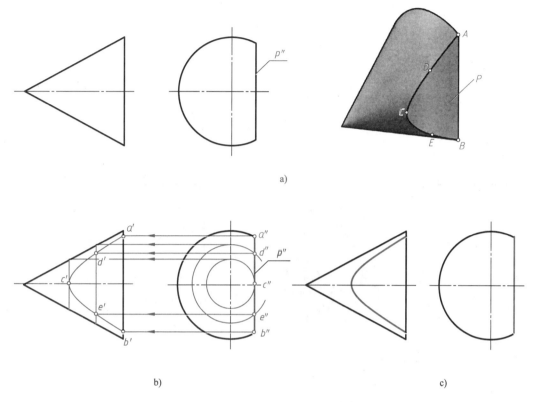

图 3-24　截平面与圆锥轴线平行时截交线的画法

a）已知条件　b）作图过程　c）作图结果

水平投影和侧面投影，位于圆锥面上的 C、D 点，需要作辅助水平圆求得水平投影 c、d 和侧面投影 c″、d″（图 3-25b）。再适当求一般点，如Ⅲ、Ⅳ点，方法同求 C、D 点（图 3-25c）。

2）截交线椭圆在俯视图和主视图上均可见，圆锥对侧面投影的转向轮廓线只剩下 1″和 2″以下的一段，作图结果如图 3-25d 所示。

3. 圆球的截交线

平面与球相交，无论平面处于何种位置，其截交线的实形总是圆。当截平面平行于投影面时，截交线为平行于投影面的圆；当截平面为投影面垂直面时，截交线为垂直于投影面的圆。

如图 3-26 所示，水平面 Q 和侧平面 P 与球面相交时，截交线为水平圆 Q（正面投影为 q′，水平投影为 q，侧面投影为 q″）和侧平圆 P（正面投影为 p′，水平投影为 p，侧面投影为 p″）。

例 3-15　如图 3-27a 所示，已知半球被切割方槽后的主视图，完成俯视图并补画出左视图。

解　半球被两个左右对称的平面 Q 和平面 P 切割出一个方槽。因为截平面 P 是水平面，它切割半球的截交线为平行于水平面的圆弧，其正面投影积聚在 p′上。截平面 Q 是侧平面，它切割半球的截交线为平行于侧面的圆弧，其正面投影积聚在 q′上。

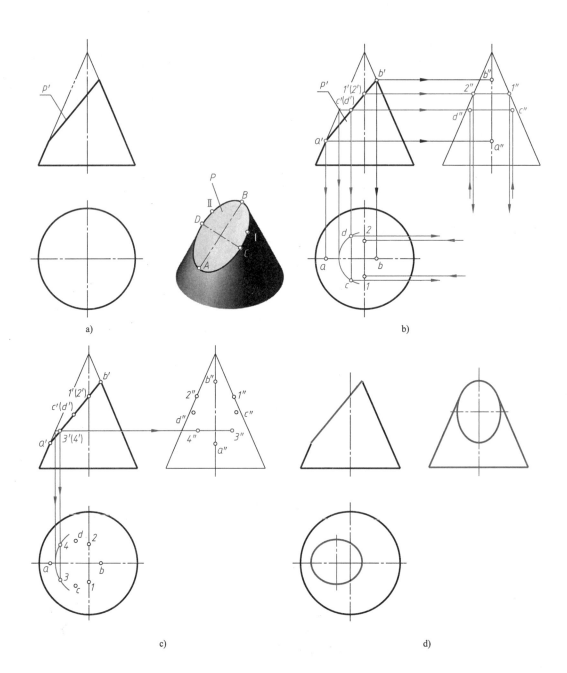

a）已知条件　b）求特殊点

图 3-25　正垂面与圆锥相交时截交线的画法
a）已知条件　b）求特殊点　c）求一般点　d）作图结果

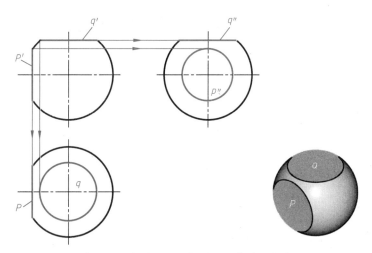

图 3-26　水平面 Q 和侧平面 P 与球面相交

作图过程（图 3-27b）：

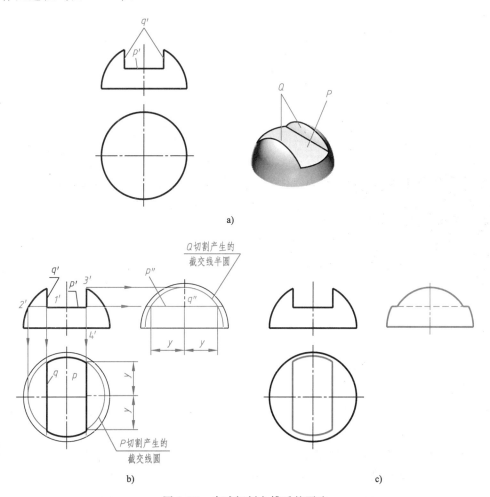

a)

b)　　　　　　　　　　　c)

图 3-27　半球切割方槽后的画法

a）已知条件　b）作图过程　c）作图结果

1）补画出完整半球的左视图。假想平面 P 完全切割半球，延长 p' 得到截交线圆的半径（$1'2'$），在俯视图中作出 P 切割产生的截交线圆，在左视图中画出该圆积聚成的直线 p''。

2）假想平面 Q 完全切割半球，延长 q' 得到半圆截交线的半径（$3'4'$），在左视图中画出 Q 切割产生的截交线半圆，在俯视图中画出积聚成的直线 q。

3）确定俯视图中平面 P、Q 实际切割范围的投影，注意左视图中 p'' 中间部分因 q'' 的遮挡而不可见，作图结果如图 3-27c 所示。

例 3-16　如图 3-28a 所示，已知球被正垂面 P 切割，完成俯视图和左视图。

解　正垂面 P 与球相交，截交线的正面投影积聚在 p' 上，水平投影和侧面投影为椭圆。作图过程（图 3-28b）：

1）求特殊点。

① 由椭圆长、短轴端点的正面投影 a'、b'、c'、d'（c'、d' 在 $a'b'$ 的中点）求出水平投影 a、b 和侧面投影 a''、b''；C、D 两点位于球面上，作辅助水平圆求出水平投影 c、d，再由"三等关系"求出侧面投影 c''、d''。

② E、F 两点是球对水平面转向轮廓线上的点，由正面投影 e'、f' 可求得水平投影 e、f（在俯视图上，椭圆与外轮廓线相切于 e、f）和侧面投影 e''、f''。G、H 两点是球对侧面转向轮廓线上的点，由正面投影 g'、h' 可求得水平投影 g、h 和侧面投影 g''、h''（在左视图上，椭圆与外轮廓线相切于 g''、h''）。

2）求一般点 Ⅰ、Ⅱ。由正面投影 $1'$、$2'$，作辅助水平圆求出水平投影 1、2 和侧面投影 $1''$、$2''$。

3）截交线的水平、侧面投影均可见。在俯视图上，外轮廓线只剩点 e、f 以右的部分；左视图上，外轮廓线只剩 g''、h'' 以下一段。作图结果如图 3-28c 所示。

4. 同轴回转体的截交线

在机械零件上，有时也会遇到平面与同轴回转体表面相交产生截交线的情况。

例 3-17　如图 3-29a 所示，已知同轴回转体被平面 P、Q 截切的主视图和左视图，补画俯视图。

解　对于这类问题，应先将同轴回转体分解为单个回转体，画出截平面与单个回转体相交的截交线，从而得到同轴回转体的截交线。

由图 3-29a 可知，左边的圆锥和小圆柱同时被水平面 P 切割，而右边的大圆柱则被两个平面（水平面 P 和正垂面 Q）切割。水平面 P 与圆锥面的交线为双曲线的一支，其正面投影积聚在 p' 上，水平投影反映实形；水平面 P 与大、小圆柱面的交线均为平行于轴线的直线（侧垂线），其正面投影也积聚在 p' 上。正垂面 Q 切割大圆柱的交线为椭圆的一部分，其正面投影积聚在 q' 上。

如图 3-29b 所示，依次求出各个截平面与圆锥、小圆柱和大圆柱的截交线，具体作图方法可参考前面相似例题，结果如图 3-29c 所示。

应注意：当一个截平面切割多个回转体时，解题的基本方法是对回转体逐一进行截交线分析并作图，然后综合考虑各回转体之间有无交线，在图 3-29b 所示的俯视图中，圆锥与小圆柱之间，小圆柱与大圆柱之间都有交线（直线）；多个平面切割回转体时，还要注意两个截平面之间的交线不能遗漏，如图 3-29b 中的 FE 为平面 P 与 Q 的交线。

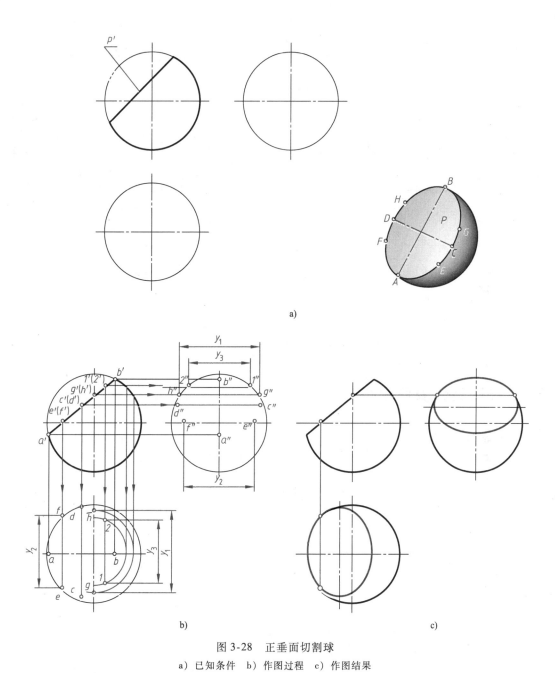

图 3-28　正垂面切割球

a) 已知条件　b) 作图过程　c) 作图结果

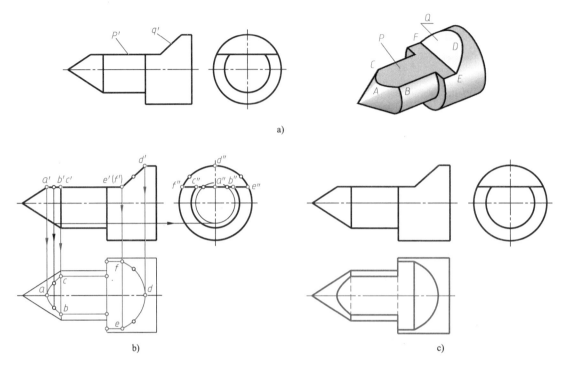

图 3-29　同轴回转体被两个截平面切割

a）已知条件　　b）作图过程　　c）作图结果

3.5　两回转体表面相交

两立体表面相交产生的交线称为相贯线。如图 3-30 所示，两立体常见的相贯形式有三种：两平面立体表面相交，平面立体与回转体表面相交和两回转体表面相交。相交的两立体称为相贯体。

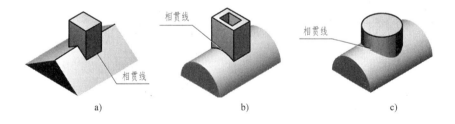

图 3-30　相贯线常见的三种形式

a）两平面立体表面相交　b）平面立体与回转体表面相交　c）两回转体表面相交

因为平面立体可以看做由若干个平面围成的实体，因此前两种情况，可转化成平面与平面立体表面相交和平面与回转体表面相交求截交线的问题。本文仅讨论轴线垂直相交的两回转体相贯，且参与相贯的回转体中，至少有一个是轴线垂直于投影面的圆柱。

两回转体的相贯线具有如下性质：相贯线是两回转体表面的共有线，相贯线上的点是两回转体表面的共有点。

　　两回转体的相贯线，一般情况下是一条封闭的空间曲线。特殊条件下，也会呈现平面曲线的形式，如圆或椭圆。

　　求回转体的相贯线应作出相贯线上足够的点，包括特殊点和一般点。特殊点是能够确定相贯线形状和范围的点，包括回转体转向轮廓线上的点和极限点（最高、最低、最左、最右、最前、最后点）等。求一般点的目的是为了作图能够准确一些。

　　当两个参加相贯的回转体中有一个是轴线垂直于投影面的圆柱时，相贯线的一个投影就重合在圆柱表面有积聚性的圆上，即在圆柱轴线所垂直的投影面上，相贯线的投影为已知。利用这一特性，即可求出相贯线上的点，从而得到相贯线。下面介绍利用圆柱面的积聚性求解相贯线的方法，也称为"积聚性法"。

3.5.1　两圆柱相交

1. 两圆柱正交的相贯线

　　例 3-18　如图 3-31a 所示，已知两圆柱正交（轴线垂直相交），求相贯线的投影。

　　解　由图 3-31a 可知，这是直径不同、轴线正交的两圆柱相贯，相贯线为一封闭的前后、左右对称的空间曲线。小圆柱和大圆柱的轴线分别垂直于水平面和侧面，因此小圆柱的

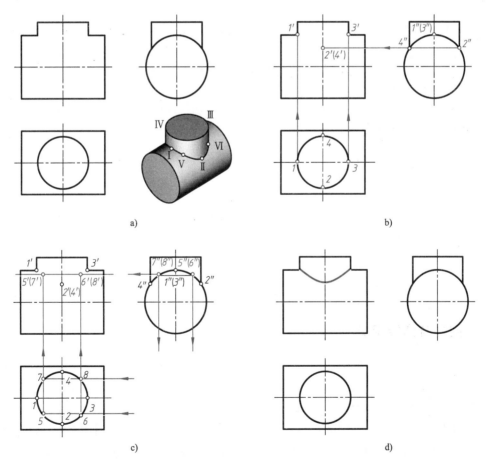

图 3-31　两圆柱正交的相贯线

a）已知条件　b）求特殊点　c）求一般点　d）作图结果

水平投影和大圆柱的侧面投影都积聚为圆。相贯线的水平投影，积聚在小圆柱的水平投影圆上，相贯线的侧面投影，则积聚在大圆柱的侧面投影圆与小圆柱侧面投影重合（共有）的一段圆弧上。即相贯线的水平投影和侧面投影是已知的，只要求出相贯线的正面投影即可。因为相贯线前后对称，所以在正面投影中，相贯线前半部分曲线与后半部分曲线重合为一段曲线。

作图过程（图3-31b、c）：

1）求特殊点。转向轮廓线上的点有 I 、 II 、 III 、 IV ，它们也同时是极限点：点 I 是最高、最左点，点 III 是最高、最右点，点 II 是最前、最低点，点 IV 是最后、最低点。 I 、 III 两点还是相贯线对正面投影可见与不可见的分界点， II 、 IV 两点是相贯线对侧面投影可见与不可见的分界点。在俯视图和左视图中确定水平投影 1、2、3、4 和相应的侧面投影 1″、2″、3″、4″后，即可利用"三等关系"求出正面投影 1′、2′、3′、4′。

2）求一般点。可在最高和最低点之间求一对一般点 V 、 VI 。先在左视图上定出一对重影点的侧面投影 5″、6″，再由 5″、6″根据"宽相等"求出水平投影 5、6，然后由"三等关系"求出正面投影 5′、6′。 VII 、 VIII 是 V 、 VI 点的前后对称点，可一并求出其投影。

3）当两个回转面在同一投影面上的投影都可见时，相贯线才可见。显然相贯线前半部分的正面投影是可见的。用曲线按顺序光滑连接相贯线上各点的正面投影，即为所求相贯线。

4）完成轮廓线。立体的外轮廓线（一般指转向轮廓线）由于相贯的影响已经发生变化，需要作出判断以完成轮廓线。例如，在主视图中，大圆柱对正面的转向轮廓线在 1′、3′之间部分已经不存在，这从俯视图中可以看到，作图结果如图3-31c所示。

例3-18求正交两圆柱相贯线的分析方法和作图步骤，也适用于求圆柱与其他回转体正交的相贯线。有时，当相贯线发生的范围较小或形状趋势较明显时，也可省略求一般点。

2. 两圆柱正交产生相贯线的形式

两圆柱正交时产生的相贯线有三种形式：两外表面相交，两内表面相交和外表面与内表面相交。图3-32给出了这三种形式的立体图和投影图，其相贯线的分析和画图与例3-18相同。

从这几种圆柱相贯线的作图结果，可总结出两圆柱正交时相贯线的投影规律：

1）相贯线总是发生在直径较小圆柱的周围。

2）在两圆柱均无积聚性的视图中（如图3-31、图3-32中的主视图）相贯线待求。

3）相贯线总是向直径较大圆柱的轴线方向凸起。

相贯线的以上规律，为两圆柱正交时相贯线的简化画法提供了作图依据。

3.5.2　圆柱与圆锥相交

例3-19　如图3-33a所示，求圆柱与圆锥正交时相贯线的投影。

解　由图3-33a可知，相贯线应是一条前后、左右对称的空间曲线；圆柱的轴线为侧垂线，圆柱面的侧面投影积聚成圆，因此相贯线的侧面投影必定重合在圆上，且在与圆锥的侧面投影重合的范围内，即图3-33b中的 1″和2″之间的圆弧是相贯线的侧面投影（已知）。相贯线待求的投影为正面投影和水平投影。因为相贯线前后对称，所以相贯线的正面投影为一段曲线，相贯线的水平投影是一条封闭的曲线。

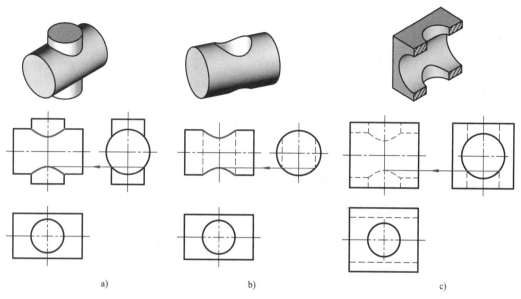

图 3-32　两圆柱正交时产生相贯线的三种形式

a）两外表面相交　b）外表面与内表面相交　c）两内表面相交

作图过程：

1）求特殊点（图 3-33b）。先在左视图中定出特殊点 Ⅰ、Ⅱ、Ⅲ、Ⅳ 的侧面投影 1″、2″、3″、4″。Ⅰ、Ⅱ 两点是圆锥对侧面投影转向轮廓线上的点，可由 1″、2″ 求得 1′、2′，再据"三等关系"求得水平投影 1、2。Ⅲ、Ⅳ 两点是圆锥对正面投影转向轮廓线上的点，可由 3″、4″ 求得 3′、4′，再求得水平投影 3、4。

2）适当求一般点（图 3-33c）。求一般点 Ⅴ、Ⅵ、Ⅶ、Ⅷ 的具体作图方法是：将它们视为圆锥表面上的点，过 5″6″、7″8″ 作水平辅助圆；延长 5″6″ 和 7″8″ 与圆锥轮廓线交于 a″b″，a″b″ 即为水平辅助圆的侧面投影。以 a″b″ 为直径，在水平投影上作出水平辅助圆；再由 5″6″、7″8″ 根据"宽相等"求出水平投影 5、6、7、8，进而求出正面投影 5′7′、6′8′。

3）相贯线的正面投影和水平投影均可见。在主视图中，圆柱对正面的转向轮廓线和圆锥对正面的转向轮廓线到 3′、4′ 为止，作图结果如图 3-33d 所示。

3.5.3　圆柱与球相交

例 3-20　如图 3-34a 所示，求圆柱与半球相贯线的投影。

解　由图 3-34a 可知，这是轴线为侧垂线的圆柱与半球相贯，因相贯体前后对称，所以相贯线为一条前后对称的空间曲线，因此相贯线的正面投影前后重合为一段曲线，相贯线的水平投影为一条封闭曲线。相贯线的侧面投影已知，它重合在圆柱有积聚性的圆与半球侧面投影重合的一段圆弧上。相贯线正面投影和水平投影待求。

作图过程（图 3-34b、c、d）：

1）求特殊点（图 3-34b）。先定出特殊点 Ⅰ、Ⅱ、Ⅲ、Ⅳ 的侧面投影 1″、2″、3″、4″。将点 Ⅱ、Ⅳ 看做球面对正面投影的转向轮廓线上的点，据侧面投影 2″、4″ 在正面投影的半圆上直接求出 2′、4′，进而求得水平投影 2、4。Ⅰ、Ⅲ 两点在圆柱对水平面的转向轮廓线上，

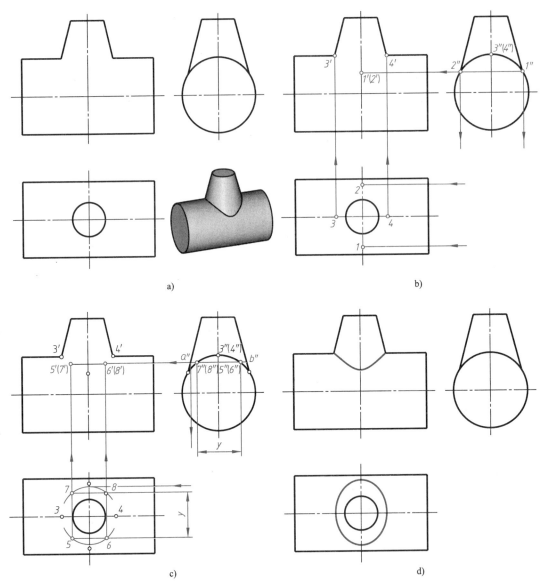

图 3-33　圆柱与圆锥正交的相贯线
a）已知条件　b）求特殊点　c）求一般点　d）作图结果

也是球面上的一般点，可在球面上根据已知的侧面投影 1″、3″，作出辅助水平圆有积聚性的直线，得辅助圆半径，在俯视图上作出辅助圆的水平投影，该圆与圆柱对水平面转向轮廓线的交点即为 1、3，进而求出 1′、3′。

2）求一般点（图 3-34c）。首先在左视图上定出一般点 V、VI 的侧面投影 5″、6″（对称点），点 V、VI 是球面上的一般点，求其投影的方法与求点 I、III 相同。

3）顺序连接各点的正面投影和水平投影，即得相贯线的正面投影和水平投影。主视图中的相贯线可见；在俯视图中，点 1、3 以右的相贯线可见，点 1、3 以左的相贯线不可见。半球对正面的转向轮廓线到 2′、4′为止，圆柱对水平面的转向轮廓线到 1、3 为止。作图结果如图 3-34d 所示。

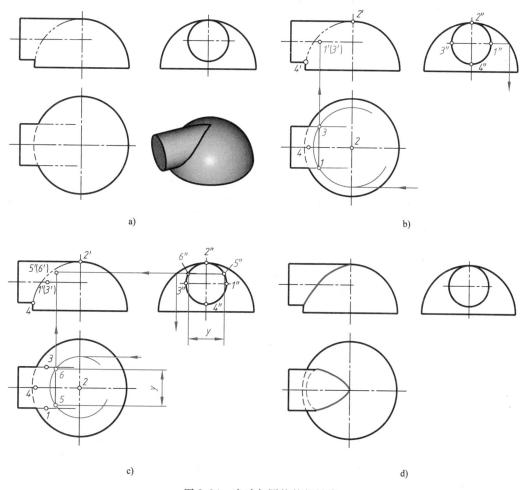

图 3-34 半球与圆柱的相贯线

a) 已知条件 b) 求特殊点 c) 求一般点 d) 作图结果

3.5.4 多体相交

有些零件的表面交线比较复杂，会出现多体相交的情况。三个或三个以上的立体相交，其表面形成的交线，称为组合相贯线。组合相贯线中的各段相贯线，分别是两个立体的表面交线；各段相贯线的连接点，则是相贯体上的三个表面的共有点。因此，在画组合相贯线时，需要分别求出两两立体的相贯线和连接点。

例 3-21 如图 3-35a 所示，求组合体相贯线的投影。

解 由图 3-35a 可知，该相贯体由 Ⅰ、Ⅱ、Ⅲ 三部分组成，其中 Ⅱ、Ⅲ 是轴线垂直相交的两圆柱体，它们的表面相交产生相贯线；Ⅰ 为带有半圆柱面的柱体，左端面 A 和侧表面 B、C 均为平面，它们与 Ⅱ 相交产生的交线为求截交线的问题；Ⅰ 上的侧表面 B、C 与 Ⅲ 相交产生的交线也是求截交线的问题；Ⅰ 上的圆柱面与 Ⅲ 相交产生相贯线。其中 Ⅰ、Ⅱ 的外表面垂直于侧面，故其侧面投影具有积聚性，相贯线的侧面投影皆积聚在其上；Ⅲ 的外表面垂直于水平面，其水平投影具有积聚性，相贯线的水平投影皆积聚在 Ⅱ 与 Ⅲ 水平投影重合的一段圆弧上。由上述分析可知，相贯线的水平和侧面投影是已知的，待求的只有相贯线的正面投影。

作图过程：

1）求特殊点（图 3-35b、c、d）。

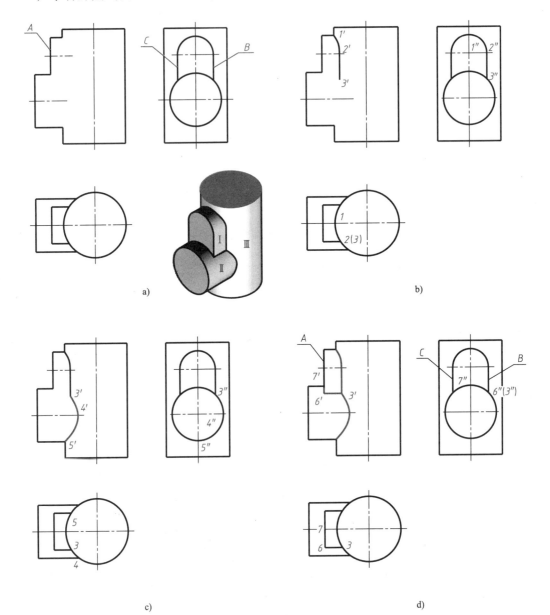

图 3-35 三体相交的相贯线

a）已知条件　b）求 Ⅰ、Ⅲ 的交线　c）求 Ⅱ、Ⅲ 的交线　d）求 Ⅰ、Ⅱ 的交线及作图结果

① 求 Ⅰ 与 Ⅲ 的交线。由相贯线上三个特殊点的侧面投影 1″、2″、3″，在俯视图上得到相应的水平投影 1、2、3，再求出正面投影 1′、2′、3′。

② 求 Ⅱ 与 Ⅲ 的交线。由相贯线上三个特殊点的侧面投影 3″、4″、5″，在俯视图上得到相

应的水平投影 3、4、5，再求出正面投影 3′、4′、5′。

③求 Ⅰ 与 Ⅱ 的交线。因为 Ⅰ 上的平面 *A*、*B*、*C* 均垂直于水平面，它们的水平投影具有积聚性，所以平面 *A*、*B*、*C* 与 Ⅱ 产生的截交线的水平投影分别重合在这三个平面有积聚性的投影上。首先确定截交线上三个特殊点的水平投影 3、6、7，在左视图上得到相应的侧面投影 3″、6″、7″，再求出正面投影 3′、6′、7′。

2）求一般点。方法同前，本例略。

3）按顺序连接主视图上各点得相贯线的正面投影。作图结果如图 3-35d 所示。

注意：对于此类问题，一般是先将参与相贯的各个单体两两之间的交线求出，最后再考虑各单体之间的连接关系。

3.5.5　相贯线的特殊情况

两回转体的相贯线在一般情况下是空间曲线，但在特殊情况下也会呈现平面曲线的形式，如圆或椭圆。

1. 两直径相等正交圆柱的相贯线

两正交圆柱直径相等（也称等径正贯）时，其相贯线的实形为椭圆。在两圆柱轴线所平行的投影面上，相贯线（椭圆）的投影积聚为直线；在圆柱轴线所垂直的投影面上，相贯线（椭圆）的投影为圆或圆弧。图 3-36 给出了两正交圆柱直径相等时相贯线的三种形式。图 3-36 只给出了圆柱与圆柱外表面相交的情况，它们同样也可发生在圆柱外表面与圆柱内表面、圆柱内表面与圆柱内表面之间。

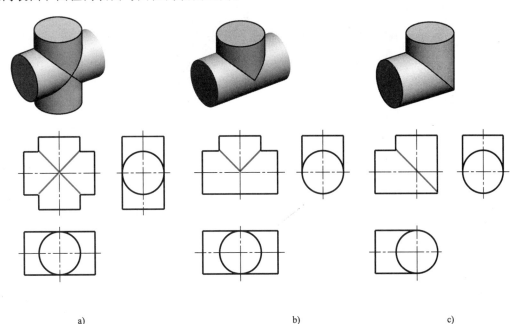

a)　　　　　　　　　　　　b)　　　　　　　　　　　　c)

图 3-36　两直径相等、轴线垂直相交的圆柱相贯线的三种形式

2. 同轴回转体的相贯线

当两回转体共轴线时，其相贯线实形为垂直于轴线的圆。据圆所在平面相对于投影面的位置，其投影可为直线、圆或椭圆，如图 3-37 所示。

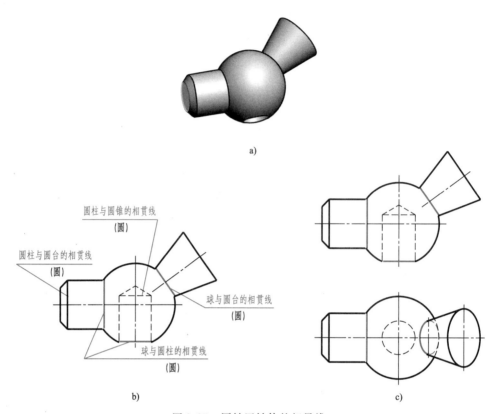

a)

圆柱与圆锥的相贯线
（圆）

圆柱与圆台的相贯线
（圆）

球与圆台的相贯线
（圆）

球与圆柱的相贯线
（圆）

b)

c)

图 3-37　同轴回转体的相贯线

a）同轴回转体相贯的立体图　b）相贯线的分析　c）相贯线的投影

第4章

组 合 体

任何复杂的机器零件,从几何形体的角度看,都是由一些基本体通过叠加、切割等方式组合而成的,可将其称之为组合体。

本章将在前面学习的基础上,进一步研究如何应用正投影基本理论,解决组合体画图、看图以及尺寸标注等问题。

4.1 组合体的形成方式及其表面间的连接关系

4.1.1 组合体的形成方式

组合体按其形成的方式,可分为叠加和切割两类。

图 4-1a 所示立体是一个叠加式组合体,它是由几个基本体通过叠加而形成的。图 4-1b 所示的立体是切割式组合体,它可看做是由长方体经过切割、穿孔而形成的。将组合体分解为若干基本体的叠加或切割,弄清各部分的形状,分析它们的组合方式和相对位置,从而产生对整个组合体形状的完整概念,这种分析方法称为形体分析法。"形体分析法"是组合体画图、读图和尺寸标注的基本方法。

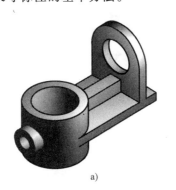
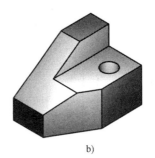

a)   b)

图 4-1　组合体的形成方式

a) 叠加式组合体　b) 切割式组合体

4.1.2 基本体之间的连接关系及画法

基本体之间的连接关系,可以分为图 4-2 所示的四种情况:平齐(共面)、相错、相切和相交。在画图时,必须注意这些关系,才能不多线,不漏线。

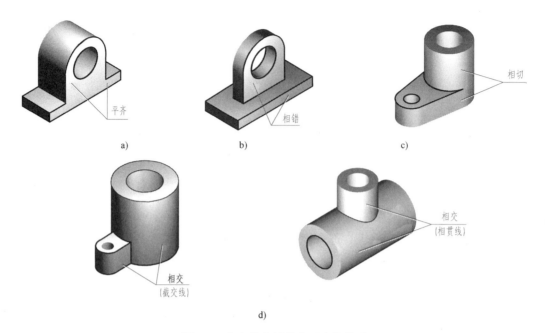

图 4-2　基本体之间的表面连接关系

a) 平齐　b) 相错　c) 相切　d) 相交

1）当两形体的表面平齐时，中间应该没有线隔开，如图 4-2a 和图 4-3a 所示。

图 4-3a 左图是正确的；右图有多线的错误，因为若中间有线隔开，就成了两个表面了。

2）当两形体的表面相错（不平齐）时，中间应该有线隔开（图 4-2b 和图 4-3b）。

图 4-3b 左图是正确的；右图有漏线的错误，因为若中间没有线隔开，就成了一个连续的表面了。

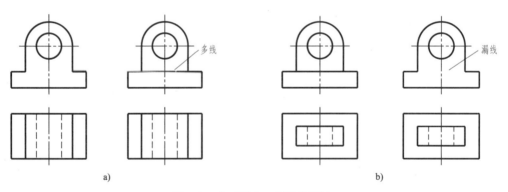

图 4-3　表面平齐、相错的画法

a) 平齐的正、误画法　b) 相错的正、误画法

3）相切的画法。图 4-4 所示为基本体表面之间相切的正确画法和错误画法的比较。当两基本体的表面相切时，切线不画，相应的图线画到切点为止。图 4-4a 是正确的画法，图中给出了求切点 A、B 的作图过程，在主视图和左视图中，相应的图线画到切点 a′、b′、a″、b″为止；图 4-4b 是错误的画法，在主视图和左视图中不应画出切线 A、B 的投影，立体图参见图 4-4c。

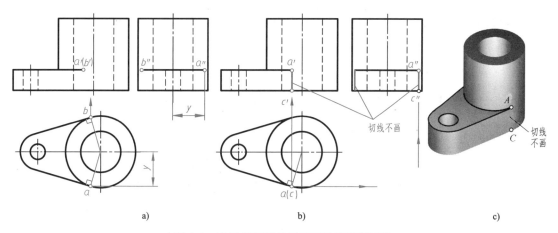

图 4-4　表面相切时的正确画法和错误画法

a) 正确　b) 错误　c) 立体图

4）相交的画法。如图 4-5 所示，基本体表面之间相交所产生的截交线或相贯线的投影应该画。

如图 4-5a 所示，在主视图和左视图中画出平面与圆柱外表面相交产生的截交线 AB 的正面投影 $a'b'$ 和侧面投影 $a''b''$。如图 4-5b 所示，两圆柱外表面相交产生的相贯线和两圆柱孔相交产生的相贯线的正面投影也要画出。

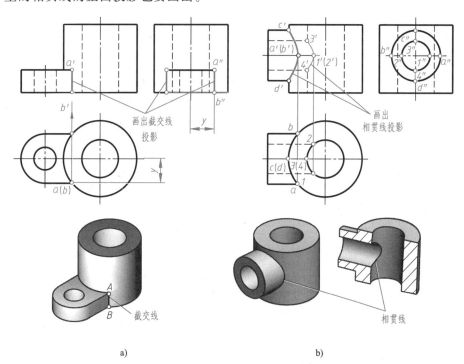

图 4-5　表面相交时截交线和相贯线投影应画出

a) 画出截交线的投影　b) 画出相贯线的投影

在实际画图时，两圆柱正交的情况经常遇到，当两圆柱的直径差别较大时，允许采用近似画法，用圆弧来代替相贯线，该圆弧半径 $R = D/2$，如图 4-6 所示。

此简化画法也适用于实心圆柱与圆柱孔表面相交及两圆柱孔表面相交的情况。

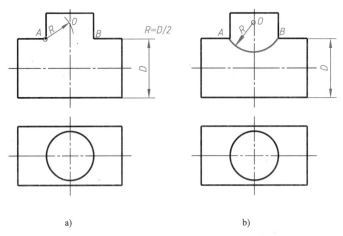

a)   b)

图 4-6   相贯线的简化画法

a）找圆心   b）画圆弧

4.2 组合体的画图方法

4.2.1 叠加式组合体三视图的画法

1. 形体分析

如图 4-7 所示，轴承座由上部的凸台 1、轴承 2、支承板 3、肋板 4 及底板 5 组成。凸台与轴承是两个垂直相交的圆柱筒，在外表面和内表面上都有相贯线。支承板、肋板和底板分别是不同形状的平板，支承板的左右侧面都与轴承的外圆柱面相切，肋板的左右侧面都与轴承的外圆柱面相交，支承板、肋板叠加在底板上。

2. 主视图选择

在三视图中，主视图是最重要的视图。主视图应该尽量反映机件的形状特征。如图 4-7a 所示，将轴承座按自然位置安放后，对由箭头所示的 A、B、C、D 四个方向进行投射所得的视图进行比较，确定主视图。

如图 4-8 所示，若以 D 向作为主视图，虚线较多，显然没有 B 向清楚；C 向与 A 向视图虽然虚线情况相同，但如以 C 向作为主视图，则左视图上会出现较多虚线，没有 A 向好；再比较 B 向与 A 向视图，B 向更能反映轴承座各部分的轮廓特征，所以确定以 B 向作为主视图的投射方向。主视图确定以后，俯视图和左视图的投射方向也就确定了，如图 4-7 和图 4-8 中的 E 向和 C 向所示。

3. 画图步骤（具体作图步骤见图 4-9）

（1）选比例、定图幅   视图确定以后，便可根据实物的大小按国家标准选定作图比例和图幅大小，并要注意所选幅面要留有余地，以便标注尺寸、画标题栏等。

（2）布置视图   应按各个视图每个方向的最大尺寸布置视图，并在各个视图之间留有空档，所留空档应保证在标注尺寸后视图间仍有适当距离，布图要匀称美观，不要过稀或

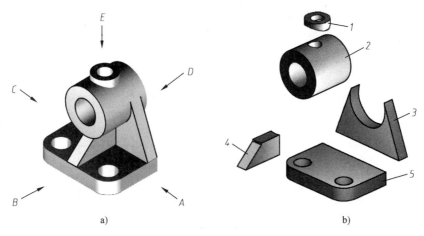

图 4-7　轴承座的形体分析

a) 立体图　b) 形体分析

1—凸台　2—轴承　3—支承板　4—肋板　5—底板

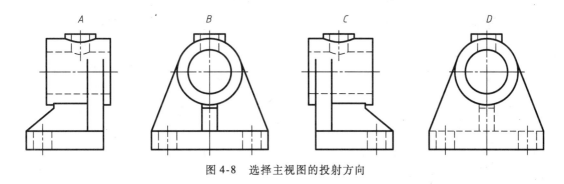

图 4-8　选择主视图的投射方向

过密。

（3）画底稿线　先确定各视图的轴线、对称中心线或其他定位线的位置；然后按形体分析法分解各基本体以及确定它们之间的相对位置，逐个画出各基本体的视图。画每个基本体时，可同时画出三个视图，这样会提高绘图速度。

（4）检查描深　底稿完成后，要认真检查，修正错误，擦去多余的图线，再按规定的图线描深。

4.2.2　切割式组合体三视图的画法

1. 形体分析

如图 4-10 所示，压块可以看做是由基本体（长方体）1 切去基本体 2、3、4、5 而形成的，它的形体分析方法及画图步骤与前面讲述的方法基本相同，只不过是各个基本体是一块块"切割"下来的，而不是"叠加"上去的。切割式组合体的画图方法和注意点，如图4-11 所示。

2. 主视图选择

如图 4-10a 所示，应以 A 向为主视图的投射方向。再以由上向下、由左向右的投射方向分别作为俯视图和左视图的投射方向。

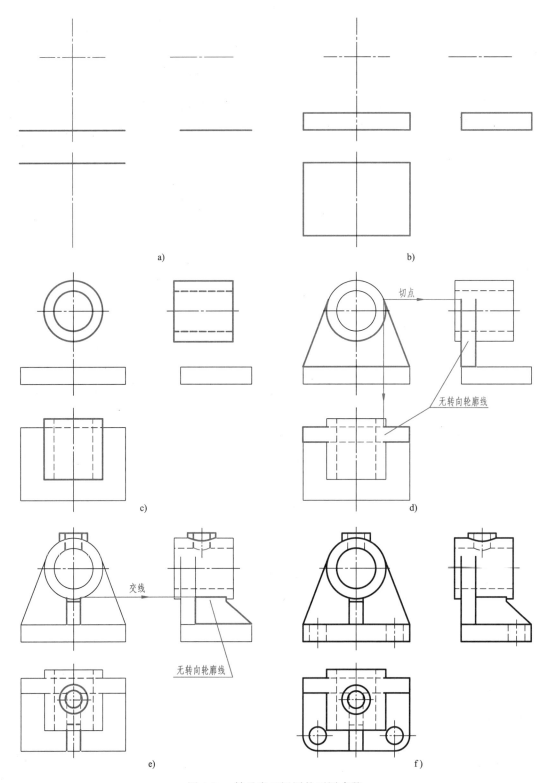

图 4-9　轴承座三视图的画图步骤

a）画定位线　b）画底板的三视图　c）画轴承的三视图　d）画支承板的三视图

e）画凸台、肋板的三视图　f）画底板细节的三视图，加深图线完成作图

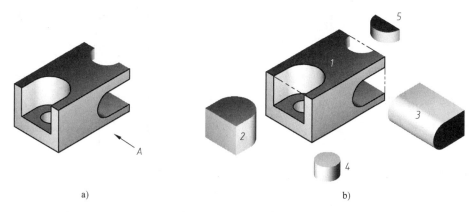

图 4-10 压块的形体分析

a) 压块 b) 由长方体切割而成

3. 画图步骤 (具体作图步骤见图 4-11)

绘制切割式组合体三视图时，通常先画出未被切割前完整的基本形体 (如长方体、圆柱体等) 的投影，再一步步画出切割后的形体。当切去的是两底面形状相同的柱体时，一般先画反映两底面形状特征的视图，再画其他视图。图 4-10b 中所切去的四个基本体都是柱体，在画图时均应先画出反映底面实形的那个视图，具体情况见图 4-11 中的文字说明。

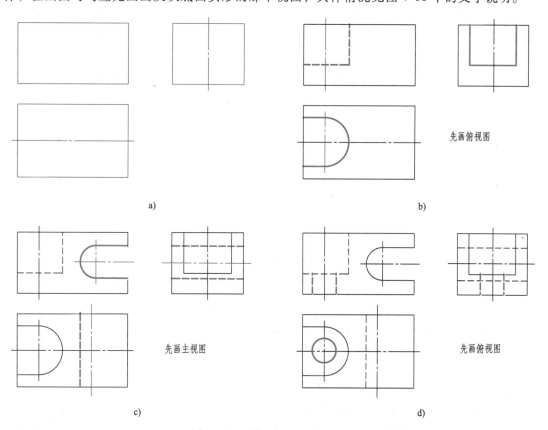

图 4-11 压块三视图的画图步骤

a) 画长方体 1 的三视图 b) 切去柱体 2 c) 切去柱体 3 d) 钻圆柱孔 4

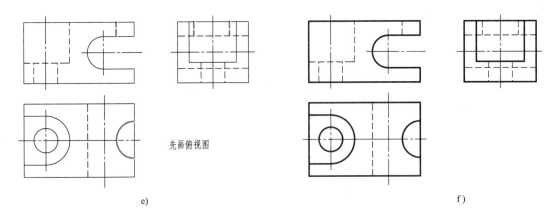

先画俯视图

e)　　　　　　　　　　　　　　　　　　　f)

图 4-11　压块三视图的画图步骤（续）

e）切去右边半圆柱 5　f）作图结果

从上述两类组合体三视图的画图过程，可以总结出以下几点：

1）要善于运用形体分析的方法分析组合体，将组合体适当地分解，在分解方法上不强求一致，以便于画图和符合个人习惯为前提。

2）画图之前一定要对组合体的各部分形状及相互位置关系有明确认识，画图时要保证这些关系表达正确。

3）在画分解后的各基本体的三视图时，应从最能反映该形体形状特征的视图画起。

4）要细致地分析组合体各基本形体之间的表面连接关系。画图时注意不要漏线或多线。为此，需要对连接部分作具体分析，弄清楚它代表的是物体上哪个面或哪条线的投影，这些面或线在其他视图上的投影如何等。只有这样，才算做到了有分析地画图，才能通过画图，逐步提高投影分析的能力。

4.3　看组合体视图

看组合体视图，也称为读组合体视图。画图和看图是学习本课程的重要环节之一。画图是把空间形体用视图表现在平面上，而看图则是根据正投影的规律和特性，通过对视图的分析，想象出空间形体的过程。

4.3.1　看图须知

1. 几个视图要联系起来看

看图是一个构思过程，它的依据是前面学过的投影知识以及从画图的实践中总结归纳出的一些规律。组合体的形状是通过几个视图来表达的，每个视图只能反映物体一个方向的结构形状，因此，仅由一个视图往往不能唯一地表达一个空间的几何形状。

如图 4-12 所示的四种组合体，其主视图完全相同，但是联系起俯视图来看，就知道它们表达的是四个不同的立体。

有些情况下，两个视图也不能唯一确定一个空间立体的形状。对比图 4-13 所示的组合体的三组视图，可看到它们有相同的主视图和左视图，但俯视图不同，因此是三个不同形状的空间立体。

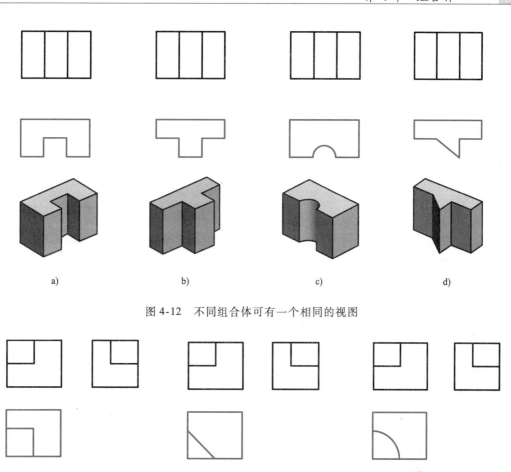

图 4-12　不同组合体可有一个相同的视图

图 4-13　不同组合体有两个相同的视图

2. 明确视图中线框和图线的含义

视图中每个封闭线框通常表示物体上的一个表面（平面或回转面）或基本体的投影。视图中的每条图线可能是平面或曲面的积聚性投影，也可能是线的投影。因此，必须将几个视图联系起来对照分析，才能明确视图中线框和图线的含义。

（1）线框的含义　视图中每个封闭的线框可能表示三种情况（图 4-14a）：

1）平面。主视图中的线框 A' 对着俯视图中的斜线 A，表示四棱柱左前棱面（铅垂面）的投影。

2）回转面。主视图中的线框 B' 对着俯视图中的圆线框 B，表示一个圆柱面的投影。

3）基本体。如俯视图中的四边形，对照主视图可知为一四棱柱。

（2）图线的含义　视图中的每条图线，可能表示以下几种情况（图 4-14b）：

1）垂直于投影面的平面或回转面。如俯视图中的直线 C，对应着主视图中的四边形 C'，

它是四棱柱右前棱面（铅垂面）的
投影；俯视图中的圆 D，对应着主视
图中的 D' 线框，表示一个圆柱面的
投影。

2）两个表面的交线。如主视图
中的直线 E' 对应着俯视图中积聚成
一点的 E，它是四棱柱右前和右后两
个棱面交线的投影。

3）回转体的转向轮廓线。如主
视图中的直线 F'，对应着俯视图圆
框中的最左点 F，显然，它表示的是
圆柱面对正面的转向轮廓线。

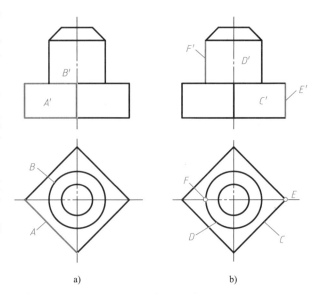

a)　　　　　　b)

图 4-14　线框和图线的含义

4.3.2　看图的基本方法

1. 形体分析法

形体分析法是看图的基本方法，通常是从最能反映该组合体形状特征的视图着手，分析
该组合体是由哪几部分组成及其组成的方式，然后按照投影规律逐个找出每一基本形体在其
他视图中的位置，最终想象出组合体的整体形状。下面通过几个实例来介绍如何用形体分析
法看图。

例 4-1　如图 4-15 所示，已知支
撑的主视图和左视图，补画出俯视图。

解　由已知条件可知，这是一个
叠加式组合体，在想像出组合体的形
状后，才能根据三视图的投影规律逐
步补画出俯视图。

（1）分析视图、画线框　将两个
视图联系起来观察，可看出该组合体
由三个基本体组成。将主视图划分为

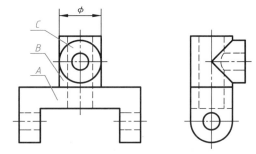

图 4-15　支撑的视图分析

三个封闭的线框 A、B、C，每个封闭的线框表示了一个基本体，即底座 A、竖直圆柱筒 B 和
横放圆柱筒 C，支撑则是由它们叠加而成。再分析它们的相对位置，对整体就有了一个初步
了解。

（2）对投影关系，想象出各基本体的形状，并逐步补画出俯视图（图 4-16）

1）底座 A。如图 4-16a 所示，由底座在主视图中的封闭线框 A，对照左视图，可想象出
这是一个倒凹字形状的底座，上方是一个带有圆柱通孔的矩形板，两侧耳板上部为长方体，
下部为半圆柱体，耳板上各有一圆柱形通孔。据此画出底座的俯视图（图 4-16a）。

2）竖放圆柱筒 B。如图 4-16b 所示，该圆柱筒位于底座 A 的上方正中位置，圆柱筒 B
的内孔与底座 A 的圆柱孔为同一个孔。从左视图可看到，圆柱筒外圆柱面前、后转向轮廓
线与底座的前、后表面积聚性投影共线，由此可知该圆柱面与前后表面均相切，表明圆柱筒
外圆柱面的直径与底座的宽度相等，通过分析补画出 "B" 的俯视图（图 4-16b）。

3）横放圆柱筒 C。如图 4-16c 所示，由主视图上分离出来上部的圆形线框 C（包括框中小圆），对照左视图可知，它是一个中间有圆柱孔的、轴线垂直于正面的圆柱筒，它的直径与圆柱筒 B 的直径相等，且轴线垂直相交，这是从左视图中的相贯线投影成直线的形式分析判断出来的；由左视图可知圆柱筒 B 中的圆柱孔与圆柱筒 C 中的圆柱孔正贯。由此可补画出"C"的俯视图（图 4-16c）。注意：圆柱筒 C 高于底座，且在前方超出底座的前表面，所以在俯视图中，底座前表面在 C 的投影范围内的轮廓线应为虚线。

（3）综合起来想象出支座的形状　如图 4-16d 所示，根据底座和两个圆柱筒以及几个圆柱孔的形状与位置，可以想象出这个支座的整体形状。经认真检查校核底稿后，按规定线型加深各图线即完成该题（图 4-16d）。

此例题的求解过程，即叠加式组合体的"知二求三"求解过程。

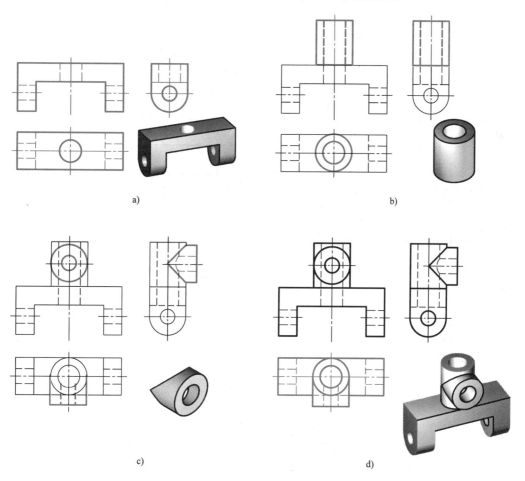

a）　　　　　　　　　　　　　　　　　b）

c）　　　　　　　　　　　　　　　　　d）

图 4-16　由支撑的主视图和左视图补画俯视图
a）想像并画出底座"A"　b）想像并画出竖放圆柱筒"B"　c）想像并画
出横放圆柱筒"C"　d）想像支撑整体形状，完成作图

例 4-2　如图 4-17 所示，已知座体的主视图和俯视图，求作左视图。

解　由已知条件可知，座体是一个叠加式组合体。在想象出它的形状后，根据三视图的投影规律逐步补画出左视图。

1）首先对座体进行形体分析。在主视图中分成四个封闭线框Ⅰ、Ⅱ、Ⅲ、Ⅳ。从主、俯两个视图可以看出，该座体左右对称，组成它的四个基本形体中，形体Ⅰ的基本形状是以水平投影形状为底面的柱体（上、下底面形状相同的立体称为柱体）；形体Ⅳ有左右对称的两个，它是带有半圆面的柱体，其下底面与形体Ⅰ的底面平齐，前、后与切槽等宽，其上还有与半圆柱面共轴线的小圆柱孔。形体Ⅱ、Ⅲ的具体形状和位置，读者可自行分析。

2）在想像出座体的大致形状后（图4-18f），便可按形体分析法逐步补画出左视图，具体作图步骤如图4-18所示。

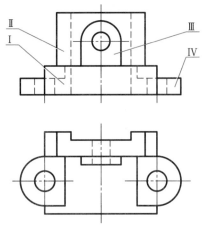

图 4-17　座体的主视图和俯视图

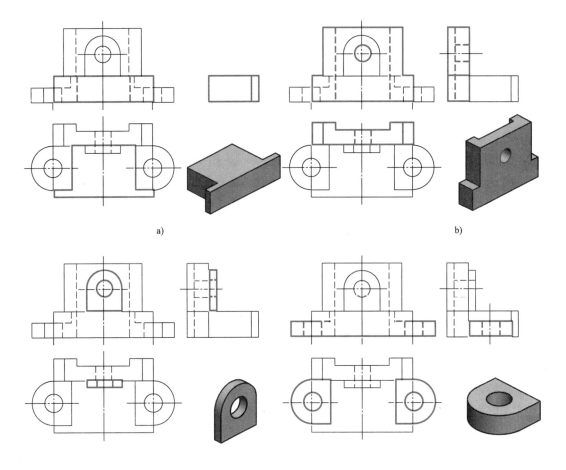

a)

b)

c)

d)

图 4-18　由座体的两个视图补画第三视图

a）补画柱体Ⅰ的左视图　b）补画形体Ⅱ的左视图

c）补画柱体Ⅲ的左视图　d）补画柱体Ⅳ的左视图

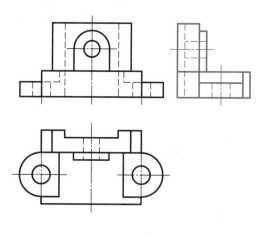
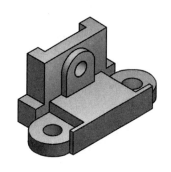

e) f)

图 4-18 由座体的两个视图补画第三视图（续）

e）作图结果 f）座体的立体图

2. 线面分析法

在看比较复杂的切割式组合体的视图时，通常在运用形体分析法的基础上，对不易看懂的局部，还要结合线面的投影分析，如分析立体的表面形状、表面交线、面与面之间的相对位置等，来帮助看懂和想像这些局部的形状，这种方法称为线面分析法。

例 4-3 如图 4-19 所示，已知压板的主视图和俯视图，求作左视图。

解 对照压板的主、俯视图，可看出压板具有前后对称的形状结构，它可看做是由长方体经过切割得到的，切割过程的分析如图 4-20 所示。

在分析补画切割式组合体的三视图时，需要使用线面分析法。补画压板的左视图的过程如图 4-21 所示。

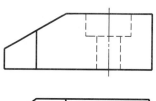
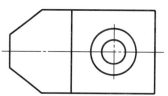

图 4-19 由压板的主、俯视图
补画左视图

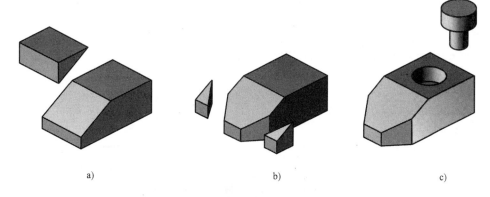

a) b) c)

图 4-20 长方体切割得到压板的分析

a）切去左上角 b）切去前后角 c）挖出阶梯孔

（1）补画长方体的左视图　如图 4-21a 所示，添画出表示长方体外轮廓的双点画线，并补画出该长方体的左视图。

（2）对压板进行线面分析　图 4-21b 所示为压板空间的线面分析图。

（3）补画正垂面 *ABCDEF* 的侧面投影　如图 4-21c 所示，俯视图中左端有一个六边形的封闭线框 *abcdef*，对应主视图左上角的一条斜线 *a'b'c'd'e'f'*，显然这是一个正垂面的两面投影，据正垂面的投影特性即可补画出侧面投影的类似形（六边形）*a"b"c"d"e"f"*。

（4）补画铅垂面 *ABMN* 的侧面投影（因前后对称，仅分析左端前方）　如图 4-21d 所示，主视图中的一个四边形 *a'b'm'n'* 对应着俯视图左端前方的斜线 *abmn*，可分析出压板的左侧前角被一个铅垂面切割，由铅垂面的投影特性可补画出具有类似形（四边形）的侧面

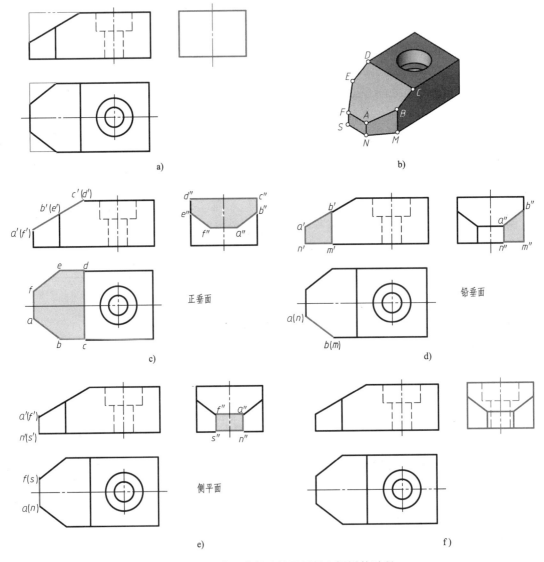

图 4-21　用线面分析法补画压板左视图的过程

a）补画长方体的左视图　b）空间线面分析　c）补画正垂面的左视图
d）补画铅垂面的左视图　e）侧平面的左视图　f）补画阶梯孔的左视图并完成作图

投影 $a''b''m''n''$。

（5）补画侧平面 ANSF 的侧面投影　如图 4-21e 所示，主视图最左端有一条直线，对应着俯视图也是一条直线，仅从正面和侧面投影来判断，它可能是一条侧平线，也可能是一个侧平面，那么如何确定呢？由图 4-21c、d 可知，正垂面六边形的左边是一条正垂线 AF，铅垂面四边形的左边是一条铅垂线 AN，因此可断定压板的左端是由正垂线 AF 和铅垂线 AN 构成的一个矩形侧平面（两条相交直线确定一个平面），这个侧平面的侧面投影实际上已在前几步作图中作出。

（6）补画阶梯孔的侧面投影　如图 4-21f 所示，压板的右端有两个共轴线的上大下小的圆柱孔（也称阶梯孔），补画出其侧面投影，并描深图线完成作图。

例 4-4　如图 4-22a 所示，由架体的主、俯视图想像出它的整体形状，并画出左视图。

解　由已知条件可初步判断这是一个长方体经切割后形成的组合体。如图 4-22b 所示，主视图中有三个封闭线框 a'、b'、c'，对照俯视图，这三个线框在俯视图中可能分别对应 a、b、c 三条直线。如果存在这种对应关系，则它们表示的是三个相互平行的正平面：A 位于最前面，B 位于中间，C 在最后面。那么，前后的位置关系是否按分析的那样对应着呢？从主、俯视图可看出，这个架体分成前、中、后三层：前层和后层被切割去一块直径较小的半圆柱体，这两个半圆柱体直径相等；中间被切割去一块直径较大的半圆柱体，直径与架体等宽；另外在中后层有一个圆柱形的通孔。由于被切割掉的较小半圆柱槽，在主视图和俯视图中均可见，因此最低的较小半圆柱槽必位于最前面，具有较大半圆柱槽的那一层位于中层，而具有较小半圆柱槽的最高的一层定位于最后层，这证明最初的分析是正确的。

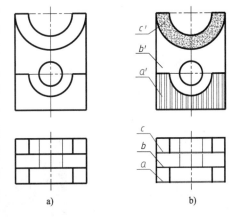

图 4-22　由架体的主、俯视图
补画左视图的分析
a) 已知条件　b) 初步分析

图 4-23 所示为补画架体左视图的分析和作图过程。

例 4-5　如图 4-24 所示，由切割式组合体的主视图和俯视图，求作左视图。

解　1）由主视图和俯视图的外轮廓可知，该物体是由一个长方体切割而成的。俯视图上的线框 m（矩形框），在主视图上对应投影是直线 m'，说明长方体的左上角被正垂面 M 切去了一个三棱柱，由此补画出长方体被 M 切割后的左视图（图 4-25a）。

2）俯视图后方有一个方形缺口，对应主视图上的两条虚线，说明后面切了一个方槽，由此补画出切方槽后的左视图（图 4-25b）。

3）主视图上的封闭线框 n'，在俯视图上没有类似形与其对应，说明它的水平投影有积聚性，根据"三等关系"，可找出它的水平投影为直线 n，可见它是一个正平面，由于它的正面投影可见，说明长方体的右前方切去了一个棱柱体，由此补画切去右前方棱柱体的左视图（图 4-25c）。

4）进一步分析 P 平面的投影，可知它是一个正垂面，其水平投影与侧面投影的形状应类似，这从作图结果得到了验证（图 4-25d）。

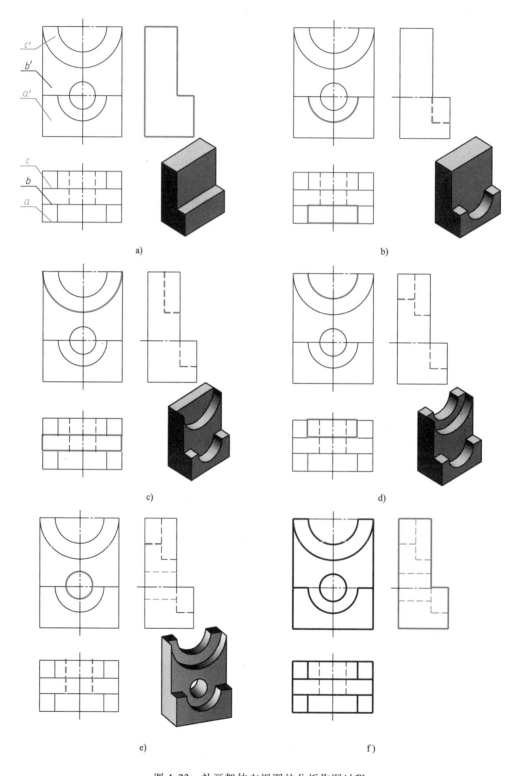

图 4-23　补画架体左视图的分析作图过程

a）画左视图轮廓线　b）画前层 A 的半圆柱槽　c）画中层 B 的半圆柱槽
d）画后层 C 的半圆柱槽　e）画贯穿中、后层的圆柱孔　f）作图结果

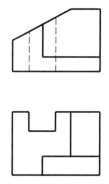

图 4-24 求作切割式组合体的第三视图

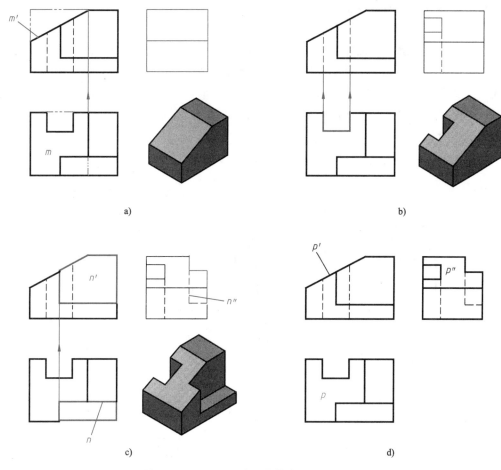

图 4-25 补画切割式组合体第三视图的过程

a）补画长方体被 *M* 切割后的左视图 b）补画出切方槽后的左视图

c）补画切去右、前、上方五棱柱的左视图 d）检查正垂面 *P* 的三面投影完成作图

4.4 组合体的尺寸标注

视图只能表达组合体的形状，各种形体的真实大小及其相对位置，要通过标注尺寸才能

够确定。本节主要是在平面图形尺寸标注的基础上，进一步学习组合体的尺寸标注。

组合体尺寸标注的基本要求为：

1）正确。严格遵守国家标准中有关尺寸标注的规定，详见第1章。

2）完整。所注尺寸必须齐全，能够完全确定立体的形状和大小，不重复，不遗漏。

3）清晰。尺寸在图中应布置适当、清楚，便于看图。

4.4.1 简单立体的尺寸标注

组合体的形状无论复杂与否，一般都可以认为是由简单立体通过叠加或切割得到的。因此要掌握组合体尺寸标注，必须先熟悉和掌握一些简单立体的尺寸标注方法。这些尺寸注法已经规范化，一般不能随意改变。

1. 常用基本体的尺寸标注

对于基本体，一般应注出它的长、宽、高三个方向的尺寸，但并不是每一个基本体都需要注全这三个方向的尺寸。例如标注圆柱、圆锥的尺寸时，在其投影为非圆的视图上注出直径方向（简称径向）尺寸"ϕ"后，既可减少一个方向的尺寸，还可省略一个视图，因为尺寸"ϕ"具有双向尺寸功能（图4-26d、e、f的俯视图均可省略）。图4-26给出了一些常用基本体的尺寸标注。

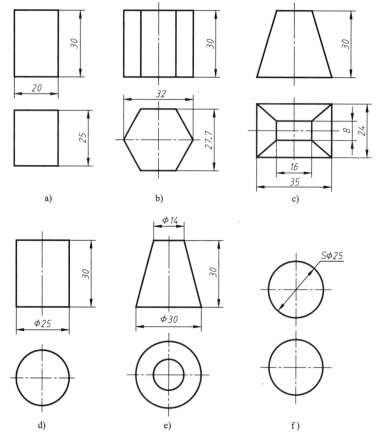

图 4-26　常用基本体的尺寸标注

a）长方体　b）六棱柱　c）四棱台　d）圆柱体　e）圆台　f）圆球

2. 具有切口的基本体和相贯体的尺寸标注

图 4-27 所示为一些常见切口的基本体和相贯体的尺寸标注。在标注具有切口的基本体和相贯体的尺寸时，应首先注出基本体的尺寸，然后再注出确定截平面位置的尺寸和相贯两基本体相对位置的尺寸，而截交线和相贯线本身不允许标注尺寸。

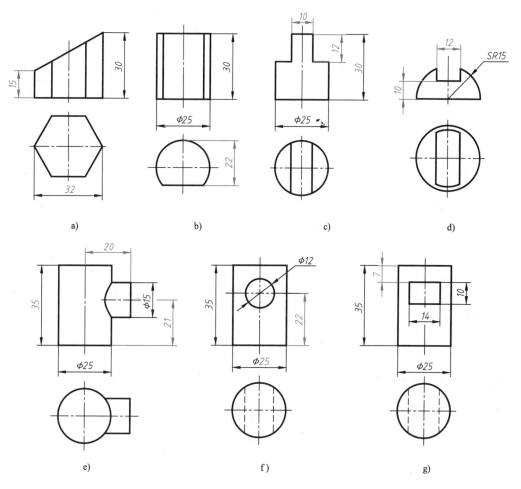

图 4-27　常见切割体和相贯体的尺寸标注

3. 常见薄板的尺寸标注

图 4-28 所示为几种薄板的尺寸注法，这些薄板是机件中的底板和法兰的常见形式。从图中可以看出，这些薄板为顶面和底面具有相同形状的柱体，只要按照平面图形的尺寸注法注出顶面和底面的尺寸，再注出板的厚度就可以了。图 4-28a 所示底板的四个圆角，无论与小孔是否同心，整个形体的长度尺寸和宽度尺寸、圆角半径，以及确定小孔位置的尺寸都要注出。当圆角与小孔同心时，应注意上述尺寸间不要发生矛盾。图 4-28b 所示板的前后对称圆弧位于同一直径的圆上，应标注直径"φ"，长度方向的总体尺寸，由小孔中心距与两个圆弧半径之和得到，不允许直接注出。图 4-28c 所示底板是由直径"φ"的圆柱体经切割得到的，应注出直径"φ"，左右两端分别被两个正平面和一个半圆柱面开了两个槽，使圆柱的左右两端产生了截交线，截交线不能标注尺寸，因此不应该注总长尺寸。在图 4-28d 中，

底板上四个小孔的圆心在同一个直径的圆上，应注出其直径"φ"。

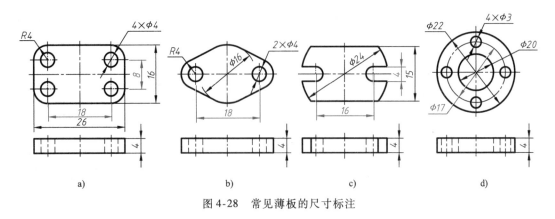

图 4-28 常见薄板的尺寸标注

4.4.2 组合体的尺寸标注

要确定组合体的形状和大小，从形体分析的角度来看，需确定组合体中各基本体的形状和大小，并确定它们之间的相对位置。

1. 形体分析和尺寸基准

确定组合体各组成部分之间的相互位置，需要有标注尺寸的基准，即尺寸基准。因为立体需要从长、宽、高三个方向确定各基本体的相对位置，显然需要在长、宽、高三个方向选取尺寸基准。一般地，选取组合体的底面、对称平面、端面及主要轴线作为尺寸基准。

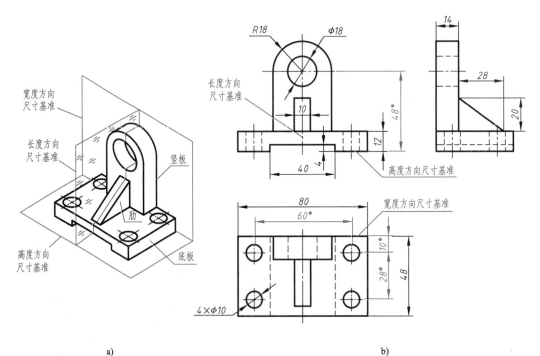

a) b)

图 4-29 支架的形体分析和尺寸基准

a）空间情况分析 b）尺寸基准选择

图 4-29 所示为一个支架的立体图和三视图，由形体分析可知它由三部分组成：底板、竖板和肋。它在长度方向上具有对称平面，在高度方向上具有能使立体平稳放置的底面，在宽度方向上底板和竖板的后表面平齐（共面）。因此，选取对称平面为长度方向的尺寸基准，底面作为高度方向的尺寸基准，平齐的后表面作为宽度方向的尺寸基准。

2. 尺寸的种类

组合体中的尺寸，可以根据其作用分为三类尺寸：定形尺寸、定位尺寸和总体尺寸。如图 4-29b 所示的组合体，已经标注了尺寸，下面将通过它来分析这三类尺寸。

（1）定形尺寸　定形尺寸是指用来确定组合体上各基本形体形状和大小的尺寸。图 4-29b 中的定形尺寸有：

1）底板：长 80、宽 48、高 12；槽长 40、高 4；圆孔 $4 \times \phi 10$。

2）竖板：圆柱面的半径 $R18$、宽度 14、圆柱孔直径 $\phi 18$；

3）肋：三角形尺寸 28、20 和厚度 10。

（2）定位尺寸　定位尺寸是指确定构成组合体的各基本形体之间（包括孔、槽等）相对位置的尺寸。图 4-29b 中的定位尺寸有（标注 * 的尺寸）：

1）主视图中的尺寸 48，确定了竖板上部圆柱孔的轴线距离底板底面（高度方向尺寸基准）的尺寸。

2）俯视图中的尺寸 60（长度）和 28（宽度），确定了底板上 4 个圆柱孔的中心距；尺寸 10 则确定了孔到后端面（宽度方向尺寸基准）的距离。

一般情况下，每一个基本体均需要定形尺寸来确定其形状大小，但考虑到各基本体组合以后形体之间的相互联系和影响，有些基本体的定形尺寸可能由其他基本体的某些尺寸代替了，不需重复标注；有的定形尺寸不能直接注出，而是间接得到。如竖板的高度尺寸不单独注出，由 $(48 - 12 + R18)$ 间接得到。

（3）总体尺寸　用来确定组合体的总长、总宽、总高的尺寸为总体尺寸。总体尺寸有时在注定形尺寸、定位尺寸时已经得到，就不必再注。如图 4-29b 所示，总长尺寸就是底板的长度尺寸 80，总宽尺寸为底板的宽度 48，总高尺寸是由 48 和 $R18$ 间接得到的。

由上述分析可知，各类尺寸有时并不是孤立的，它们可能同时兼有几类尺寸的功能，如底板的厚度尺寸 12 也是竖板和肋板高度方向的定位尺寸，竖板的宽度 14 也是肋板宽度方向的定位尺寸等。只要正确地选择尺寸基准，注全定形尺寸和定位尺寸及总体尺寸时，就能做到尺寸齐全。当然组合体的尺寸标注并不是几个基本体尺寸的机械组合，有时为了避免重复尺寸以及尺寸布置的清晰问题，还要对所注尺寸作适当调整。

3. 组合体尺寸标注应注意的问题

1）组合体的端部是回转体时，该处的总体尺寸一般不直接注出，图 4-30a 是正确的注法，图 4-30b 是错误的注法。

2）尺寸基准为对称面时，相对于尺寸基准对称的结构，其尺寸应直接注出，不应以尺寸基准为标注起点，图 4-31a 是正确的注法，图 4-31b 是错误的注法。

3）标注尺寸要注意排列整齐、清晰，尺寸尽量注在视图之外、两个视图之间。如图 4-32a 所示左视图中的 12、15。对每一个基本体，有关尺寸尽量集中在特征视图上，如图 4-32a 所示：三角肋的尺寸 6、14 应集中标注在主视图中；底板的尺寸 26、4、11、9、$R2$ 应集中标注在俯视图上；竖板的尺寸 15、9、15、12、$R3$、$2 \times \phi 3$ 应集中标注在左视图上，

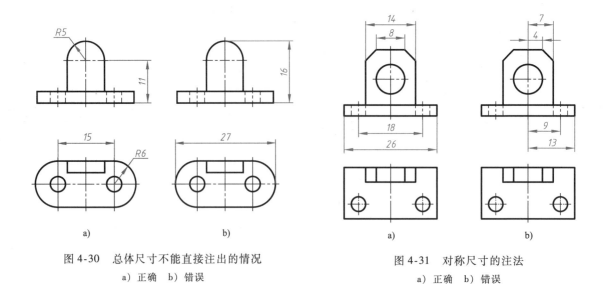

图 4-30   总体尺寸不能直接注出的情况
a）正确   b）错误

图 4-31   对称尺寸的注法
a）正确   b）错误

以便于看图时查找尺寸。尽量避免在虚线上标注尺寸，如图 4-32b 所示主视图的孔 2×φ3，应如图 4-32a 所示那样，标注在左视图中。对于同一个组合体，图 4-32a 所示的尺寸标注比较清晰，图 4-32b 所示的尺寸标注不够清晰。

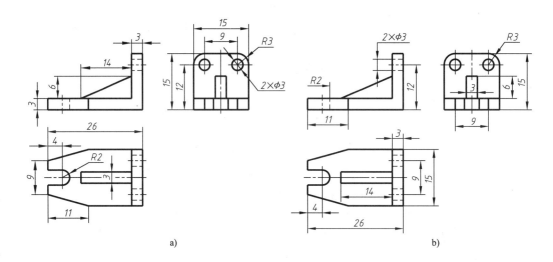

图 4-32   尺寸标注要清晰
a）较清晰   b）不够清晰

4.5   轴测图

在工程制图中，一般采用多面正投影图（包括三视图）来表达机件。这种图的主要优点是作图简便且度量性好，不足是缺乏立体感，因此在生产中有时也用轴测图（也称立体图）作为辅助图样。

4.5.1　轴测图的基本知识

1. 轴测图的形成

如图 4-33 所示，将立体连同确定其空间位置的直角坐标系一起，向单一投影面 P 作平行投影得到的，能够同时反映立体三个方向尺寸的投影图称为轴测图。这个单一的投影面 P 称为轴测投影面，空间的直角坐标轴在轴测投影面上的投影称为轴测轴：O_1X_1、O_1Y_1、O_1Z_1；轴测轴的交点为原点 O_1。

用正投影法形成的轴测图称为正轴测图，如图 4-33 所示。

2. 轴间角和轴向伸缩系数

1）轴间角（图 4-33）。轴测轴之间的夹角 $\angle X_1O_1Y_1$、$\angle Y_1O_1Z_1$ 及 $\angle X_1O_1Z_1$ 称为轴间角。

2）轴向伸缩系数（图 4-33）。轴测轴上的线段与空间坐标轴上对应线段的长度之比称为轴向伸缩系数。由于三个坐标轴与轴测投影面倾斜角度可不同，所以三个轴的伸缩系数也可不同，分别用 p_1、q_1、r_1 来表示：沿 OX 轴的轴向伸缩系数为 p_1，沿 OY 轴的轴向伸缩系数为 q_1，沿 OZ 轴的轴向伸缩系数为 r_1。

如果知道了轴间角和轴向伸缩系数，便可根据立体的视图来绘制轴测图了。在画轴测图时只能沿轴测轴方向并按相应的轴向伸缩系数量取有关线段的尺寸，"轴测图"即由此得名。

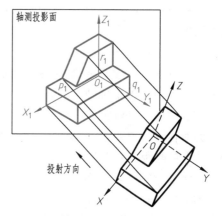

图 4-33　轴测图（正等轴测图）的形成

3. 轴测图的投影特性

由于轴测图是由平行投影法得到的，因此它应具有平行投影的投影特点（参考图 4-33）：

1）立体上互相平行的线段，在轴测图中仍互相平行；立体上平行于空间坐标轴的线段，在轴测图上仍平行于相应的轴测轴。

2）立体上两平行线段或同一直线上的两线段长度的比值，在轴测图上保持不变。

3）立体上平行于轴测投影面的直线和平面，在轴测图上反映实长和实形。

按照投射方向与轴向伸缩系数的不同，轴测图可分为多种，下面介绍最常用的正等轴测图的画法。

4.5.2　正等轴测图

如图 4-33 所示，当三根坐标轴与轴测投影面倾斜的角度相同时，用正投影法得到的投影图称为正等轴测图，简称正等测。

1. 正等测的轴间角及轴向伸缩系数

如图 4-34 所示，正等测的三个轴间角相等，均为120°，规定 O_1Z_1 画成铅垂方向，三根轴测轴上的轴向伸缩系数相同，即 $p_1 = q_1 = r_1 = 0.82$。为了作图简便，常采用轴向伸缩系数为 1 来作图，即 $p_1 = q_1 = r_1 = 1$。

2. 正等轴测图的画法

绘制物体的轴测图常采用坐标法、切割法与组合法。其中坐标法是最基本的画法。

（1）坐标法　坐标法是根据物体的特点，选定合适的坐标轴，然后按照物体上各顶点的坐标关系画出其轴测投影，并相连形成物体的轴测图的方法。

例 4-6　如图 4-35 所示，已知六棱柱的两视图，用坐标法画出它的正等测。

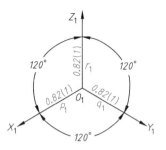

图 4-34　正等测的轴间角

解　画出正六棱柱顶面正六边形的轴测图是画出正六棱柱轴测图的关键。

作图过程（坐标法）：

1）选取六棱柱顶面外接圆的圆心为坐标原点，建立如图 4-35 所示的坐标轴方向。

2）如图 4-36a 所示，画轴测轴 X_1、Y_1，在 X_1 轴上以 O_1 为对称点量取距离 a 得 1_1、4_1 两点，用同样的方法在 Y_1 轴上量取距离 b 得 7_1、8_1 两点。

3）如图 4-36b 所示，过 7_1、8_1 两点作 X_1 轴平行线，并量取 $7_1 2_1 = 7\,2$，$7_1 3_1 = 7\,3$ 等，作出六边形的轴测投影，再过六边形的顶点向下画出可见的棱线（不可见的一般不画）。

4）如图 4-36c 所示，在棱线上量取高度 h，得底面上各点，并连接起来。

5）如图 4-36d 所示，擦去多余的图线并加粗后完成作图。

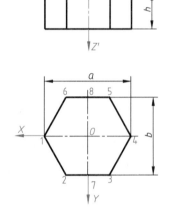

图 4-35　正六棱柱的坐标系确定

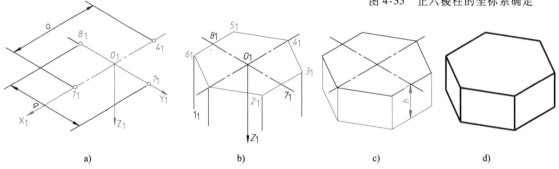

图 4-36　六棱柱正等测的画法（坐标法）

a）画轴测轴 X_1 和 Y_1，并确定端点 1_1、4_1、7_1、8_1　b）画出正六边形的轴测投影，并过各顶点，沿 Z_1 轴画出可见棱线

c）以 h 确定棱线的长度，连接底面上的各点（虚线不画）　d）擦除多余线图线、并描粗图线完成作图

（2）切割法　切割式组合体，可在先画出它切割前形体的轴测图后，再按它的形成过程逐一切割去多余的部分，以得到所求的轴测图。这种轴测图的画法称为切割法。

例 4-7　用切割法画出图 4-37 所示切割式组合体的正等测。

解　该组合体可以看成是长方体被切去某些部分后形成的。画轴测图时，可先画出完整的长方体，再画切割部分。

作图过程（切割法）：

1）首先在给定的视图上选定坐标系，如图 4-37 所示。

2）画出轴测轴。根据尺寸 a、b、h 作出完整的长方体，如图 4-38a 所示。

3）在相应棱线上沿轴测轴方向量取尺寸 d 及 c，应用"平行性"完成立体左上部被正垂面截切的轴测投影，如图 4-38b 所示。

4）在立体底边上相应位置量取尺寸 f 及 e，作出立体左端前后对称的两个铅垂面的轴测投影，如图 4-38c 所示。

5）擦去多余的作图线，描深后完成立体的正等测，如图 4-38d 所示。

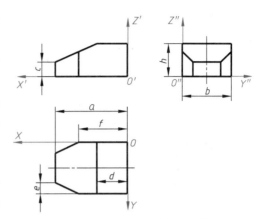

图 4-37　切割式组合体的坐标系确定

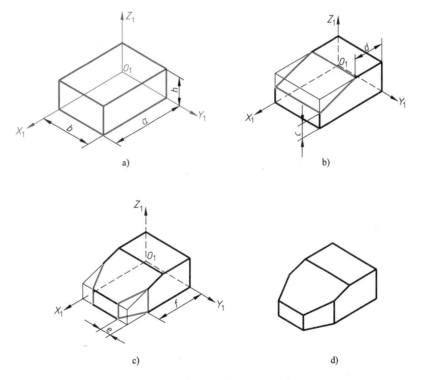

图 4-38　切割式组合体的正等测画法

a）画出三条轴测轴并画出长方体的轴测图　b）画出左端用正垂面切割后的轴测投影

c）画出左端铅垂面（前后对称）切割后的轴测投影　d）擦除多余线图线并描深图线完成作图

（3）组合法　组合法是运用形体分析的方法将物体分成几个简单的形体，然后按照各部分位置分别画出它们的轴测图，并根据彼此表面的连接关系组合起来而形成的轴测图。这种画法的例题安排在了下一节中，见例4-9。

3. 平行于坐标面的圆的正等测的画法

平行于坐标面的圆的正等测是椭圆，为了便于作图，一般用四段圆弧连接的方法来画椭圆，即椭圆近似画法，表4-1介绍了平行于水平面的圆在正等测中椭圆的近似画法。

表4-1 正等测中椭圆的近似画法（水平圆）

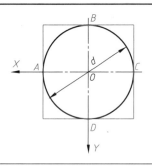	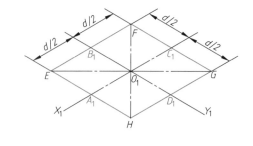
1）已知直径为的 d 水平圆，确定视图的坐标系，画出圆的外接正方形，正方形的边长为圆的直径 d	2）画出圆外接正方形的正等测菱形。在 O_1X_1 轴上取点 A_1、C_1；在 O_1Y_1 轴上取 B_1、D_1，各点距圆心 O_1 均为 $d/2$。过 A_1、C_1 作平行于 Y_1 轴的直线；过 B_1、D_1 作平行于 X_1 轴的直线，各直线相交得到菱形 $EFGH$，将菱形的对角 E、G 和 F、H 相连
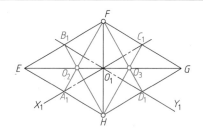	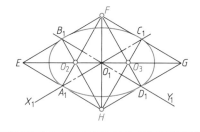
3）确定左、右小圆弧和上、下大圆弧的圆心。将 F 分别与对边中点 A_1、D_1 相连；将 H 分别与对边中点 B_1、C_1 相连，在 EG 上得到的交点 O_2、O_3，分别为左、右小圆弧的圆心；点 F、H 分别为上、下大圆弧的圆心。A_1、B_1、C_1、D_1 这四个点是四段圆弧的连接点即切点	4）画出四段圆弧，完成椭圆。分别以 O_2、O_3 为圆心，以 O_2A_1（或 $O_2B_1 = O_3C_1 = O_3D_1$）为半径，在 A_1、B_1 和 C_1、D_1 之间画左、右两端小圆弧；分别以 F、H 为圆心，以 FA_1（或 $FD_1 = HB_1 = HC_1$）为半径，在 A_1、D_1 和 B_1、C_1 之间画上、下大圆弧，完成作图。四段圆弧相切于点 A_1、B_1、C_1、D_1

投影面平行圆有正平圆、水平圆和侧平圆，在正等测中均为椭圆，正平圆、侧平圆的作图方法同表4-1的水平圆正等测画法，只是椭圆长短轴的方向发生了变化，画图时可参考图4-39来确定轴测轴的方向。

例4-8 如图4-40a所示，已知一轴线为铅垂线的圆柱体的两视图，画出它的正等测。

解 根据圆柱体的直径 d 和高 h，先画出上下底的椭圆，然后作椭圆的公切线即可。

作图方法（图4-40）：

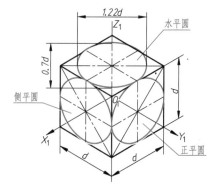

图4-39 投影面平行圆的正等测画法

1）选定坐标原点并确定坐标轴（图 4-40b）。

2）画轴测轴和圆柱顶面椭圆，作图方法参见表 4-1。将此椭圆前、左、右三段圆弧圆心沿 Z 轴下移 h，并将长轴上的两个端点同时下移 h。这种将圆柱顶面椭圆各段圆弧圆心按圆柱高度下移求得底面椭圆的方法称为移心法。"移心法"是画轴测图中常用的方法，它可以简化作图步骤，提高作图速度（图 4-40c）。

3）画出底面上可见的圆弧（图 4-40d）。

4）如图 4-40e 所示，连接顶面和底面椭圆长轴的对应端点，即画出圆柱的转向轮廓线（椭圆的外公切线）。

5）擦去多余图线，描深得到圆柱体的正等测（图 4-40f）。

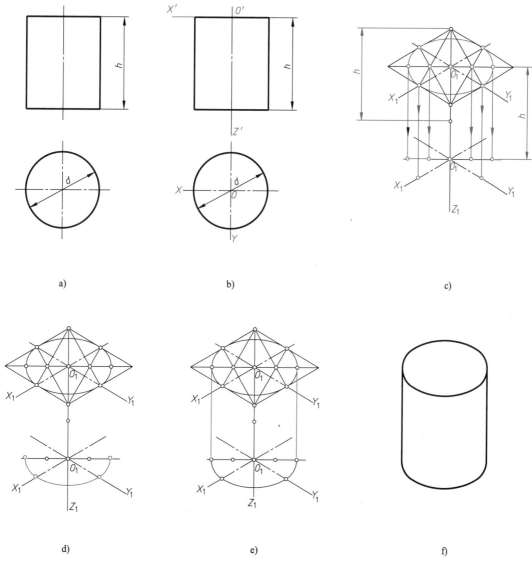

图 4-40　圆柱体的正等测

a）已知条件　b）选定坐标原点、确定坐标轴　c）画出顶圆并将各圆心和长轴端点下移

d）画出底面可见圆弧　e）画出两边的转向轮廓线　f）擦去多余图线，完成作图

4. 带有圆和圆角的叠加式组合体正等测

例4-9 如图4-41所示，用组合法画出叠加式组合体的正等测。

解 如图4-41所示，这是一个带圆角的底板与带圆柱面和圆孔的竖板叠加形成的组合体。按组合法画轴测图，即按形体分析法，逐步画出各基本形体的轴测图最终完成作图。圆柱面和圆柱孔的正等测椭圆长短轴的倾斜方向与具体作图方法，可参考图4-39和图4-40。

作图过程（图4-42，作图尺寸见图4-41）：

1）画底板的长方体和上底面的圆角，如图4-42a所示。

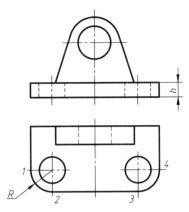

图4-41 叠加式组合体的视图

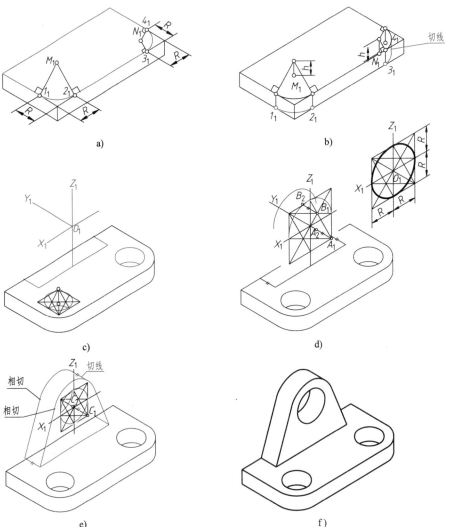

图4-42 叠加式组合体的正等测画法

a）画底板的长方体和上底面的圆角　b）将圆心和切点移至下底面，画下底面圆角和切线　c）画底板的圆柱孔；画竖板的下表面；确定画竖板中圆弧及圆孔的坐标系　d）参考右上角例图，画出竖板前、后表面圆弧（正平圆）
e）画出竖板的圆柱孔；画出圆弧与竖板下表面的连线，注意各相切的关系　f）擦除多余的和不可见的图线完成作图

2）画底板上的圆角。将圆心和切点移至下底面，画出下底面圆角和切线，如图 4-42b 所示。

3）画底板的圆柱孔，画竖板的下表面，确定画竖板中圆弧及圆孔的坐标系，如图4-42c 所示。

4）画出竖板上端圆柱面，也就是要画出竖板上前、后表面的一部分正平圆的轴测投影。参考图 4-42d 右上角的例图，注意正平圆正等测椭圆的长短轴方向的确定。

5）画出竖板的圆柱孔，画出圆弧与竖板下表面的连线，注意各相切的关系，如图4-42e 所示。

6）擦除多余的图线（轴测图中一般不可见的图线不画）完成作图，结果如图 4-42f 所示。

第 5 章

机件常用表达方法

机件是对机械产品中零件、部件和机器的统称。在实际生产中，机件的形状千变万化，使用基本三视图表示物体的方法，往往不足以满足表达要求。因此，国家标准在工程图样画法中规定了一系列的机件表达方法。本章主要介绍一些常用的机件表达方法。

5.1 视图

视图主要用来表达机件的外部结构和形状。视图包含基本视图、向视图、局部视图和斜视图。

5.1.1 基本视图

当机件的外部形状较复杂时，为了清晰地表示出它各个方向的形状，在原有三个投影面的基础上再增设三个投影面，构成一个正六面体。正六面体的六个面称为基本投影面，机件向基本投影面投射所得的视图称为基本视图。如图 5-1 所示，在六个基本视图中，除了主视图、俯视图、左视图外，在增设的三个投影面上得到的视图称为：右视图（从右向左投射所得视图）、仰视图（从下向上投射所得视图）和后视图（由后向前投射所得视图）。

六个基本投影面及展开的方法如图 5-1 所示。

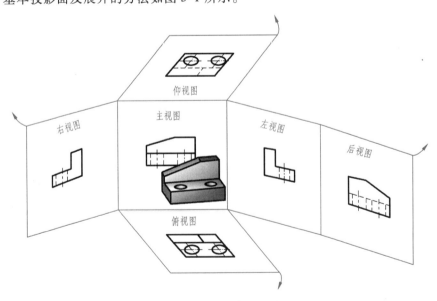

图 5-1　六个基本投影面及其展开

六个基本视图的基本配置如图 5-2 所示。当基本视图按基本配置安排时，它们之间的投影规律为：主、俯、仰视图长对正；主、左、右、后视图高平齐；俯、左、仰、右视图宽相等；主、俯、仰、后视图之间具有"长相等"的关系。基本视图按图 5-2 的基本位置配置时，无需写出各个视图的名称，即图 5-2 中图形上方括号中的视图名称不用写。

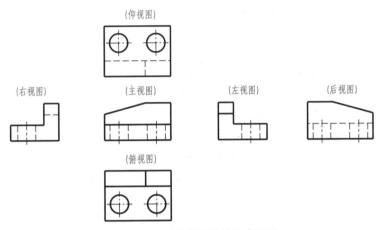

图 5-2　六个基本视图的基本配置

在应用时，根据机件的形状和结构特点，适当选用必要的基本视图即可。

图 5-3 是一个选择基本视图的例子。图中表达阀体的四个基本视图为主视图、俯视图、左视图和右视图，是在对机件进行形体分析的基础上选择的。按图示位置，选择能够较全面表达该机件形状特征的视图作为主视图（上排中间的视图）。考虑到该阀体左右两端形状不同，因此分别采用了左视图和右视图。若不采用右视图，而在左视图上一并表达右端面的外形，就必须在左视图上增加表达右端面形状的虚线，会影响视图的清晰，也给尺寸标注增加了困难。采用俯视图的目的主要是为了表示底板和凸台的形状，孔的位置和形状等。

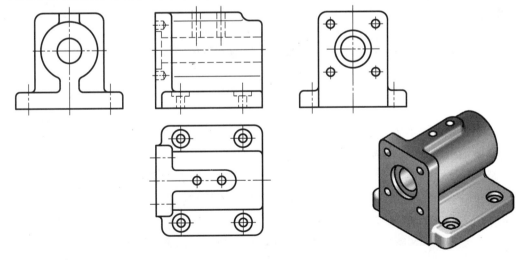

图 5-3　阀体的视图选择

国家标准规定，绘制工程图样时，应首先考虑到看图方便，在完整、清晰地表达机件各部分形状的前提下，力求作图简便。视图一般只画机件的可见部分，必要时（如不画出不可见部分，则局部形状不能表达清楚）才画出不可见部分。阀体的视图就是按照这个规定绘制的：主视图中的虚线是表达内部形状不可缺少的，必须画出；左视图中，反映阀体内部形状和右端形状的虚线省略不画；在右视图中，反映阀体内部结构和左端形状的虚线省略不画；在主视图、左视图和右视图中，阀体的内部形状已经表达清楚了，俯视图中也无须再画出表达内部结构的虚线。因此阀体的俯视图、左视图和右视图均为外形图。

5.1.2　向视图

在实际绘图时，为了合理地利用图纸，基本视图也可以自由配置（即可以根据需要画在适当的位置上），如图 5-4 所示。这种可自由配置的基本视图称为向视图。

1. 向视图的标注

如图 5-4 所示，在向视图的上方用大写拉丁字母标注，如"*A*"、"*B*"等，在相应视图的附近用箭头指明投射方向，并标注同样的字母"*A*"、"*B*"等。

2. 画向视图时应注意的问题

1）向视图是基本视图的一种表达形式，其主要区别在于视图的配置不同。

2）表示投射方向的箭头应尽量配置在主视图上，只是表示后视图投射方向的箭头才配置在其他视图上，如图 5-4 中 C 向投射方向的箭头标在了右视图上。

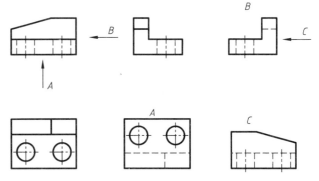

图 5-4　向视图及标注方法

3）俯视图、左视图也可以按向视图配置。

5.1.3　局部视图

局部视图是将机件的某一部分向基本投影面投射所得的视图。

1. 局部视图断裂边界的形式和画法

1）局部视图的断裂边界通常用波浪线表示，如图 5-5a 的 A 向和 B 向局部视图。

2）当所表示的机件局部结构形状是完整的，且外形轮廓又是封闭状态时，可省略波浪线或双折线，如图 5-5 的 C 向局部视图。

2. 局部视图的配置和标注

1）可按基本视图的方式配置，如图 5-7b 中的俯视图（B 向的局部视图）。

2）可按向视图的形式配置并标注，如图 5-5 中的局部视图 A 向、B 向、C 向和图 5-7 中的 C 向和 B 向。

图 5-5 中主视图交线处的细实线为过渡线，具体画法参见本章 5.4.3。

5.1.4　斜视图

斜视图是机件向不平行于基本投影面的平面投射所得的视图。

如图 5-6a 所示，压紧杆的左端耳板不平行于任何基本投影面，在基本视图上不能反映

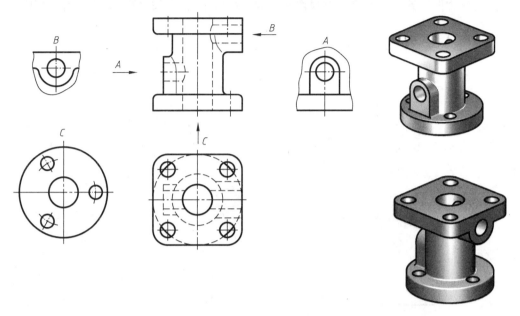

图 5-5 局部视图的画法

该部分的实形，这时可如图 5-6b 所示，增加一个辅助投影面，辅助投影面平行于耳板的主要平面，并垂直于一个基本投影面（这里的辅助平面是垂直于正面的正垂面），然后将倾斜的耳板向该辅助投影面投射，即可获得反映该倾斜部分实形的视图，即斜视图。

画斜视图应注意的问题：

1）斜视图一般按投射方向配置并标注，如图 5-7a 的斜视图 A。必要时也可将斜视图转正配置并标注，如图 5-7b 中的斜视图 A。斜视图旋转后，无论配置在何处，都需要在标注视图名称时加注旋转符号"⌒▸"或"◂⌒"，该符号是半径为字高的半圆弧，且箭头指向

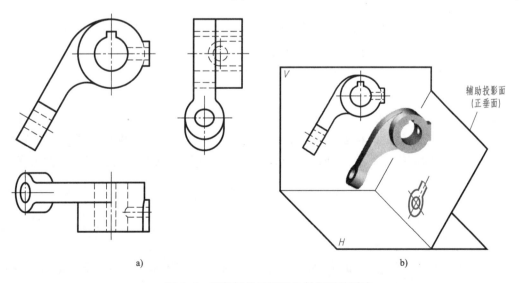

a)   b)

图 5-6 压紧杆的三视图及斜视图的形成

a）三视图 b）倾斜耳板斜视图的形成

与图形的旋转方向一致，同时表示该视图名称的字母应书写在旋转符号的箭头端，如图5-7b中的"⤴*A*"。

2）斜视图的断裂边界用波浪线或双折线表示，如图5-7中的*A*向斜视图。

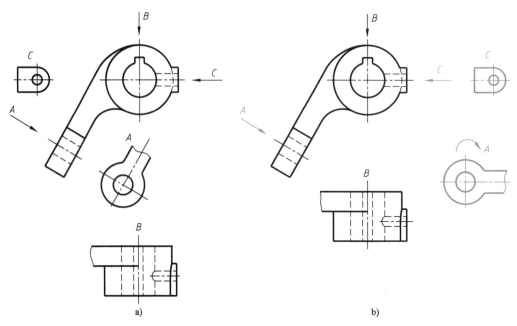

图5-7 压紧杆斜视图的两种配置和标注形式

a）按投射方向配置和标注 b）旋转后的配置和标注

5.2 剖视图

5.2.1 剖视图的基本概念

如图5-8a所示，当机件的内部结构形状较复杂时，在视图中就会出现许多虚线，若这些虚线与其他图线重叠往往会影响视图的清晰，给读图和尺寸标注都带来不便。为了解决这个问题，常采用剖视的画法。

如图5-8b所示，假想用剖切平面（有时也用圆柱面）在适当的部位剖开机件，将处在观察者和剖切平面之间的形体移去，将剩余的部分向投影面投射并在断面上画上剖面符号，这样得到的图形称为剖视图，简称剖视（注：断面是指剖切平面与被剖切机件相接触的那个面）。

5.2.2 剖视图的画图步骤

1. 确定剖切平面的位置

为了能清楚地表达机件完整的内部形状，避免出现不完整的结构要素，剖切平面一般应平行于投影面，并通过机件内部孔、槽的轴线或对称面。如图5-8b所示，其剖切平面为正平面，且通过了机件内部孔的轴线（也通过了机件对称面）。

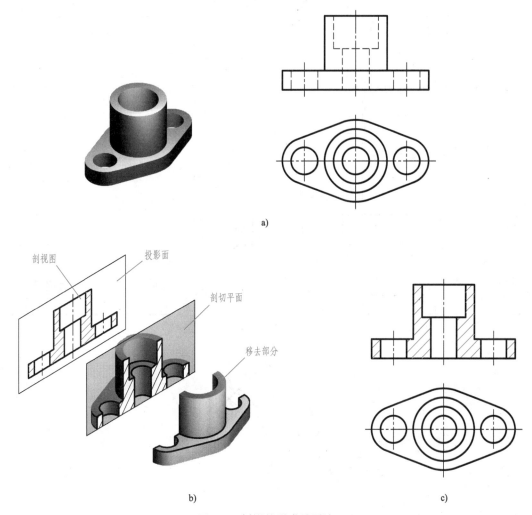

图 5-8　剖视的形成及画法

a) 剖开前的机件　b) 剖视图的形成　c) 剖视图的画法

2. 画剖视图

剖切后机件的前半部分移走，只留下后半部分，想像留下部分与剖切平面接触部分（断面）的形状，并弄清楚剖切平面后面的结构有哪些是可见的，画图时要把断面和剖切平面后面的可见轮廓线画全（可参考图 5-8c 所示的主视图）。由于剖视图只是假想把机件剖开，因此除剖视图外，其他视图仍应按完整的机件画出。例如在图 5-8c 中，主视图画成了剖视图，而俯视图仍然画成完整的。

3. 在断面内画上剖面符号

剖面符号一般与机件的材料有关，应按表 5-1 中的规定画剖面符号，以表示该零件的材料类别。金属材料的剖面符号也称剖面线，一般是与水平方向成 45°的细实线，同一机件不同视图中的剖面线方向、间隔应相同。当图形中的主要轮廓线与水平方向成 45°或接近 45°时，该图形剖面线应画成与水平方向成 30°或 60°的平行线，其倾斜方向仍与其他图形的剖面线方向一致，如图 5-9 中的主视图所示。

表 5-1　剖面符号

金属材料(已有规定剖面符号者除外)		线圈绕组元件		格网(筛网、过滤网等)	
非金属材料(已有规定剖面符号者除外)		基础周围的泥土		混凝土	
型砂、填砂、粉末冶金、砂轮、陶瓷刀片、硬质合金刀片等		木材	纵剖面	钢筋混凝土	
转子、电枢、变压器和电抗器等的迭钢片			横剖面	砖	
玻璃及供观察用的其他透明材料		木质胶合板		液体	

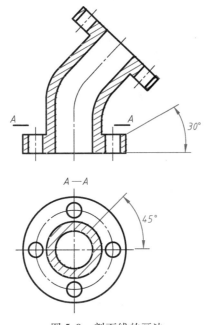

图 5-9　剖面线的画法

4. 剖视图的标注

标注的目的是为了看图方便，一般需标注以下内容：

（1）剖视图的名称　应在剖视图的上方标注剖视图的名称"×—×"（×为大写拉丁字母），如图 5-9、图 5-10 中的"*A—A*"、"*B—B*"。

（2）剖切符号　在相应的剖视图上，用剖切符号表示剖切平面的起、讫和转折位置及投射方向（箭头）并标注相同的字母，如图 5-10 中的主视图所示。

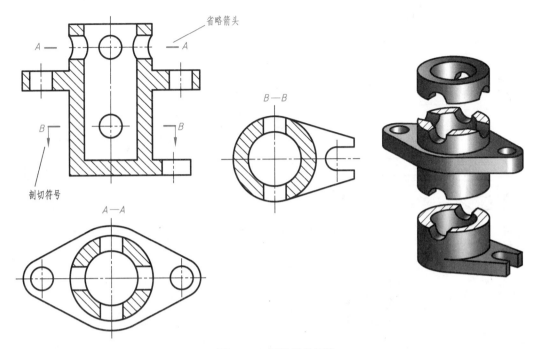

图 5-10 剖视图的标注

下列情况可省略标注：

1）当剖视图按基本视图关系配置，中间又没有其他图形隔开时，可省略箭头，如图 5-9 和图 5-10 主视图中 *A—A* 剖视图剖切符号的标注。

2）当单一剖切平面通过机件的对称平面或基本对称平面，且剖视图按基本视图关系配置，中间又没有其他图形隔开时，可省略不注，如图 5-8c 和图 5-9、图 5-10 中主视图的剖视图均省略了标注。

5.2.3 剖视图的种类和适用条件

剖视图按剖切范围的大小可分为三类：全剖视图、半剖视图和局部剖视图。

1. 全剖视图

用剖切平面完全剖开机件所得的剖视图称为全剖视图，如图 5-8c 中的主视图，图 5-9 中的主视图、俯视图，以及图 5-10 中的主视图、*A—A*、*B—B* 三个剖视图均为全剖视图。

适用条件：外形较简单的对称机件或内形较复杂的不对称机件常采用全剖视图。

图 5-11 所示为一个拨叉的全剖视图，拨叉的左右两端之间用平板连接，并用肋加强连接。按国家标准的规定，对于机件的肋（起支承和连接作用的薄板）等结构，如按纵向剖切（即剖切平面通过肋的对称平面时），这些结构不画剖面线，用粗实线作为分界线将它与相邻的部分隔开，如图 5-11 中肋与圆柱的分界线是圆柱的转向轮廓线。肋的其他剖切画法将在图 5-46 中详细介绍。

2. 半剖视图

当机件具有对称平面时，在垂直于对称平面的投影面上投射所得的视图，可以以对称中心线为界，一半画成剖视，一半画成视图，这种剖视图称为半剖视图，如图 5-12 所示。

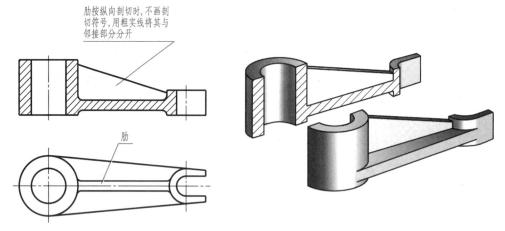

肋按纵向剖切时，不画剖切符号，用粗实线将其与邻接部分分开

肋

图 5-11　拨叉的全剖视图

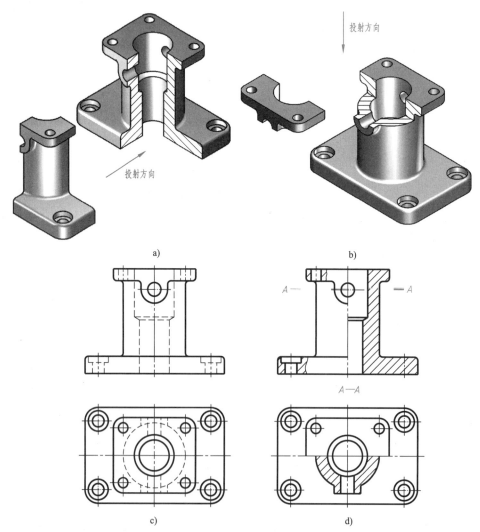

投射方向

投射方向

a)

b)

c)

d)

图 5-12　支架的半剖视图选择

a）主视图作半剖的立体图　b）俯视图作半剖的立体图　c）支架的视图　d）支架的半剖视图

（1）适用条件　半剖视图适用于内、外形状都需要表达的对称机件（图 5-12）。

图 5-12c 所示为机架的主、俯视图，结合图 5-12a、b 可知，支架的内、外部形状都较复杂。若主视图采用全剖视图，则凸台就不能表达清楚；若俯视图画成全剖视图，则顶板及其上四个小孔的形状和相对位置也都不能表达出来。进一步分析发现，支架具有前后和左右的对称平面，为了能同时清楚地表达支架的内外形状，主视图和俯视图都可以画成半剖视图，这样就弥补了全剖视图的不足，即表达了内部结构，又保留了外形，图 5-12d 所示为支架的半剖视图。

（2）标注方法　半剖视图的标注方法和省略标注情况与全剖视图完全相同，如图 5-12d 所示。

（3）画半剖视图应注意的问题

1）半个剖视与半个视图的分界线为点画线。

2）在半个剖视图上已经表达清楚的内部结构，在不剖的半个视图上，表示该内部结构的虚线不画。

3）一般情况下，图形左右对称时右边画剖视（如图 5-12d 所示主视图）；图形前后（或上下）对称时下方画剖视（如图 5-12d 所示俯视图）。

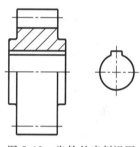

如果机件的形状基本对称，且不对称部分已另有图形表达清楚时，也可采用半剖视图。如图 5-13 所示，该齿轮上下基本对称，只有孔的键槽部分上下不对称，但采用了局部视图表达出了不对称部分，所以该齿轮的主视图仍可画成半剖视图。

图 5-13　齿轮的半剖视图

3. 局部剖视图

用剖切平面局部地剖开机件所得的剖视图称为局部剖视图（图 5-14）。

局部剖视图被剖部分与未被剖部分的分界线用波浪线表示（图 5-14）。

（1）适用条件　局部剖视图使用十分灵活，不受机件是否对称的限制，剖切的位置和剖切范围的大小，可根据需要自行决定。一般适用于下列几种情况：

1）当机件只有局部内形需要剖开表示，则又不宜采用全剖时（图 5-12d）。

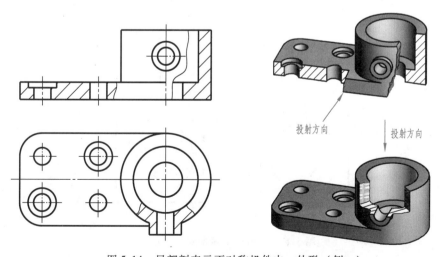

图 5-14　局部剖表示不对称机件内、外形（例一）

2）当不对称机件的内、外形都需要表达时（图 5-14、图 5-15）。

3）当实心件如轴、杆、手柄上的孔、槽等内部结构需剖开表达时（图 5-16）。

4）当对称机件的轮廓线在投影上与对称中心线重合，不宜采用半剖视图时（图 5-17）。

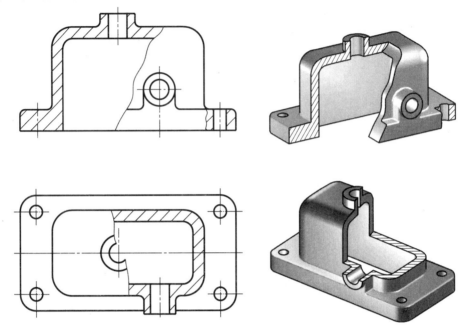

图 5-15　局部剖表示不对称机件内、外形（例二）

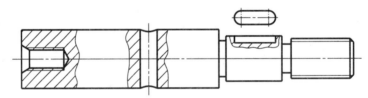

图 5-16　局部剖表示实心轴上的孔、槽

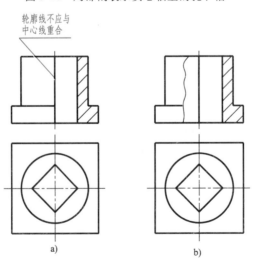

图 5-17　局部剖表示的对称机件

a）错误　b）正确

（2）标注方法　对于剖切位置较明显的局部结构，一般不用标注，如图 5-14 ~ 图 5-17 所示。若剖切位置不够明显时，则应进行标注。

（3）画局部剖应注意的问题

1）表示剖切范围的波浪线不能与图形上其他图线重合，如图 5-18 所示。

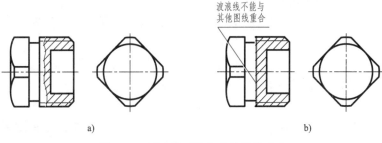

图 5-18　波浪线不能与其他图线重合

a）正确　b）错误

2）波浪线可看做机件断裂痕迹的投射，因此只能画在机件的实体部分，而孔、槽等非实体部分不应画波浪线，如图 5-19 所示。

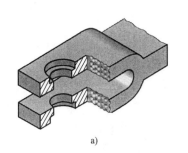
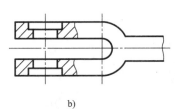
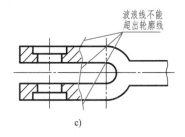

图 5-19　波浪线不能超出实体

a）机件立体图　b）正确　c）错误

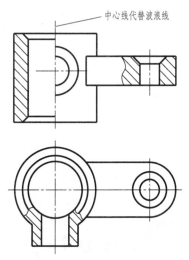

图 5-20　可用中心线作为
分界线的情况

3）当被剖切结构为回转体时，允许用该结构的中心线代替波浪线，作为局部剖视与视图的分界线，如图5-20所示。

4）在同一个视图上，采用局部剖的数量不宜过多，以免使图形支离破碎，影响图形清晰。

5.2.4　剖切面的分类及剖切方法

一般将剖切面分为三类：单一剖切面、几个相交的剖切面和几个平行的剖切面。下面分别介绍这三类剖切面及其剖切方法。

1. 单一剖切面

单一剖切面包括单一剖切平面剖切和单一剖切柱面剖切。单一剖切平面剖切是常用的剖切方法，下面主要讨论单一剖切平面剖切的问题。

（1）用平行于某一基本投影面的平面剖切　前面所介绍的全剖视图、半剖视图和局部剖视图，都是用平行于某一基本投影面的单一剖切平面剖开机件后得到的。用平行于某一基本投影面的平面剖切是最常用的剖切方法。

（2）用不平行于任何基本投影面的平面剖切　用不平行于任何基本投影面的剖切平面剖开机件的方法，也习惯称为斜剖。

1）斜剖应用示例。如图5-21所示，当该机件上方倾斜部分的内部结构在基本投影面上不能反映实形时，可以用一个与倾斜部分的主要平面平行（与方板平行）且垂直于某一基本投影面的平面（正垂面）剖切，再投射到与剖切平面平行的投影面上，即可得到该部分内部结构的实形，如图中的 *A—A* 斜剖。

2）标注方法。

① 采用斜剖时，需标注标剖切符号、投射方向以及注明剖视图的名称，如图5-21所示。

② 采用斜剖得到的剖视图，最好按投影关系配置（图5-21左上方的 *A—A*）；必要时也可放置在其他位置；在不致引起误解时，也可将斜剖视图转正画出，旋转的方向和角度由表达需要来决定，但在被旋转的剖视图上方，应该用旋转符号标明旋转方向，且名称也在箭头侧（图5-21a右下方的 *A—A* ）。

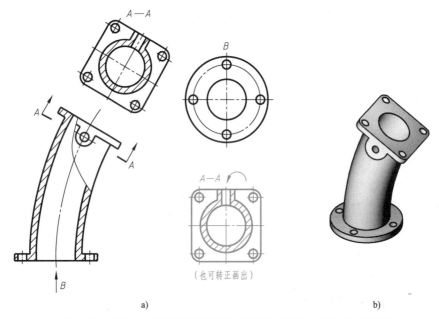

a)　　　　　　　　　　　　　　　　b)

图5-21　斜剖（用不平行于任何基本投影面的单一剖切平面剖切）

2. 几个相交的剖切平面

用几个相交的剖切平面（交线垂直于某一基本投影面）剖开机件的方法，也习惯称为旋转剖。

（1）旋转剖应用示例

1）如图5-22a所示，当机件的内部形状用一个剖切平面不能表达完全，而机件又具有回转轴时，可以采用两个相交的剖切平面剖开机件，并将与投影面不平行的那个剖切平面

（侧垂面）剖开的结构及其有关部分旋转到与基本投影面（正面）平行再进行投射，即可得到该部分内部结构的实形，如图 5-22b 中的 *A—A* 旋转剖。旋转剖中两剖切平面的交线一般应与机件主要孔的轴线重合，如该例中的两剖切平面的交线与大圆柱孔的轴线重合。

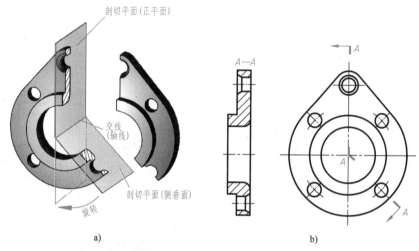

图 5-22　旋转剖（用两个相交的剖切平面剖切）

a）旋转剖的形成　b）旋转剖

2）如图 5-23 所示，旋转剖通常可按展开的方法画出，在用展开画法时，剖视图上的图名应标注"×—×展开"，如图 5-23 中的"*A—A* 展开"。

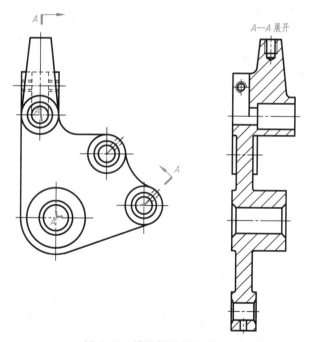

图 5-23　旋转剖的展开画法

（2）标注方法　采用旋转剖时，需标注剖切符号、投射方向以及注明剖视图的名称，并在剖切平面的起、讫和转折处标出相同的字母，如图 5-22b 所示。但若转折处位置较小时允许省略字母，如图 5-24 所示。

（3）画旋转剖时应注意的问题

1）应该按照"先剖切后旋转"的顺序画旋转剖。

2）在剖切平面之后且与所表达的结构关系不甚密切的结构，一般仍按原来位置投射。如图 5-24 俯视图中的小孔。

3）当剖切后产生不完整要素时，这部分应按不剖绘制（如图 5-25 中的中臂）。

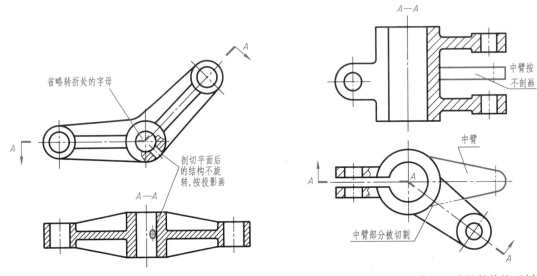

图 5-24 剖切平面以后的结构按原位置投射　　　　图 5-25 剖切后产生不完整要素的结构按不剖画

3. 几个平行的剖切平面

用几个平行的剖切平面剖开机件的方法，也习惯称为阶梯剖。

（1）阶梯剖应用示例　如图 5-26 所示，需要剖切的孔、槽等内部结构的中心线位于两个平行的平面上，即可采用两个互相平行的剖切平面（正平面），分别通过孔和槽的中心线

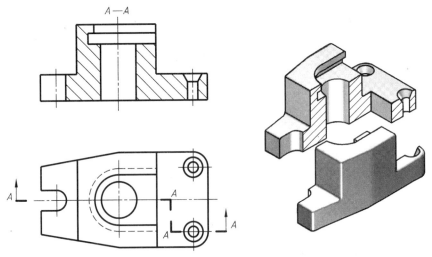

图 5-26 阶梯剖（用两个平行的剖切平面剖切）

剖开机件，然后投射到基本投影面上，得到所要表达的几处内部结构的实形，如图 5-26 中的 *A—A* 阶梯剖。

（2）标注方法　采用阶梯剖时，必须标出剖视图的名称、剖切符号，在剖切平面的起、讫和转折处标上相同的字母，如图 5-26 所示。但当转折处位置有限时可省略转折处字母。

当剖视图按投影关系配置，中间没有其他图形隔开时，可省略表示投射方向的箭头，例如图 5-26 所示俯视图中的箭头可省略。

（3）画阶梯剖时应注意的问题

1）在剖视图上不要画出两个平面转折处的投影（见图 5-27 中的主视图）。

2）剖切符号的转折处不能与图上的轮廓线重合（见图 5-27 中的俯视图）。

3）正确选择剖切平面的剖切位置，剖视图中不应出现不完整的要素（图 5-28）

4）当机件上两个要素在图形上具有公共对称中心线或轴线时，可以以对称中心线或轴线为界各画一半，合并成一个阶梯剖（图 5-29）。

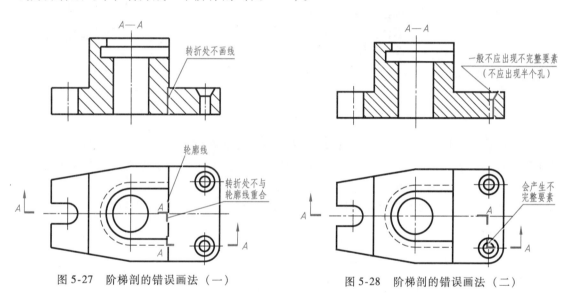

图 5-27　阶梯剖的错误画法（一）　　　　图 5-28　阶梯剖的错误画法（二）

4. 组合的剖切面

用几个相交的剖切平面与几个平行的剖切平面组合剖开机件的方法（即旋转剖与阶梯剖的组合剖切），习惯上也称为复合剖。

（1）复合剖应用示例　如图 5-30 所示，连杆的孔、槽和内部结构的表达，需要用组合的剖切平面 *A—A* 剖开机件。组合的剖切平面中有的与投影面（水平面）平行，有的与投影面（水平面）倾斜，但它们都同时垂直于同一投影面（正面）。用组合的剖切面剖开机件后，需将倾斜的剖切面切到的部分旋转到与选定的投影面（水平面）平行后再进行投射（类似于旋转剖），如图 5-30 中的 *A—A* 剖就是所得到的复合剖。剖切面可以是平面也可以是柱面，如图 5-30 所示主视图中的组合剖切面中就用到了一个

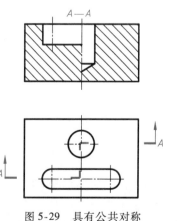

图 5-29　具有公共对称中心线或轴线时的画法

圆柱面，以保证圆柱孔上键槽的位置在剖视图中不发生改变。

图 5-31 中采用了阶梯与旋转组合的剖切方法，在主视图上得到了复合剖 *A—A*。

（2）标注方法　复合剖的标注方法如图 5-30 和图 5-31 所示。

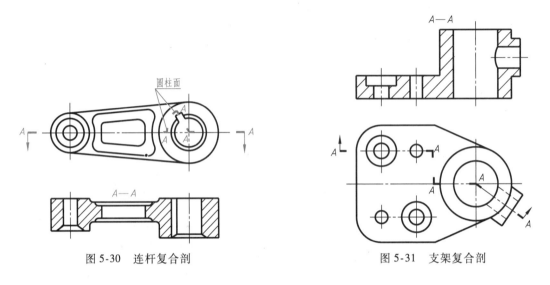

图 5-30　连杆复合剖　　　　　　　　图 5-31　支架复合剖

5.2.5　剖视图中尺寸标注的特点

在视图中，物体内部结构的尺寸有时不可避免地要注在虚线上，这影响了视图的清晰。采用了剖视后，表达内部结构的虚线变成了实线，尺寸就可注在实线上了。剖视图尺寸标注的基本方法同组合体的尺寸标注，但也有其特点：

1）外形尺寸和内部结构尺寸尽量分注在视图的两侧，以便于看图，如图 5-32 所示。

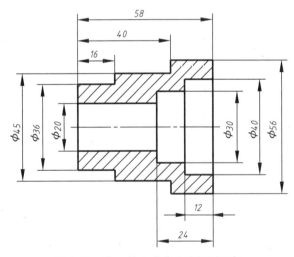

图 5-32　内、外尺寸分注在视图两侧

2）在半剖、局部剖中，表示内部结构的虚线一般省略不画，因此，标注机件内部结构对称方向的尺寸时，尺寸线应该超过对称线，并且只画单边箭头，如图 5-33 所示俯视图中的 $\phi40$、28、40 和图 5-34 主视图中的 $\phi34$、$\phi20$（均带 "＊" 号）。

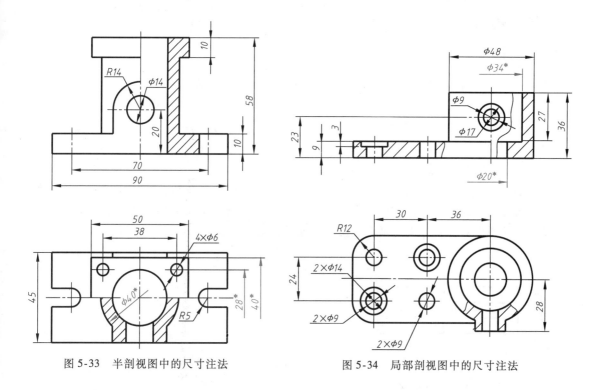

图 5-33　半剖视图中的尺寸注法　　　　　　　　图 5-34　局部剖视图中的尺寸注法

5.3　断面图

5.3.1　断面图的基本概念

假想用剖切平面将机件的某处断开，仅画出断面的图形，这种图称为断面图（简称断面），如图 5-35b 所示。对比图 5-35b、c 可见，在仅需表达轴上键槽的深度时，采用断面图

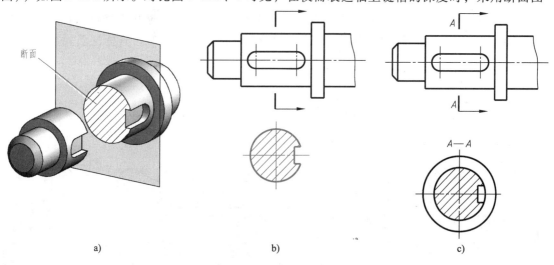

图 5-35　断面图的概念

a）立体图　b）断面图　c）剖视图

要比剖视图更清晰。

5.3.2 断面的种类和画法

根据断面配置的位置不同，断面图分为移出断面和重合断面两种。

1. 移出断面的画法和标注

画在视图之外的断面称为移出断面，如图 5-36 所示。为了能表达机件断面的实形，剖切平面应垂直被剖切结构的主要轮廓线。

（1）移出断面的画法

1）移出断面的轮廓线用粗实线绘制。移出断面应尽量配置在剖切符号或剖切平面迹线（剖切平面与投影面的交线，图中用点画线表示）的延长线上，如图 5-36 所示。

2）断面图形对称时，也可画在视图的中断处，如图 5-37 所示。

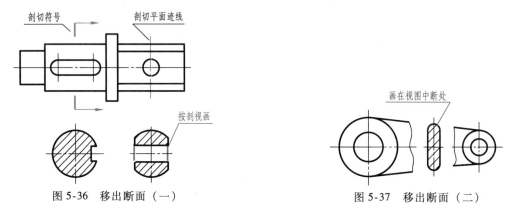

图 5-36 移出断面（一）　　　　　　图 5-37 移出断面（二）

3）必要时，移出断面可按基本视图关系配置，如图 5-38 中 *B—B* 配置在左视图的位置上。也可以配置在其他适当的地方，如图 5-38 中的 *A—A* 所示。

4）当剖切平面通过回转面形成的孔或凹坑的轴线时，这些结构均按剖视绘制，如图 5-36 中右边的断面图和图 5-38 中的 *B—B* 断面图。

5）当剖切平面通过非圆孔会导致出现完全分离的两个或多个断面图形时，该结构也应按剖视绘制，如图 5-39 所示。在不至于引起误解时允许将图形旋转，其标注形式如图 5-39 所示。

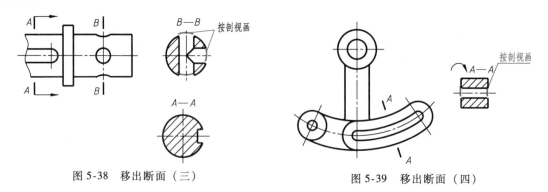

图 5-38 移出断面（三）　　　　　　图 5-39 移出断面（四）

6）由两个或多个相交的剖切平面剖切机件所得的移出断面图，中间一段应断开，如图 5-40 所示。应注意，所选的剖切平面均应垂直于被剖切的主要轮廓线。

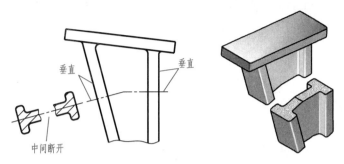

图 5-40　移出断面（五）

（2）移出断面的标注

1）移出断面一般用剖切符号和字母表示剖切位置和名称，用箭头表示投射方向，并在断面图的上方标注相应的名称，如图 5-38 中的 A—A 断面。

2）配置在剖切符号延长线上的不对称移出断面，可省略名称字母（图 5-36 左）；配置在剖切符号或剖切平面迹线延长线上的对称移出断面，可不必标注（图 5-36 右）。

3）按投影关系配置的不对称移出断面，可省略表示投影方向的箭头。图 5-38 中的 B—B 断面配置在左视图的位置上，所以省略了箭头。

2. 重合断面的画法和标注

画在视图内的断面称为重合断面。只有当断面图形比较简单，且不影响视图清晰的情况下，才采用重合断面。

（1）重合断面的画法　重合断面的外轮廓线用细实线绘制。当视图中的轮廓线与重合断面图形重合时，视图中的轮廓线仍应连续画出，不可间断，如图 5-41 和图 5-42 所示。

（2）重合断面的标注

1）对称的重合断面不必标注，如图 5-41 所示。

2）不对称重合断面可按图 5-42 所示进行标注，也可省略标注。

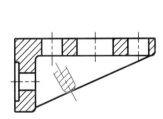

图 5-41　对称的重合断面（肋）

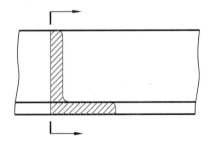

图 5-42　不对称的重合断面

5.4　其他表达方法

5.4.1　局部放大图

机件上的一些细小结构，经常由于图形过小而表达不清楚或标注尺寸的位置不够，此时可将这些结构用大于原图形所采用的比例放大画出，这样得到的图形称为局部放大图，如图

5-43 所示。画局部放大图时应注意以下几点：

1）局部放大图可以画成视图、剖视图或断面图，它的画法与被放大部分的表达方法无关，如图 5-43 的"Ⅰ"处。局部放大图应尽量配置在被放大部分的附近。局部放大图上被放大的范围用波浪线确定。

2）在原视图上用细实线圈出被放大的部位。当同一机件上有多个被放大的部位时，须用罗马数字依次标明被放大部位，并在局部放大图的上方标注出相应的罗马数字和所采用的比例。

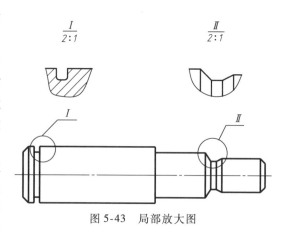

图 5-43　局部放大图

3）同一机件上不同部位的局部放大图，当图形相同或对称时，只需画出其中的一个。

5.4.2　简化画法

简化画法是在能够准确表示机件形状和结构的前提下，力求绘图和读图简便的一些表达方法，在绘图中应用比较广泛。它包括规定画法、省略画法、示意画法等图形表达方法。现将国标所规定的一些常用的简化画法简介如下：

1）在不至于引起误解时，零件中的移出断面，允许省略剖面符号，但剖切位置和断面图的标注必须按原规定，如图 5-44 所示。

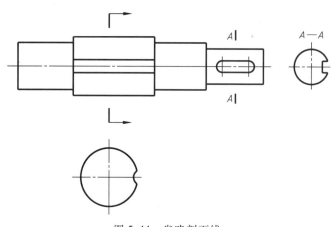

图 5-44　省略剖面线

2）当机件上具有若干直径相同且成规律分布的孔（如圆孔、螺孔、沉孔等）时，可仅画出几个，其余只需用点画线表示其中心位置即可，但在图中必须注明这些相同结构的总数，如图 5-45 所示。

3）对于机件的肋、轮辐及薄壁等，若按纵向剖切，即剖切平面通过其厚度的基本轴线或对称平面时，这些结构在剖视图上不画剖面线，而是用粗实线将它与其邻接部分分开。

例如，在图 5-46 中，轴承座的轴承用肋 1（支承板）和肋 2 支撑。在俯视图上，肋 1 和肋 2 被剖切平面 A—A 横向剖切，所以在剖切范围内应画出剖面线（图 5-46b、d）。在左

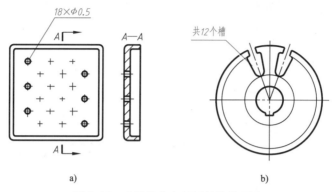

图 5-45　成规律分布相同结构的画法

视图上，肋 1 被剖切平面横向剖切，所以肋 1 上要画剖面线；肋 2 被剖切平面沿对称平面纵向剖切，所以肋 2 上不画剖面线（图 5-46c、d），用粗实线将肋 2 与其邻接部分分开。

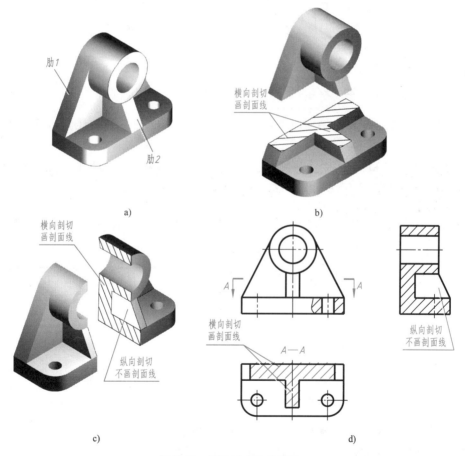

图 5-46　剖视图中肋的画法

a）轴承座　b）肋 1 和肋 2 被横向剖切　c）肋 1 被横向剖切、肋 2 被纵向剖切
d）肋被横向、纵向剖视的画法

4）机件回转体结构上均匀分布的肋、轮辐、孔等不处于剖切平面上时，可将这些结构

旋转到剖切平面上画出，如图 5-47 所示。图 5-47a 所示肋的重合断面和图 5-47b 所示肋的移出断面是表达肋断面形状常用的方法。

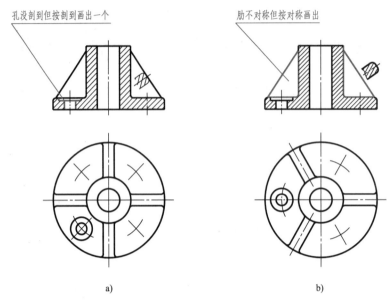

图 5-47 均匀分布的肋、孔等不处于剖切平面上时的画法

5）当图形不能充分表达平面时，可用平面符号（相交的两细实线）表示，如图 5-48 所示。

6）图 5-48 左端和图 5-49 分别为折断的实心圆柱杆件和空心圆柱杆件的简化画法，其折断后的画法也可按图 5-57 所示的画法。

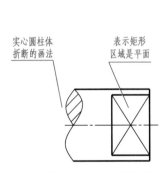

图 5-48 平面符号和实心杆件折断画法

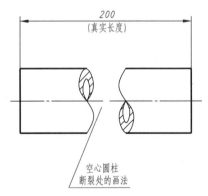

图 5-49 空心杆件折断画法

7）机件上的沟槽和滚花等网状结构应用粗实线全部或部分表示出来，并在图中或零件的技术要求中注明这些结构的具体要求，如图 5-50 所示。

8）机件上斜度和锥度等较小结构，若在一个图中已经表达清楚了，其他图形可按小端画出。如图 5-51 中左视图只画了斜面的小端。

9）当机件上较小结构的锥度和斜度等，已在一个图中表达清楚了，其他图形可简化或省略。如图 5-52 中的圆锥孔在俯视图中只画出了最大和最小两个圆。

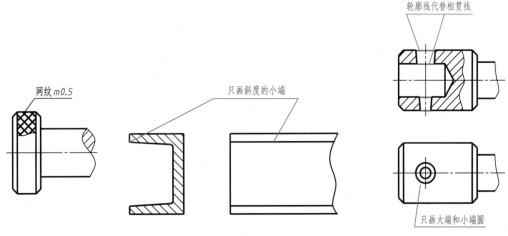

图 5-50 滚花的画法   图 5-51 较小斜度的画法   图 5-52 用轮廓线代替相贯线

10）在圆柱体上由于钻小孔、铣键槽或铣方槽等出现的交线（截交线或相贯线），在不至于引起误解时，允许简化成圆弧或用直线代替，但必须有一个视图已经表达清楚了具体形状，如图 5-52、图 5-53 和图 5-54 所示。

11）机件上对称结构的局部视图，可在相应的视图近旁画出它的完整实形，表示范围的波浪线可省略不画，该局部视图不需加任何标注。如图 5-54 中的方形槽，直接画在了主视图的上方，且省略了波浪线和标注。

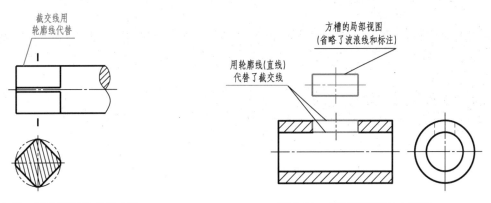

图 5-53 用轮廓线代替截交线   图 5-54 局部视图可画在近旁

12）圆柱形法兰和类似机件上均匀分布的孔可按图 5-55 所示的方法来表示。

13）在不至于引起误解时，对称机件的视图可画一半（图 5-56a）或四分之一（图 5-56b），并在对称中心线的两端画出对称符号（两条与对称中心线垂直的平行细实线）。

14）较长的机件（如轴、杆等），当其沿长度方向的形状一致或按一定规律变化时，可断开后缩短绘制，但标注尺寸时要注出实际长度，如图 5-57 所示。

15）与投影面倾斜角度小于等于 30°的圆或圆弧，其投影可用圆或圆弧代替，如图 5-58 所示。

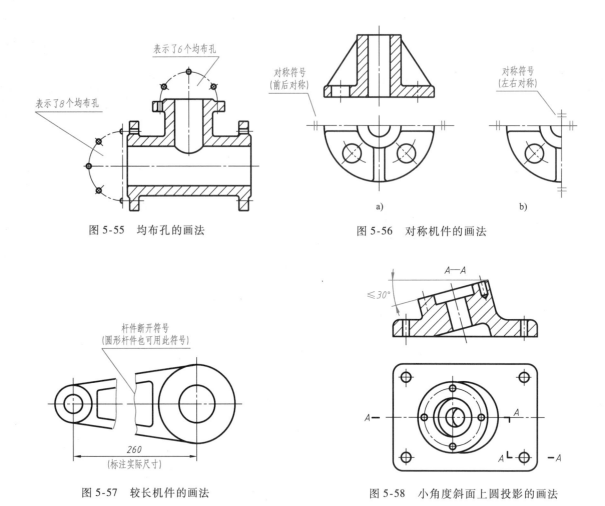

图 5-55 均布孔的画法

图 5-56 对称机件的画法

图 5-57 较长机件的画法

图 5-58 小角度斜面上圆投影的画法

5.4.3 过渡线的画法

由于铸造工艺的要求，在铸件的两个表面之间，常常用一个不大的圆弧面进行圆角过渡，该圆角称为铸造圆角。由于铸造圆角的影响，铸件表面的相贯线和截交线变得不够明显了，但为了区分机件上的不同表面和便于看图，在图样上仍然要画出这些交线，一般称这种交线为过渡线。

过渡线的画法与第 3 章介绍的相贯线和截交线的画法完全相同，只是这些交线在图中不与铸造圆角的轮廓线相交且用细实线绘制。

1）如图 5-59a 所示，当两曲面相交时，过渡线不应与圆角轮廓接触；如图 5-59b 所示，当两曲面的轮廓线相切时，过渡线在切点附近应断开。

2）在画平面与平面或平面与曲面的过渡线时，应该在转角处断开，并加画过渡圆弧。其弯曲方向与铸造圆角的弯曲方向一致，如图 5-60 所示。

3）铸件上常见的肋与圆柱的组合，也存在圆角过渡时的画法问题。从图 5-61 中可以看出，过渡线的形状决定于肋板的断面形状及相交或相切的关系，如图 5-61 所示。

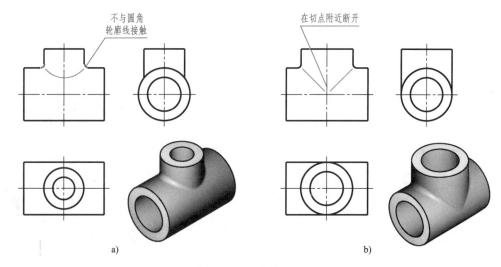

图 5-59 过渡线（一）

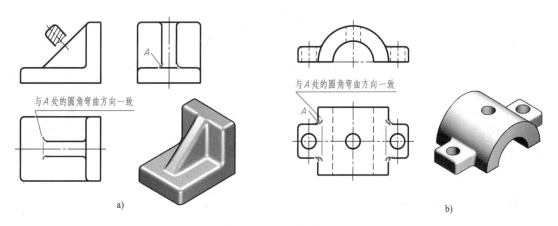

图 5-60 过渡线（二）

5.5 表达方法应用分析举例

在绘制机械图样时，常根据机件的结构特点等具体情况，综合运用视图、剖视图、断面图等表达方法画出一组视图，完整、清晰地表示该机件的形状和结构。下面通过几个实例，分析讨论机件的表达方法。

例 5-1 阅读图 5-62 所示支架的视图，分析其表达方案的选择。

解 分析视图可知，支架是由圆筒、底板和连接板三个部分组成的。主视图是通过对支架轴孔的前后对称面剖切得到的全剖视图。这样就把支架内部的主要结构表达清楚了。左端凸缘上的螺孔，本来剖不到，但主视图上采用简化画法，按剖了一个的情形画出，而螺孔位置和数目则在左视图上表达。主视方向的外形简单，配合俯视图和左视图可以看清形状，无需特别表达。

俯视图是外形图，主要目的是反映底板的形状，以及安装孔和销孔的形状、位置等，其

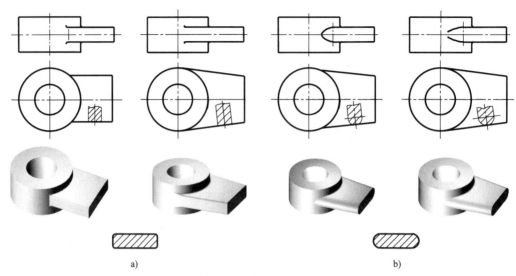

图 5-61　过渡线（三）

a）截面为长方形　b）截面为长圆形

他内部结构已在主、左视图表达清楚，因此在俯视图中的虚线无需画出。

　　根据支架前后对称的特点，左视图采用了半剖视图。从"*A—A*"的位置剖切，既反映了圆筒、底板和连接板之间的连接关系，又表现了底板上销孔的穿通情况；左边的外形主要表达圆筒端面上螺孔的数量和分布；左下角的局部剖视图表示了底板上的阶梯孔。

　　从以上分析可以看出，图 5-62 所示支架的三个视图，表达方法搭配适当，每个视图都有表达的重点，表达目的明确，既起到了相互配合和补充的作用，又达到了视图适量的要求，因此是一种较好的表达方案。

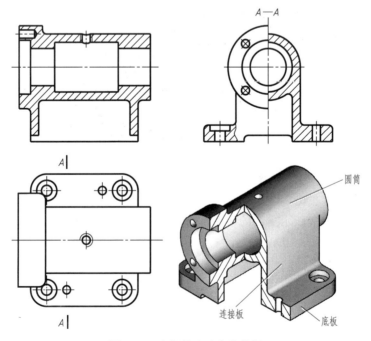

图 5-62　支架的表达方案分析

例 5-2　根据图 5-63 所示阀体的立体图，选择阀体的表达方案。

解　（1）形体分析　从图 5-63a 可知，阀体主要由三部分组成：一个直立的上、下端面带有连接盘（也称法兰盘）的圆柱筒与左、右两个都带有连接盘的水平圆柱筒相互贯通。直立圆柱筒上端连接盘是方形，下端是圆形；右水平圆柱管右端连接盘是类似椭圆形；左水平圆柱管左端连接盘是圆形。几个连接盘上都有数量或直径不尽相同的圆柱通孔。选择表达方案时要设法将这些形体结构的内、外形状表达清楚。

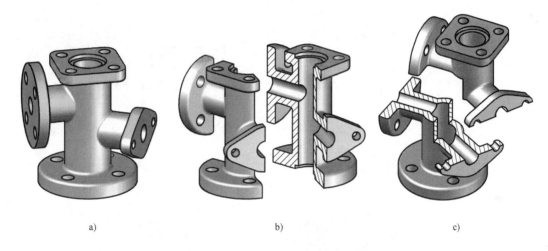

a)　　　　　　　　　　　　　　　　b)　　　　　　　　　　　　　　　　c)

图 5-63　阀体的轴测图和表达方案分析

a）阀体　b）主视图旋转剖　c）俯视图阶梯剖

（2）表达方案选择

1）主视图（图 5-63b、图 5-64）。为了清楚地表达阀体内部的贯通情况，采用两个相交的剖切平面剖开阀体，得到图 5-64 所示的 *B—B* 旋转剖的全剖主视图。主视图主要表达：三个圆柱管内部连接情况和各管的内孔、外管直径；左、右连接盘的高度位置和与各自圆柱管的连接情况等。

2）俯视图（图 5-63c、图 5-64）。为了表达右前的圆柱管位置以及直立圆柱管下端的连接盘形状等，还需要一个俯视图。如果俯视图不剖，直立圆柱管的上端连接盘会与下端连接盘的投影重合，影响视图清晰。为此，俯视图采用两个平行的剖切平面剖开阀体，得到图 5-64 所示的 *A—A* 阶梯剖的全剖俯视图。这样不仅将所要表达的主要任务完成了，还进一步表达了三个圆柱管内部的相对位置和连通情况，更有利于看图。

3）其他视图（图 5-64）：采用 *D* 向局部视图，表达上连接盘的形状和孔的分布，并注明"通孔"说明小孔是钻通的；采用 *C—C* 剖视图表达左端连接盘的形状和小孔分布等，小孔是否通孔在主视图相应的位置已表示；采用 *E—E* 斜剖表达右端连接盘的形状和小孔分布等。左、右端水平管的连接盘采用剖视图，还有一个目的是表达左、右水平管是圆柱管（画有剖面线的圆），如果在主视图（或俯视图）中两管标注"φ"，说明外管是圆柱面，这两个剖视图则可采用向视图。另外，主视图左圆柱管连接盘和直立圆柱管下端的连接盘都画出了一个圆柱孔，采用的是图 5-47a 所示的简化画法，主要为了表达小孔是通孔。

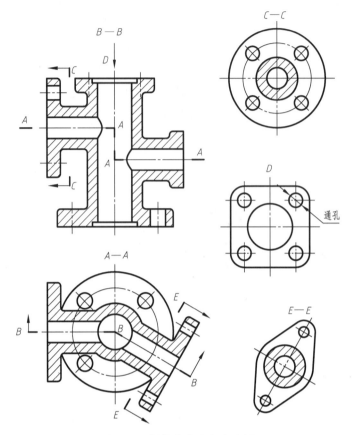

图 5-64　阀体的表达方案选择

第 6 章

螺纹、常用标准件和齿轮

在机器和设备中，有些零件的使用量很大，为了便于组织专业化生产，国家标准对它们的结构形式、尺寸大小、表面质量和画法等制定了统一标准，这类零件称为标准件，例如螺纹紧固件（螺栓、螺柱、螺钉、螺母、垫圈等）、键、销、滚动轴承、弹簧等。除了标准件之外的其他零件称为一般零件。齿轮是使用量较大的一般零件，它的一些参数国家标准也作了相关规定。

在图 6-1 所示的齿轮油泵零件分解图中，螺栓、螺钉、螺母、垫圈、键、销是标准件，齿轮、泵体、泵盖等均为一般零件。本章将介绍螺纹和常用标准件的结构、规定画法、代号和标记，以及齿轮的结构、参数计算和画法等。

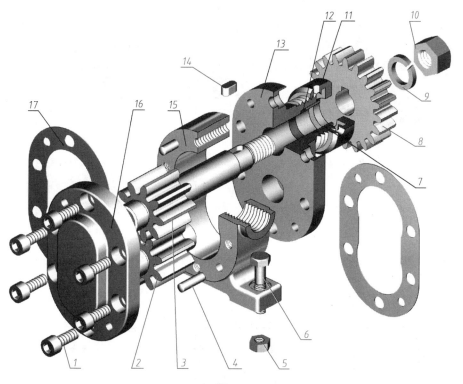

图 6-1　齿轮油泵零件分解图

1—内六角圆柱头螺钉　2—从动齿轮轴　3—主动齿轮轴　4—圆柱销　5—Ⅰ型六角螺母　6—六角头螺栓
7—轴套　8—传动齿轮　9—弹簧垫圈　10—螺母　11—压紧螺母　12—密封圈
13—右端盖　14—键　15—泵体　16—左端盖　17—垫片

6.1 螺纹

6.1.1 螺纹的形成和结构

1. 螺纹的形成

螺纹是在圆柱或圆锥表面，经机械加工而形成的螺旋线沟槽。在圆柱或圆锥外表面形成的螺纹称外螺纹（图6-2a），在内表面形成的螺纹称为内螺纹（图6-2b）。

形成螺纹的加工方法很多，图6-2a、b分别表示在车床上车削外螺纹和内螺纹。对直径较小的螺纹孔，也可先用钻头钻出光孔，再用丝锥攻螺纹制成内螺纹。因钻头端部接近于120°，所以孔的锥顶角画成120°（图6-2c）。

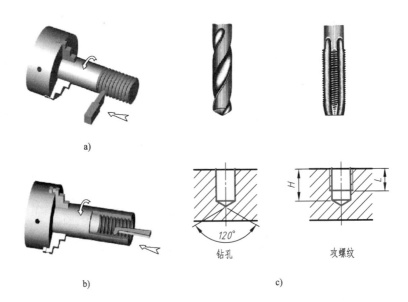

图6-2　螺纹的加工

a）车削加工外螺纹　b）车削加工内螺纹　c）加工直径较小的内螺纹

2. 螺纹的结构

（1）螺纹的端部　如图6-3所示，为方便装配并防止螺纹端部损坏，常在螺纹的端部加工成规定的形状，如倒角、倒圆等，其尺寸参数可查阅相关国家标准。

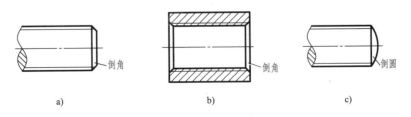

图6-3　螺纹的端部倒角、倒圆

a）外螺纹倒角　b）内螺纹倒角　c）外螺纹倒圆

（2）螺纹的退刀槽　在车削螺纹的刀具逐渐离开工件的螺纹末尾处时，会出现一段不完整的螺纹，称为螺纹的收尾，简称螺尾，螺尾是一段不能正常工作的部分。因此，为了便于退刀，并避免产生螺尾，可预先在螺纹的末尾处车出一个小槽，称为螺纹退刀槽（图6-4）。

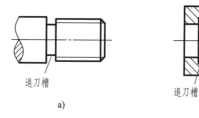

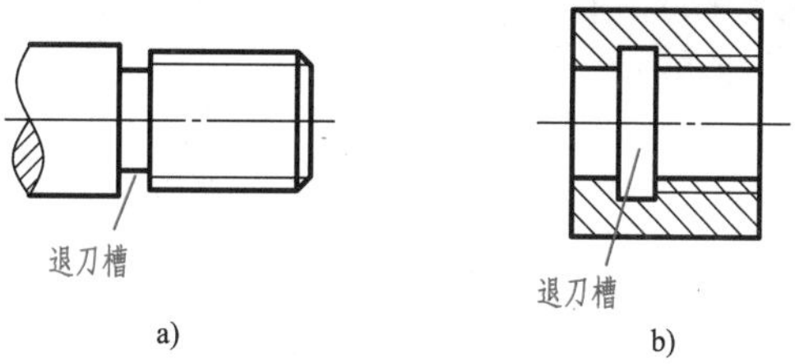

图 6-4　螺纹退刀槽
a）外螺纹退刀槽　b）内螺纹退刀槽

6.1.2　螺纹的要素

螺纹有五个要素：牙型、直径、螺距、线数和旋向。

（1）螺纹的牙型　在通过螺纹轴线的断面上，螺纹的轮廓形状称为螺纹牙型。常用的螺纹牙型有三角形、梯形、锯齿形等，如图6-5所示。

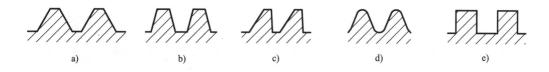

图 6-5　螺纹的牙型
a）三角形（普通螺纹）　b）梯形　c）锯齿形　d）三角形（管螺纹）　e）矩形

（2）螺纹的大径、小径和中径

1）大径。指与外螺纹牙顶和内螺纹牙底相切的假想圆柱面的直径（即螺纹的最大直径），如图6-6所示。内、外螺纹的大径分别用 D 和 d 表示。米制螺纹的大径即为公称直径。公称直径是代表螺纹规格的直径。

2）小径。指与外螺纹牙底和内螺纹牙顶相切的假想圆柱面的直径（即螺纹的最小直径），如图6-6所示。内、外螺纹的小径分别用 D_1 和 d_1 表示。

3）中径。是一个假想圆柱面的直径，该圆柱面母线上螺纹牙型的凸起宽度与沟槽宽度相等（为 $1/2P$，P 为螺距），如图6-7所示。内、外螺纹的中径分别用 D_2 和 d_2 表示。

（3）螺纹的线数 n　螺纹有单线和多线之分。圆柱面上只有一条螺纹时，称为单线螺纹

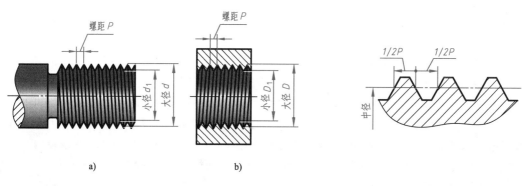

图 6-6　螺纹的大径和小径
a）外螺纹　b）内螺纹

图 6-7　螺纹的中径

（图 6-8a）。有两条或两条以上螺纹时，称为双线螺纹或多线螺纹（图 6-8b）。线数用 n 表示，线数又称头数。

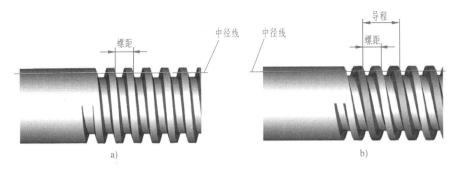

图 6-8　螺纹的线数、螺距和导程
a）单线螺纹　b）双线螺纹

（4）螺纹的螺距 P 和导程 P_h

螺距（P）：相邻两牙在中径线上对应两点间的距离（图 6-8）。

导程（P_h）：同一条螺纹上相邻两牙在中径线上对应两点间的轴向距离（图 6-8b）。

单线螺纹，$P = P_h$；多线螺纹，$P = P_h/n$。

（5）螺纹的旋向　螺纹的旋向分右旋和左旋。其判断方法如图 6-9 所示，常用的是右旋螺纹。

内、外螺纹配合使用时，以上螺纹的五个要素要完全相同。其中，螺纹的牙型、直径和螺距是螺纹最基本的三个要素，称为螺纹的三

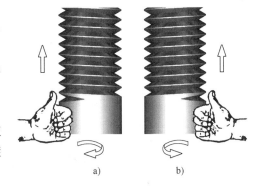

图 6-9　螺纹的旋向
a）左旋螺纹　b）右旋螺纹

要素。国家标准对螺纹的三个要素作出了规定，凡螺纹三要素符合标准的称为标准螺纹；只有牙型符合标准，而大径、螺距不符合标准的螺纹称为特殊螺纹；牙型不符合标准的螺纹称为非标准螺纹。矩形螺纹即为非标准螺纹。

6.1.3　螺纹的规定画法

为方便作图，国家标准规定了螺纹的简化画法。

1. 外螺纹和内螺纹的规定画法

1）螺纹的牙顶（外螺纹的大径、内螺纹的小径）用粗实线表示；牙底（外螺纹的小径、内螺纹的大径）用细实线表示。外螺纹的小径线应画进螺杆头部的倒角或倒圆内部；螺纹终止线用粗实线表示。在螺纹投影为圆的视图上，表示牙底的细实线只画约 3/4 圈，倒角圆不画。小径可按 $0.85d$（大径）画出。非圆视图上的倒角可按 $C0.15d$ 画出（图 6-10、图 6-11）。

2）在螺纹的剖视图或断面图中，剖面线都必须画到粗实线（图 6-10、图 6-11）

3）绘制不穿通螺纹孔（也称螺纹盲孔）时，应将钻孔深度和螺孔深度分别画出，钻头部分形成的钻头角（锥顶角）画成 120°（图 6-11a）。

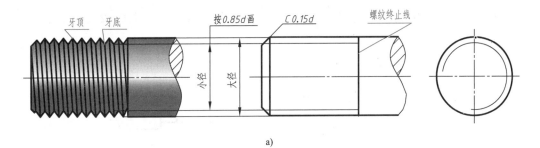

牙顶　牙底　　　按0.85d画　　C 0.15d　　螺纹终止线

小径　大径

a)

螺纹终止线

只留下表示螺
纹牙高度的一段

b)

图 6-10　外螺纹规定画法

a）圆柱杆上的外螺纹　　b）圆柱管上的外螺纹

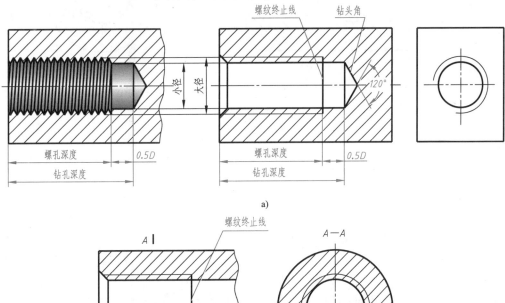

螺纹终止线　　钻头角

小径　大径

120°

螺孔深度　0.5D

钻孔深度

螺孔深度　0.5D

钻孔深度

a)

螺纹终止线

A

A — A

A

b)

图 6-11　内螺纹规定画法

a）盲孔内螺纹　　b）圆柱孔中一段内螺纹

4）在需要表示螺纹牙型时，可画成局部剖视图或局部放大图（图 6-12）。

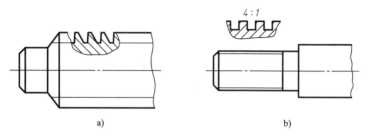

图 6-12　螺纹牙型的表示

a）用局部剖视图表示牙型　　b）用局部放大图表示牙型

2. 螺纹旋合的规定画法

内、外螺纹旋合时，其旋合部分按外螺纹绘制，其余部分仍按照各自的画法表示。应注意：表示螺纹大、小径的粗实线和细实线应分别对齐，而与外螺纹倒角的大小无关。

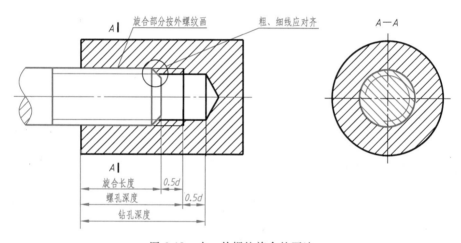

图 6-13　内、外螺纹旋合的画法

6.1.4　螺纹的种类和标记

1. 螺纹的种类

螺纹按其用途分可分为连接螺纹和传动螺纹两大类。

连接螺纹起连接作用，用于将两个或两个以上的零件连接固定或密封。常用的连接螺纹包括普通螺纹和管螺纹，螺纹牙型为三角形，均为单线螺纹。

传动螺纹用于传递运动和动力。梯形螺纹和锯齿形螺纹是常用的传动螺纹，传动螺纹有单线螺纹也有多线螺纹。

2. 常用螺纹的规定标记

不论是何种螺纹，国家标准所规定的画法是相同的，因此不同螺纹需要根据规定标记来加以区别。下面介绍常用螺纹的规定标记。

（1）普通螺纹　普通螺纹是连接螺纹，主要用来连接和紧固机器设备的零部件。普通螺纹的有关参数可查阅附表 1 或相关国家标准。普通螺纹标记的格式和内容为：

$$\boxed{特征代号}\ \boxed{公称直径} \times \boxed{螺距}\ \boxed{旋向代号} — \boxed{公差带代号} — \boxed{旋合长度代号}$$

标记内容说明：

1）特征代号。普通螺纹的特征代号用"M"表示。

2）公称直径。指螺纹的大径。

3）螺距。粗牙普通螺纹的同一公称直径只对应一种螺距，所以不注螺距；细牙普通螺纹同一公称直径对应几个螺距，需注出螺距。粗牙螺纹和细牙螺纹的螺距可查阅附表1。

4）旋向代号。常用的是右旋螺纹，所以右旋螺纹不注旋向。左旋螺纹旋向用 LH 表示。

5）螺纹公差带代号。螺纹的公差带代号指螺纹的允许误差范围，由表示公差等级的数字和表示基本偏差的字母组成。内螺纹的基本偏差用大写字母表示，外螺纹的基本偏差用小写字母表示。螺纹公差带一般包含中径公差带和顶径公差带，其中顶径指外螺纹的大径或内螺纹的小径。当中径和顶径公差带相同时只注一个代号。

6）旋合长度代号。普通螺纹的旋合长度分短（S）、中等（N）、长（L）三种。N 不注，S、L 需注出。

标注示例见表6-1。

表 6-1　普通螺纹的规定标记

螺纹种类	特征代号	标记图例	标记形式	标记说明
粗牙	M	M20-6g	M20-6g 中径和顶径公差带代号 螺纹公称直径 注:公差带代号中外螺纹用小写字母，内螺纹用大写字母	粗牙普通螺纹，公称直径20mm，右旋（不标注），中径和顶径公差带代号均为6g 粗牙普通螺纹不注螺距 旋合长度为中等(N)，不注
		M20LH-6H-L	M20LH-6H-L 旋合长度 中径和顶径 公差带代号 旋向（左旋）	粗牙普通螺纹，公称直径20mm，左旋（LH），中径和顶径公差带代号均为6H，旋合长度为L(长)
细牙		M20×1.5-5g6g-S	M20×1.5-5g6g-S 旋合长度 顶径公差带代号 中径公差带代号 螺距 注:细牙普通螺纹要标注螺距	细牙普通螺纹，公称直径20mm，螺距1.5mm，右旋，中径和顶径公差带代号分别为5g、6g，短旋合长度S（短）

（2）管螺纹　在水管、油管、煤气管等连接管道中，常用寸制管螺纹或寸制锥管螺纹。常用的管螺纹有非螺纹密封的管螺纹和用螺纹密封的管螺纹。管螺纹的有关参数可查阅附表2或相关国家标准。管螺纹标记的格式和内容为：

$$\boxed{特征代号}\ \boxed{尺寸代号}\ \boxed{公差等级} — \boxed{旋向代号}$$

标记内容说明：

1）特征代号。非螺纹密封管螺纹的特征代号为 G，用螺纹密封的圆锥内管螺纹的特征代号是 Rc，用螺纹密封的圆柱内管螺纹的特征代号是 Rp，与圆柱内螺纹配合的圆锥外管螺纹的特征代号是 R_1，与圆锥内螺纹配合的圆锥外管螺纹的特征代号是 R_2。

2）尺寸代号。管螺纹的尺寸代号用英寸表示。它与带有外螺纹的管子的孔径相近，而不是管螺纹的公称直径。非螺纹密封管螺纹的大径、小径和螺距等参数可由附表 2 查出。

3）公差等级。非螺纹密封管螺纹外螺纹的公差等级分为 A 级和 B 级，需标注；内螺纹的公差等级和用螺纹密封管螺纹内、外螺纹公差等级都只有一种，不标注。

4）旋向代号。右旋不注，左旋注 LH。

标注示例见表 6-2。

表 6-2 管螺纹的规定标记

螺纹种类	特征代号	标记图例		标记形式	标记说明
非螺纹密封	G	用指引线引出标注	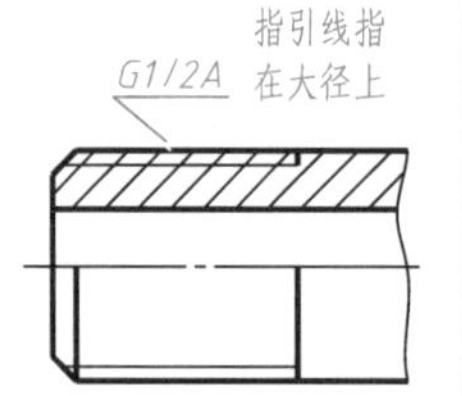	G1/2A 公差等级 尺寸代号 注：管螺纹的尺寸代号不是螺纹的公称直径，公称直径可查表得到	非螺纹密封圆柱管螺纹外螺纹，尺寸代号为 1/2（英寸），公差等级为 A 级，右旋（不注）
			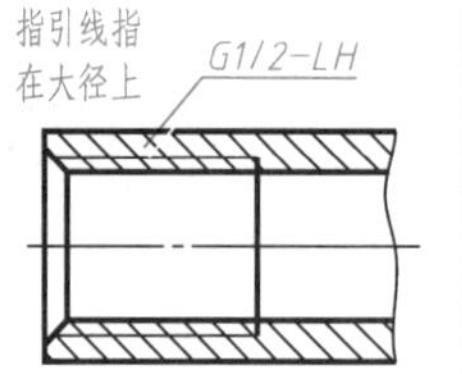	G1/2-LH 旋向（左旋） 尺寸代号	非螺纹密封圆柱管螺纹内螺纹，尺寸代号为 1/2（英寸），左旋
用螺纹密封	Rc Rp R_1 R_2		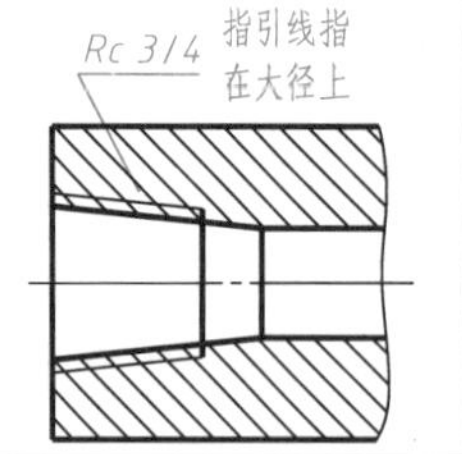	Rc 3/4 尺寸代号	用螺纹密封管螺纹圆锥内螺纹，尺寸代号为 3/4（英寸），右旋

（3）梯形螺纹　梯形螺纹用来传递双向动力，如机床的丝杠。梯形螺纹的直径和螺距系列、基本尺寸，可查阅附表 3 或相关国家标准。

梯形螺纹标记的内容和格式为：

[特征代号] [公称直径] × [导程（*P* 螺距）] [旋向代号] － [中径公差带代号] － [旋合长度代号]

标记内容说明：

1）特征代号。梯形螺纹的特征代号为“Tr”。

2）公称直径。指螺纹的大径。

3）螺距和导程。单线螺纹只注螺距，多线螺纹要标导程和螺距。在单线螺纹中导程（*P* 螺距）写为 螺距。

4）旋向代号。旋向分为左旋和右旋。右旋不注，左旋时标注"LH"。

5）中径公差带代号。梯形螺纹的公差带代号只注中径公差带代号，其含义与普通螺纹相同。

6）旋合长度代号。旋合长度分中等旋合长度（N）和长旋合长度（L），N 不注。

标注示例见表 6-3。

表 6-3　梯形螺纹的规定标记

螺纹种类	螺纹代号	标记图例	标记形式	标记说明
单线	Tr	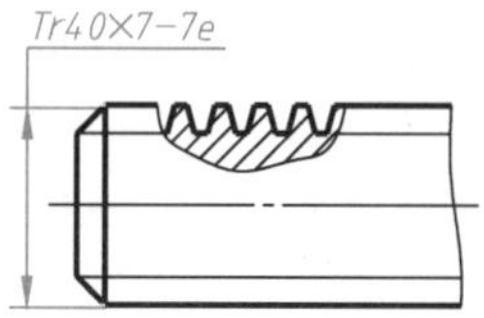 *Tr40×7-7e*	*Tr40×7-7e* 中径公差带代号 螺距	梯形螺纹，公称直径 40mm，螺距 7mm，单线，右旋（不标注），螺纹公差带代号：中径公差带代号为 7e（外螺纹用小写字母，内螺纹用大写字母），中等旋合长度(N 不注)
多线		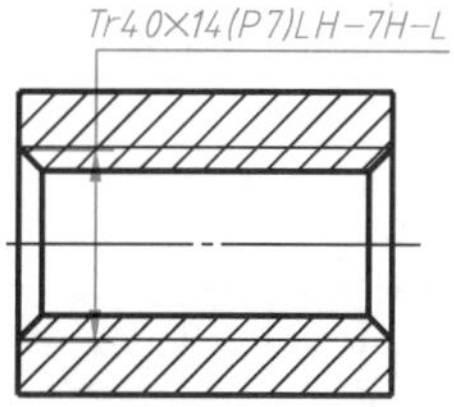 *Tr40×14(P7)LH-7H-L*	*Tr40×14(P7)LH-7H-L* 螺距 导程	梯形螺纹，公称直径 40mm，导程 14mm，螺距 7mm（双线），左旋，中径公差带代号为 7H，长旋合长度

（4）锯齿形螺纹　锯齿形螺纹用来传递单向动力，如螺旋千斤顶中螺杆上的螺纹。锯齿形螺纹的直径和螺距系列、公称尺寸，可查阅相关国家标准。

锯齿形螺纹标记的内容和格式为：

特征代号 公称直径 × 导程（*P* 螺距） 旋向代号 – 中径公差带代号 – 旋合长度代号

标记内容说明：

1）特征代号。锯齿形螺纹的特征代号为"B"。

2）公称直径。指螺纹的大径。

3）螺距和导程。单线螺纹只注螺距，多线螺纹要标导程和螺距。在单线螺纹中 导程（*P* 螺距）写为 螺距。

4）旋向代号。旋向分为左旋和右旋。右旋不注，左旋注 LH。

5）中径公差带代号。只注中径公差带代号。

6）旋合长度代号。旋合长度分为中等旋合长度（N）和长旋合长度（L），N 不注。

标注示例见表 6-4。

3. 螺纹副的标注

需要时，在装配图中应标注出螺纹副（内、外螺纹装配在一起）的标记，该标记应按照如下规定：普通螺纹、梯形螺纹和锯齿形螺纹的螺纹副，可将内、外螺纹的公差带代号用斜线分开，左边表示内螺纹公差带代号，右边表示外螺纹公差带代号即可，例如，M20×2–6H/6g，标注方法如图 6-14 所示。

表 6-4　锯齿形螺纹的规定标记

螺纹种类	螺纹代号	标记图例	标记形式	标记说明
单线	B	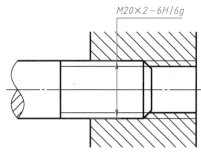 *B40×7LH-7e*	*B40×7LH – 7e* 中径公差带代号 螺距 注：除螺纹代号外，其余规定标记与梯形螺纹相同	锯齿形螺纹，公称直径40mm，螺距7mm，单线，左旋，中径公差带代号为7e，中等旋合长度代号为N，不注
多线		*B40×14(P7)-8e-L*	*B40×14(P7)-8e-L* 螺距 导程	锯齿形螺纹，公称直径40mm，导程14mm，螺距7mm（双线），右旋，中径公差带代号为8e，长旋合长度代号为L

M20×2-6H/6g

图 6-14　螺纹副的标注

6.2　常用螺纹紧固件

6.2.1　常用螺纹紧固件和规定标记

1. 螺纹紧固件

螺纹紧固件也称螺纹连接件，就是运用一对内、外螺纹的连接作用来连接和紧固一些零件的，如图 6-15 所示。螺纹紧固件属于标准件，其结构、尺寸等均已标准化。因此，对符合标准的螺纹紧固件，不需再详细画出它们的零件图。

2. 螺纹紧固件的规定标记

国家标准对螺纹紧固件的规定标记格式如下：

螺纹紧固件名称　　国标代号　　螺纹紧固件规格尺寸

例如：螺栓　GB/T 5780—2000　M12×80。

其中"螺栓"为螺纹紧固件名称，"GB/T 5780—2000"是国标代号，"M12×80"是螺纹紧固件螺栓的规格尺寸（表示螺栓的螺纹规格为 M12，螺栓的公称长度 $l = 80$mm）。

开槽盘头螺钉　　内六角圆　　　十字槽　　　开槽锥端　　　六角头螺栓
　　　　　　　柱头螺钉　　　沉头螺钉　　紧定螺钉

双头螺柱　　　　六角螺母　　　六角开　　　　平垫圈　　　　弹簧垫圈
　　　　　　　　　　　　　槽螺母

图 6-15　常见螺纹紧固件

常用螺纹紧固件的规定标记见表 6-5。

表 6-5　常用螺纹紧固件的规定标记

名称	图例	规定标记及说明
六角头螺栓	$M6$　30	规定标记:螺栓 GB/T 5780—2000　M6×30 名称:螺栓 国标代号:GB/T 5780—2000 螺纹规格:M6 公称长度:30mm
双头螺柱	$M10$　b_m　45 注:旋入端的长度 b_m 由被旋入零件的材料决定	规定标记:螺柱　GB/T 898—1988　M10×45 名称:螺柱 国标代号:GB/T 898—1988 螺纹规格:M10 公称长度:45mm
开槽盘头螺钉	$M10$　50	规定标记:螺钉　GB/T 67—2000　M10×50 名称:螺钉 国标代号:GB/T 67—2000 螺纹规格:M10 公称长度:50mm
开槽沉头螺钉	$M10$　50	规定标记:螺钉　GB/T 68—2000　M10×50 名称:螺钉 国标代号:GB/T 68—2000 螺纹规格:M10 公称长度:50mm

（续）

名称	图例	规定标记及说明
开槽锥端紧定螺钉	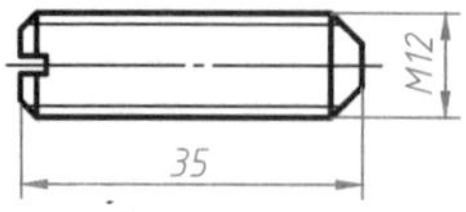	规定标记:螺钉　GB/T 71—1985　M12×35 名称:螺钉 国标代号:GB/T 71—1985 螺纹规格:M12 公称长度:35mm
六角螺母	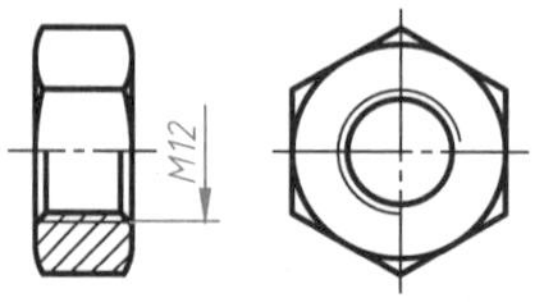	规定标记:螺母　GB/T 6170—2000　M12 名称:螺母 国标代号:GB/T 6170—2000 螺纹规格:M12
平垫圈	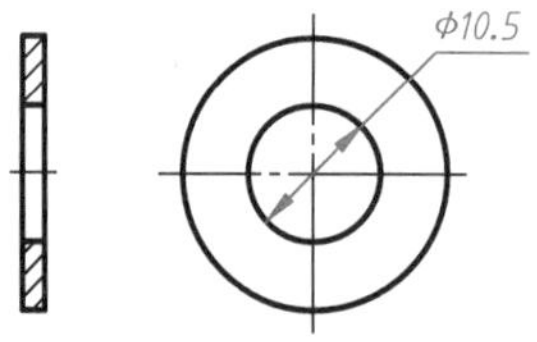	规定标记:垫圈　GB/T 97.1—2002　10 名称:垫圈 国标代号:GB/T 97.1—2002 公称尺寸:$\phi10.5$ 螺纹规格:10(表示与之配合使用的螺栓或螺柱的螺纹规格为M10)
标准弹簧垫圈	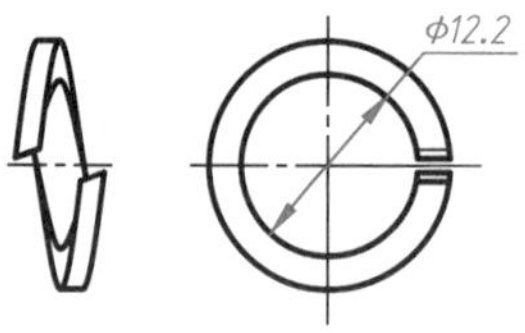	规定标记:垫圈　GB/T 93—1987　12 名称:垫圈 国标代号:GB/T 97—1987 公称尺寸:$\phi12.2$ 螺纹规格:12(表示与之配合使用的螺栓或螺柱的螺纹规格为M12)

6.2.2　常用螺纹紧固件的规定画法

　　因为螺纹紧固件是标准件，所以可从相关标准中查到其结构尺寸来画图。但为了方便作图，对于螺栓、双头螺柱、垫圈、螺母、螺钉等常用螺纹紧固件，一般采用按比例作图的方法，即这些螺纹紧固件的尺寸都按照与螺纹大径 d 或 D 成一定比例来确定，所以这种画法也称为比例画法。比例画法可分为近似画法和简化画法。

　　表6-6给出了螺栓、螺母、双头螺柱、几种螺钉及垫圈比例画法的近似画法及简化画法。

6.2.3　常用螺纹紧固件连接的装配图画法

　　画螺纹紧固件装配图应遵循装配图画法的一般规定：

　　1）两零件接触表面画一条线，不接触表面画两条线。

　　2）在剖视图中，相邻两个零件的剖面线方向应相反；同一个零件在不同视图中的剖面线方向和间隔必须一致。

表 6-6 螺栓、螺母、双头螺柱、几种螺钉及垫圈的近似画法和简化画法

名称	近似画法	简化画法
螺栓	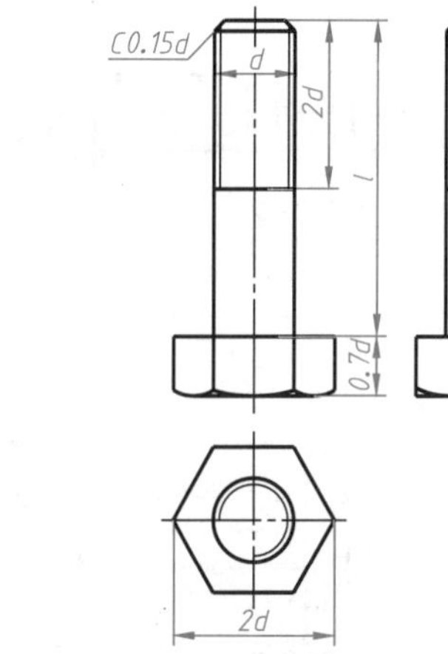	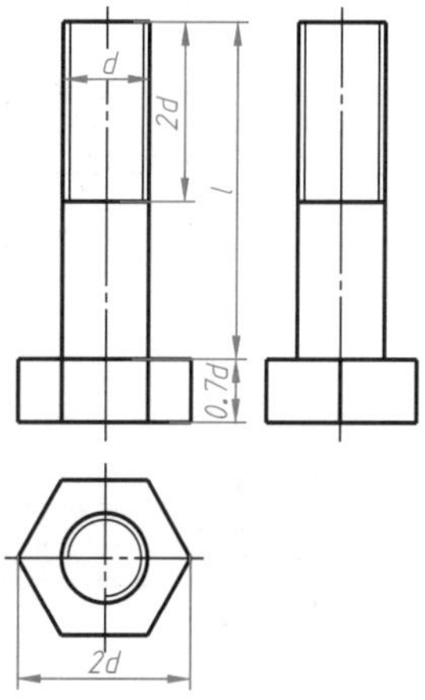
六角螺母	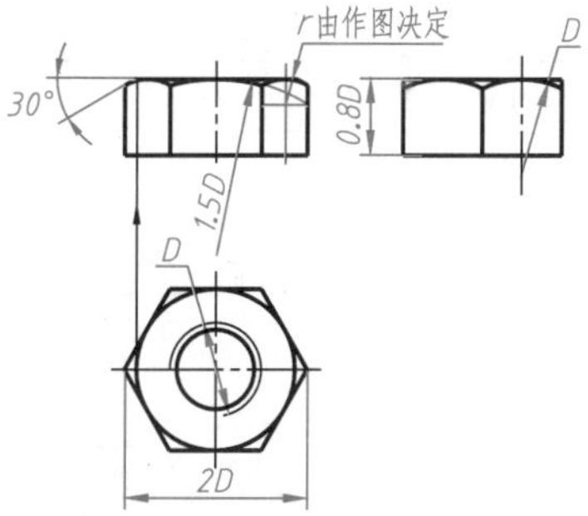	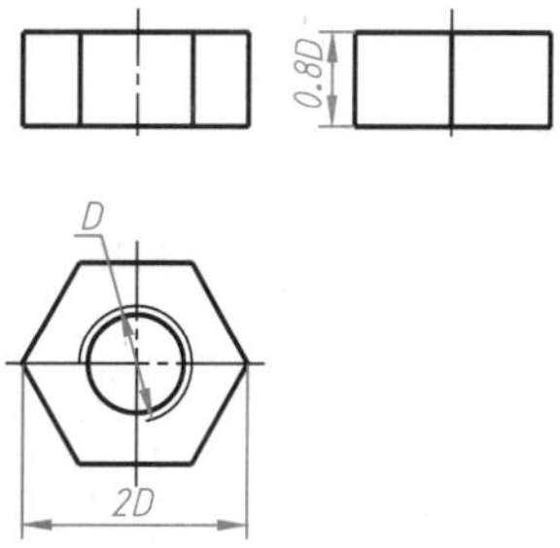
双头螺柱	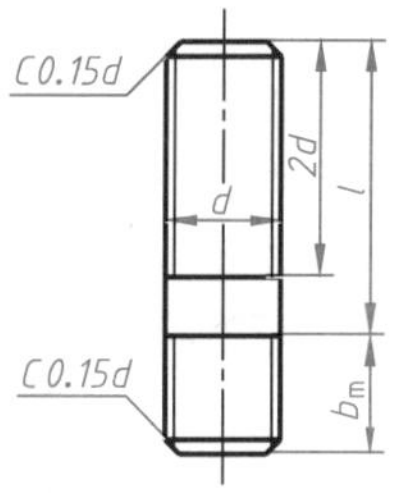	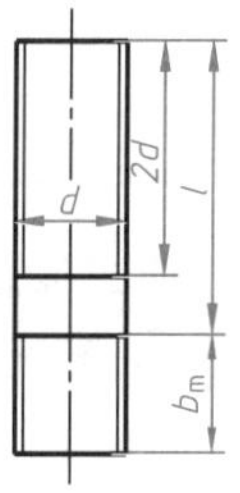
螺钉	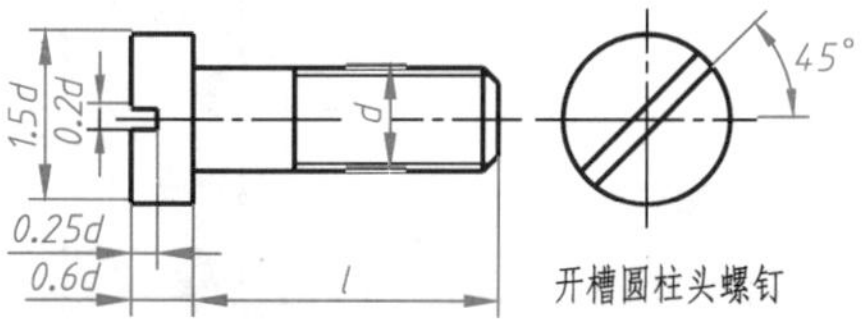	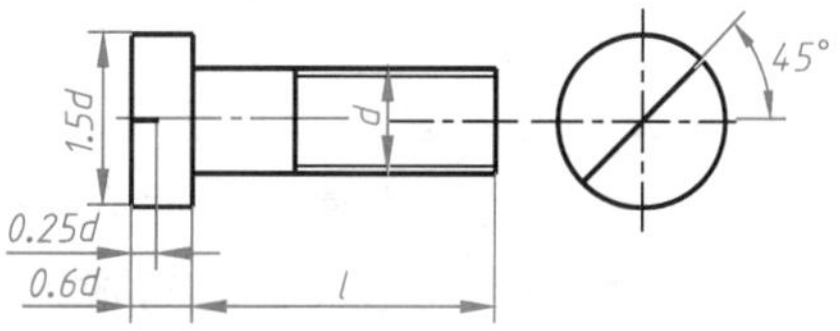

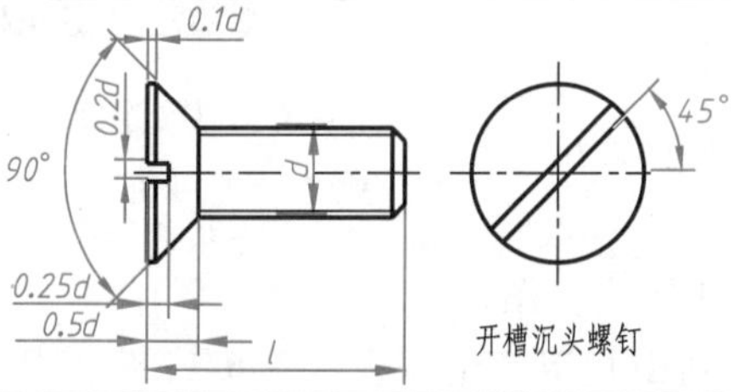

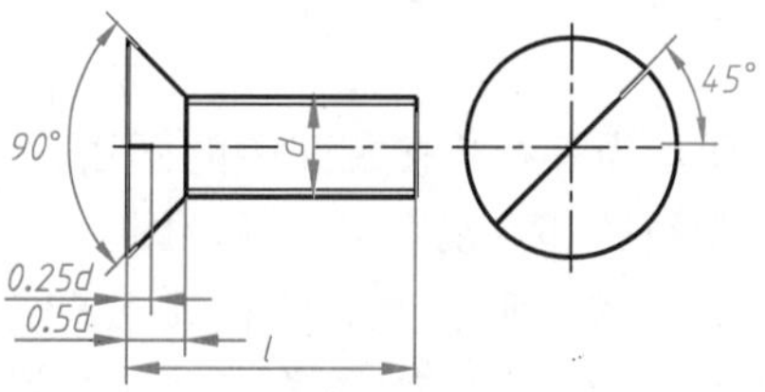

（续）

名称	近似画法	简化画法
螺钉	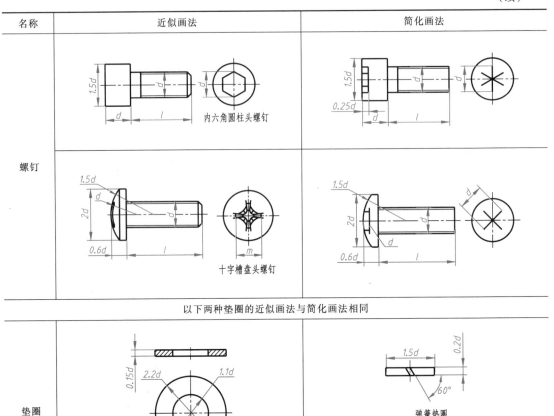	
垫圈	以下两种垫圈的近似画法与简化画法相同	

3）剖切平面通过紧固件的轴线或通过实心零件的轴线时，这些零件按不剖绘制，即画外形。

常见螺纹紧固件的连接有三种：螺栓连接，双头螺柱连接和螺钉连接。下面分别介绍这三种连接装配图的画法。

1. 螺栓连接装配图的画法

螺栓用来连接不太厚的、并允许钻成通孔的零件。螺栓连接由螺栓、螺母、垫圈组成，图6-16所示为用螺栓连接两块板的装配示意图。

（1）螺栓连接装配图的近似画法和简化画法　图6-17所示为螺栓连接装配图的画法，一般主视图采用全剖，俯视图和左视图采用外形图。

图6-17b所示为螺栓连接装配图的近似画法；图6-17c所示为简化画法，在机器或部件的装配图中常用简化画法。图6-17中所用到各螺纹连

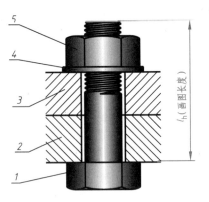

图6-16　螺栓连接装配示意图
1—螺栓　2—被连接件1　3—被连接件2
4—垫圈　5—螺母

接件的近似和简化画法见表 6-6 和图 6-17a。

由图 6-17b、c 可知，在画螺栓连接装配图时，可先计算出螺栓的画图长度 l_h（也可在画装配图过程中得到）

$$l_h = \delta_1 + \delta_2 + h + m + a \tag{6-1}$$

式中，δ_1 和 δ_2 为被连接板的厚度；h 为垫圈厚度；m 为螺母厚度；a 为螺栓伸出端长度，一般取 $0.3d$，d 为螺栓的螺纹大径。将 $\delta_1 = 26mm$，$\delta_2 = 25mm$，$h = 0.15d$，$m = 0.8d$，$a = 0.3d$，$d = 20mm$ 代入式（6-1），即可得到螺栓的画图长度 $l_h = 76mm$。

说明：这里螺栓的画图长度 l_h 是画螺栓连接装配图用到的尺寸，与注写螺栓规定标记中用到的该螺栓的公称长度 l 不同。

（2）螺栓公称长度 l 的计算举例　螺栓公称长度 l 在注写螺栓规定标记时要用到，下面举例说明其计算和查表方法。

例 6-1　用螺栓（GB/T 5780—2000　M20 × l）、垫圈（GB/T 97.1—2002　20）和螺母（GB/T 6170—2000　M20），连接厚度 $\delta_1 = 26mm$ 和 $\delta_2 = 25mm$ 的两个零件，试求出螺栓的公称长度 l，并写出螺栓的规定标记。

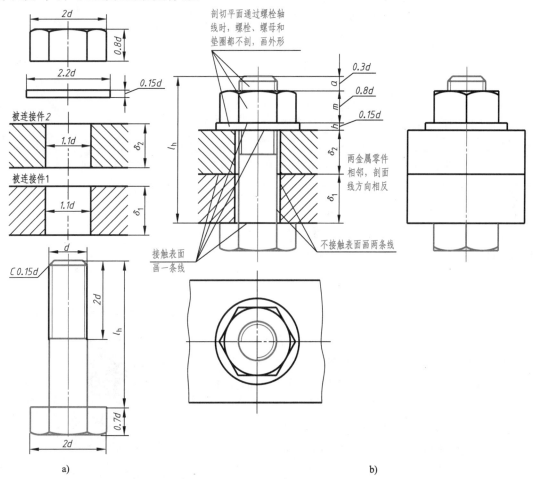

图 6-17　螺栓连接装配图的画法

a）连接前　b）近似画法

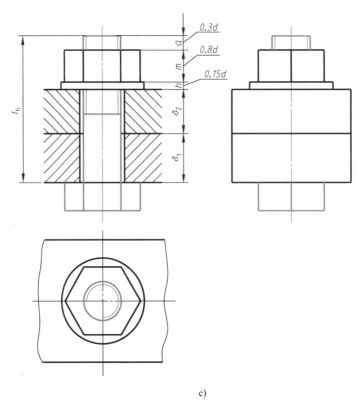

c)

图 6-17　螺栓连接装配图的画法（续）

c）简化画法

解　参看图 6-17，在画图长度 l_h 的计算中，是将其中的垫圈厚度 h 和螺母厚度 m 的数值简化为了 $0.15d$ 和 $0.8d$，如果将其中的 h 和 m 由查附表或相关国家标准得到准确值，则由式（6-1）计算出的 l_h 就等于公称长度 l。

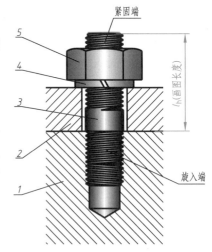

于是，由附表 11 和附表 10 查得：垫圈厚度 $h =$ 3mm，螺母厚度 $m_{max} = 18$mm，则螺栓的公称长度 l 应为

$$l \geqslant \delta_1 + \delta_2 + h + m + a = (26 + 25 + 3 + 18 + 0.3 \times 20)\text{mm} = 78\text{mm}$$

查附表 4，当螺纹规格 $d = $ M20 时，l 的商品规格范围是 $80 \sim 200$mm，但不是说在此区间的每一个尺寸都可以选择，还必须由 l 系列选出有产品生产的尺寸数值，由 l 系列可选取螺栓的公称长度 $l = 80$mm。

因此，螺栓的规定标记应为：

螺栓 GB/T 5780—2000　M20 × 80

2. 双头螺柱连接装配图画法

双头螺柱（也称螺柱）连接主要用于被连接零件之一太厚或不宜钻成通孔的场合。双头螺柱连接由双

图 6-18　双头螺柱连接装配示意图

1—被连接件 2　2—被连接件 1　3—双头螺柱

4—弹簧垫圈　5—螺母

头螺柱、螺母、垫圈组成，双头螺柱拧入被连接零件的一端称为旋入端；与垫圈、螺母连接的一端称为紧固端，图 6-18 所示为双头螺柱连接装配示意图。

（1）双头螺柱连接装配图的近似画法和简化画法　图 6-19 所示为双头螺柱连接装配图的画法，一般主视图采用全剖，俯视图和左视图采用外形图。图 6-19 中所用到各螺纹连接件的近似和简化画法见表 6-6 和图 6-19a。

图 6-19b 所示为双头螺柱连接装配图的近似画法，从图中可以看出，双头螺柱连接的上半部与螺栓连接相似，下部画法注意（图 6-19b、c）：①旋入端的螺纹终止线要与螺孔的上表面平齐，即图中旋入端的螺纹终止线要与螺孔的上表面重合；②旋入端的旋入深度 b_m 与螺孔深度相差 $0.5d$；③螺孔深度与钻孔深度相差 $0.5d$，且底部有 120° 的锥角（钻头角）。

图 6-19c 所示为简化画法，在简化画法中，双头螺柱头部倒角、螺纹的倒角、螺母的倒角都省略不画，且在下部省略了钻孔深度，在机器或部件的装配图中常用这种画法。

由图 6-19b、c 可知，在画双头螺柱连接的装配图时，要计算螺柱的画图长度 l_h

$$l_h = \delta + h + m + a \tag{6-2}$$

式中，δ 为已知；a 为螺栓伸出端长度，一般取 $0.3d$；d 为螺栓的螺纹大径。例如，将 $\delta = 45\text{mm}$，$h = 0.2d$，$m = 0.8d$，$a = 0.3d$，$d = 24\text{mm}$ 代入式（6-2），即可得到双头螺柱的画图长度 $l_h = 76.2\text{mm}$（可取整数）。l_h 也可在画图过程中得到。

说明：这里螺柱的画图长度 l_h 是画螺柱连接装配图用到的尺寸，与注写螺柱规定标记中用到的该螺柱的公称长度 l 不同。公称长度 l 的计算见例 6-2。

（2）旋入端的螺纹长度 b_m 的确定　在图 6-19 中，螺柱旋入端的螺纹长度 b_m 与被旋入

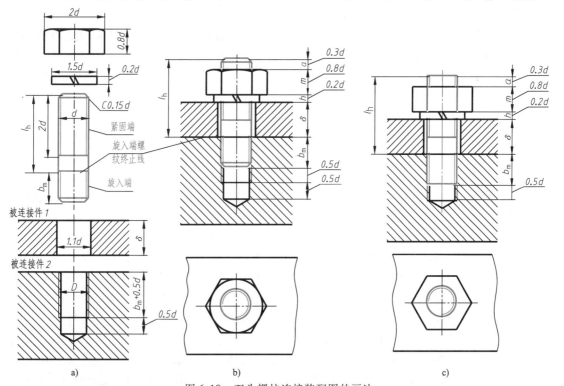

图 6-19　双头螺柱连接装配图的画法

a）连接前　b）近似画法　c）简化画法

零件的材料有关。根据国标规定，b_m 有四种长度（见附表 5）：

$$b_m = d(GB/T\ 897—1988) \qquad\qquad b_m = 1.25d(GB/T\ 898—1988)$$
$$b_m = 1.5d(GB/T\ 899-1988) \qquad\qquad b_m = 2d(GB/T\ 900—1988)$$

通常当被旋入零件的材料为钢和青铜时取 $b_m = d$；为铸铁时，取 $b_m = 1.25d$ 或 $1.5d$；为铝时，取 $b_m = 2d$。

（3）螺柱公称长度 l 的计算举例　　螺柱公称长度 l 在注写螺柱规定标记时要用到，下面举例说明其计算和查表方法。

例 6-2　用螺柱（GB/T 899—1988　M24 $\times l$）、垫圈（GB/T 93—1987　24）和螺母（GB/T 6170—2000　M24），连接厚度 $\delta = 45$mm 的零件和一块厚板零件，试求出螺柱的公称长度 l，并写出螺柱的规定标记。

解　参看图 6-19，在画图长度 l_h 的计算中，是将其中的垫圈厚度 h 和螺母厚度 m 的数值简化为了 $0.2d$ 和 $0.8d$，如果将其中的 h 和 m 由查附表或相关国家标准得到准确值，则由式（6-2）计算出的 l_h 就等于公称长度 l。由附表 12 和附表 10 查得：$h = 6$mm，$m_{max} = 21.5$mm，则螺柱的公称长度 l 应为

$$l \geqslant \delta + h + m + a = (45 + 6 + 21.5 + 0.3 \times 24)\,mm = 79.7mm$$

查附表 5，当螺纹规格 $d = M24$ 时，由 l（系列）可知，$l \geqslant 79.7$mm 时，应选 $l = 80$mm。因此，双头螺柱的规定标应记为：

螺柱　GB/T 899—1988　M24 × 80

3. 螺钉连接装配图画法

螺钉按用途分为连接螺钉和紧定螺钉两类。螺钉连接中几种螺钉的近似画法和简化画法见表 6-6。螺钉连接一般用于受力不大且不经常拆卸的地方。

（1）连接螺钉连接的装配图简化画法　　图 6-20 所示为常见的两种连接螺钉连接装配图的简化画法（图中螺钉用表 6-6 所示简化画法）：图 6-20a 所示为开槽圆柱头螺钉（附表 6）连接的简化画法；图 6-20b 所示为开槽沉头螺钉（附表 7）连接的简化画法。在连接螺钉装配图中，旋入螺孔一端的画法与双头螺柱相似，但螺纹终止线必须高于螺孔孔口，以使连接可靠。在螺钉连接中，螺孔部分有的是通孔，有的是盲孔。盲孔时，下部画法与双头螺柱连接的下部画法相同，可按图 6-19b 画；也可省略钻孔深度，按图 6-19c 画。注意：在俯视图中，螺钉头部螺钉旋具槽按规定画成与水平线倾斜 45°，而主视图中的螺钉旋具槽正对读者。

由图 6-20 可知，螺钉的公称长度 $l \geqslant (\delta + b_m)$，式中 δ 为钻有通孔的较薄被连接件的厚度，旋入长度 b_m 与被连接件的材料确定，见双头螺柱。计算出公称长度 l 的数值后，由附表 6~附表 8 或相关国家标准最终确定公称长度 l。为了使螺钉头能压紧被连接件，螺钉的螺纹终止线应画在螺孔的端面之上（图 6-20a），或在螺杆的全长上画出螺纹（图 6-20b）。

（2）紧定螺钉连接的装配图近似画法　　紧定螺钉主要用来防止两个相配合零件之间发生相对运动。常用的紧定螺钉分为锥端、柱端和平端三种（附表 9）。使用时，锥端紧定螺钉旋入一个零件的螺纹孔中，将其尾端压进另一零件的凹坑中（图 6-21a）；柱端紧定螺钉旋入一个零件的螺纹孔中，将其尾端插入另一零件的环形槽中（图 6-21b）或压进另一零件的圆孔中（图 6-21c）；平端紧定螺钉有时利用其平端面的摩擦作用来固定两个零件的相对位置，也常将其骑缝旋入加工在两个相邻零件之间的螺孔中（图 6-21d），因此也称为"骑缝螺钉"。在图 6-21 所示的紧定螺钉连接中，没有给出的其余各部分参数，在画图时可由附表 9 或相应国家标准选定。

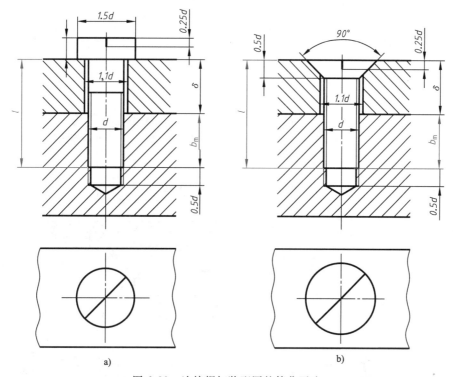

图 6-20　连接螺钉装配图的简化画法

a）开槽圆柱头螺钉连接　　b）开槽沉头螺钉连接

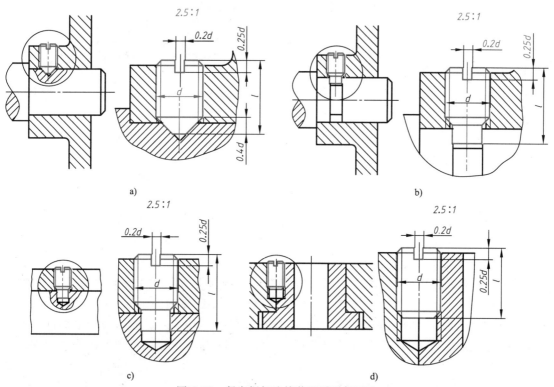

图 6-21　紧定螺钉连接装配图近似画法

a）锥端紧定螺钉连接　　b）柱端紧定螺钉连接（一）　　c）柱端紧定螺钉连接（二）　　d）平端紧定螺钉（骑缝螺钉）连接

6.3 键和销

6.3.1 键

　　键是标准件。键的作用是联结轴和装在轴上的零件，如齿轮、带轮等，使它们一起转动，用以传递力和运动。常用的键有普通平键、半圆键和楔键，常用键的型式和标注方法见表6-7。

表 6-7　常用键的标注方法

名称和国标	型式和图例		规定标记及说明
普通平键 GB/T 1096—2003	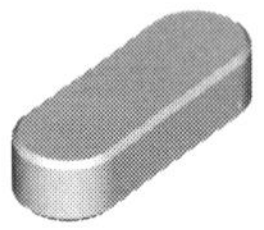	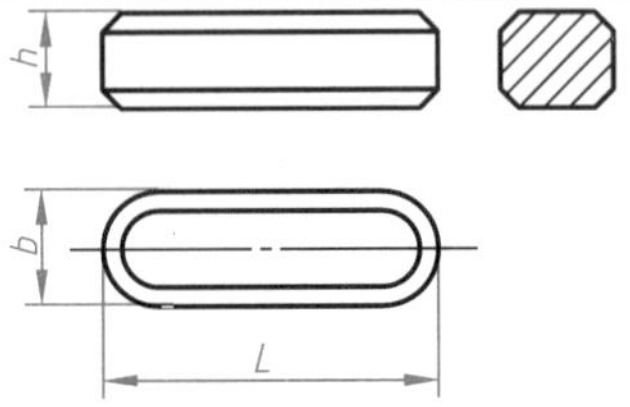	GB/T 1096—2003 键 $b \times h \times L$
半圆键 GB/T 1099.1—2003	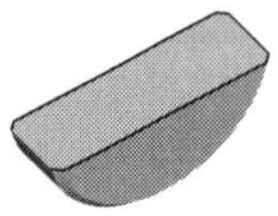	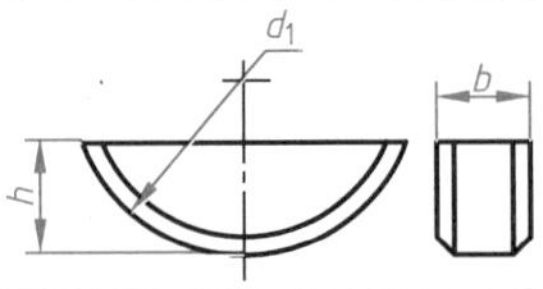	GB/T 1099.1—2003 键 $b \times h \times d_1$
钩头楔键 GB/T 1565—2003	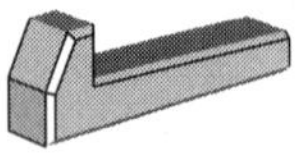	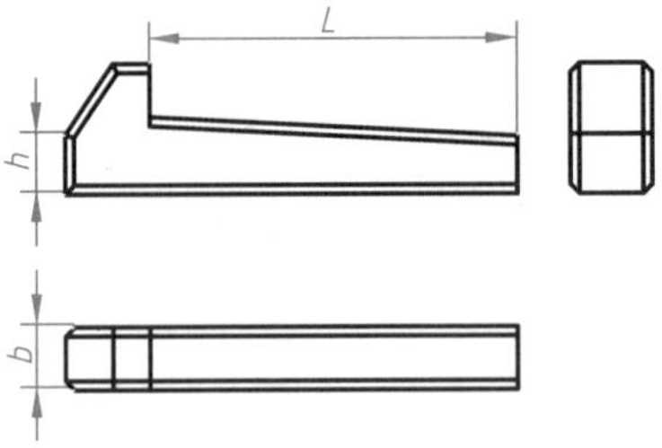	GB/T 1565—2003 键 $b \times L$

　　常用键联结及画法：

　　（1）普通平键联结　普通平键（附表13）用途最广，因为其结构简单，拆装方便，对中性好，适合高速、承受变载、冲击的场合。普通平键的两侧面是工作面，联结时与键槽的两个侧面接触，键的底面也与轴上键槽的底面接触，因此在绘制平键联结的装配图时，这些接触的表面画成一条线；键的顶面为非工作表面，联结时与孔上键槽的顶面不接触，应画出间隙，如图6-22a所示。

　　普通平键联结中键槽的画法及尺寸标注：图6-22b、c所示为普通平键联结的轴上键槽和轮毂上键槽的画法及尺寸标注方法，具体数值可查附表14或有关国家标准得到。

　　（2）半圆键联结　半圆键形似半圆，可以在键槽中摆动，以适应轮毂键槽底面形状，常用于锥形轴端的联结，且联结工作负荷不大的场合。半圆键联结装配图的画法如图6-23a所示。

　　（3）钩头楔键联结　钩头楔键常用在对中性要求不高，不受冲击振动或变载荷的低速轴联结中，一般用于轴端。钩头楔键的顶面有1:100的斜度，装配时需打入键槽内，它依靠

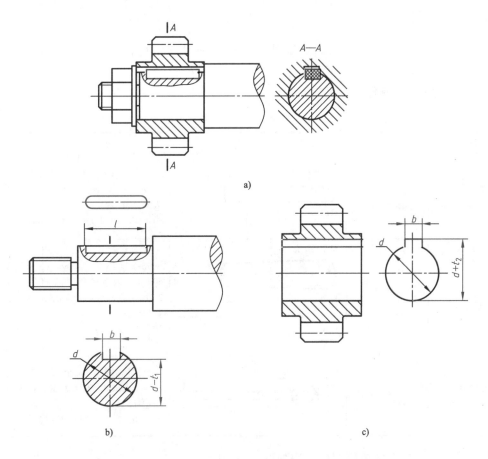

图 6-22　普通平键联结的画法

a）普通平键联结　b）轴上键槽　c）轮毂上键槽

键的顶面和底面与键槽的挤压而工作，所以它的顶面和底面与键槽接触，这些接触的表面在图中画成一条线；键的侧面为非工作表面，联结时与键槽的侧面不接触，应画出间隙，如图 6-23b 所示。

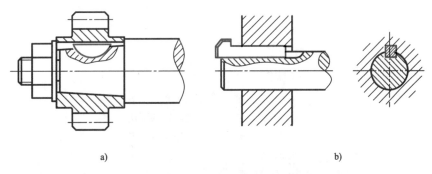

图 6-23　半圆键和钩头楔键联结的装配图画法

a）半圆键联结　b）钩头楔键联结

6.3.2　销

销是标准件。销用来联结和固定零件，或在装配时起定位作用。常用的销有圆锥销（附表 15）、圆柱销（附表 16）和开口销（常和带孔螺栓和六角开槽螺母配合使用，防松止脱）。常用销的型式及标注方法见表 6-8。

表 6-8　常用销的型式及标注方法

名称和国标	型式和图例	规定标记及说明
圆柱销 GB/T 119.1—2000		公称直径 $d = 10mm$、公差为 m6、公称长度 $l = 40mm$、材料为钢，不经淬火、不经表面处理的圆柱销的规定标记为： 销　GB/T 119.1—2000　10m6 × 40
圆锥销 GB/T 117—2000	A 型(磨削) 注：B 型（车削），表面粗糙度值为 $\sqrt{Ra\ 3.2}$	公称直径 $d = 10mm$、公称长度 $l = 60mm$、材料为 35 钢，热处理硬度为 28 ~ 38HRC、表面氧化处理的 A 型圆锥销的标记为： 销　GB/T 117—2000　10 × 60
开口销 GB/T 91—2000		公称规格为 5mm、公称长度 $l = 50mm$、材料为低碳钢，不经表面处理的开口销规定标记为： 销　GB/T 91—2000　5 × 50

圆柱销和圆锥销联结装配图的画法如图 6-24 所示。当剖切平面通过销的轴线时，销按不剖画。

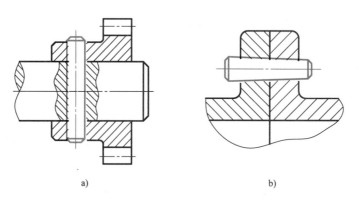

图 6-24　圆柱销和圆锥销联结的画法
a）圆柱销联结　b）圆锥销联结

6.4　滚动轴承

轴承分为滚动轴承和滑动轴承。轴承是常见的支承件，用来支承轴。滚动轴承是标准件，具有结构紧凑、摩擦阻力小、转动灵活、便于维修等特点，在机械设备中应用广泛。它一般由外圈、内圈、滚动体及保持架组成，如图 6-25 所示。一般，外圈装在机座的孔内，内圈套在转动的轴上。一般外圈固定不动，内圈随轴一起转动。推力球轴承的座圈不动，轴圈随轴转动。

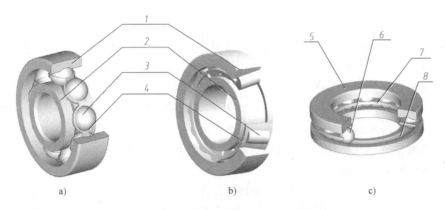

图 6-25　滚动轴承的结构

a）深沟球轴承　b）圆锥滚子轴承　c）推力球轴承

1—外圈　2—内圈　3、6—滚动体　4、7—保持架　5—轴圈　8—座圈

6.4.1　滚动轴承的类型

滚动轴承按其所能承受的力的方向分为三种：

（1）向心轴承　主要承受径向力，如图 6-25a 所示的深沟球轴承（附表 17）。

（2）向心推力轴承　能同时承受径向力和轴向力，如图 6-25b 所示的圆锥滚子轴承（附表 18）。

（3）推力轴承　只能承受轴向力，如图 6-25c 所示的推力球轴承（附表 19）。

6.4.2　滚动轴承的代号和规定标记

滚动轴承的代号和分类可分别查阅 GB/T 272—1993《滚动轴承　代号方法》和 GB/T 271—2008《滚动轴承　分类》。

（1）滚动轴承的基本代号　滚动轴承的基本代号包括：轴承类型代号、尺寸系列代号、内径代号。

1）轴承类型代号。用数字或字母表示，见表 6-9。

表 6-9　滚动轴承类型代号

代号	轴承类型	代号	轴承类型
0	双列角接触球轴承	6	深沟球轴承
1	调心球轴承	7	角接触球轴承
2	调心滚子轴承	8	推力圆柱滚子轴承
3	圆锥滚子轴承	N	圆柱滚子轴承
4	双列深沟球轴承	U	外球面球轴承
5	推力球轴承	QJ	四点接触球轴承

2）尺寸系列代号。由轴承的宽（高）度系列代号（一位数字）和外径系列代号（一位数字）左、右排列组成。

3）内径代号。当 10mm≤ 内径 d ≤495mm 时，代号数字 00、01、02、03 分别表示内径 d =10mm、12mm、15mm 和 17mm；代号数字大于等于 04 时，则代号数字乘以 5，即为轴承内径 d 尺寸的毫米数值。

例如：轴承的基本代号为 6201。

其中，6——滚动轴承类型代号，表示深沟球轴承；2——尺寸系列代号，实际为 02 系列，深沟球轴承左边为 0 时可省略；01——内径代号，内径尺寸为 12mm。

例如：轴承的基本代号为 30308。

其中，3——滚动轴承类型代号，表示圆锥滚子轴承；03——尺寸系列代号；08——内径代号，内径尺寸为 $8 \times 5 = 40$mm。

（2）滚动轴承的规定标记　滚动轴承的规定标记为：滚动轴承　基本代号　标准编号

例如：滚动轴承　6204　GB/T 276—1994。

　　　　滚动轴承　51306　GB/T 301—1995。

其中基本代号 6204 表示深沟球轴承，尺寸系列代号为 2，内径尺寸为 20mm，GB/T 276—1994 则是该滚动轴承的标准编号。

基本代号 51306 表示推力球轴承，尺寸系列代号为 13，内径尺寸为 30mm，GB/T 301—1995 则是该滚动轴承的标准编号。

6.4.3　滚动轴承的画法

滚动轴承的画法包括简化画法和规定画法，其中简化画法又包括通用画法和特征画法，但在同一图样中一般只采用其中一种画法。无论采用哪种画法，在画图时应先根据轴承代号，由相应国家标准查出其外径 D、内径 d 和宽度 B 或 T 后，按表 6-10 的比例关系绘制。几种常用滚动轴承的画法及基本代号见表 6-10，这三种滚动轴承的尺寸等可查阅附表 17 ~ 附表 19。

表 6-10　常用滚动轴承的画法及基本代号

轴承名称、类型及标准号	规定画法	特征画法	通用画法
深沟球轴承 60000 型 GB/T 276—1994			

（续）

轴承名称、类型及标准号	规定画法	特征画法	通用画法

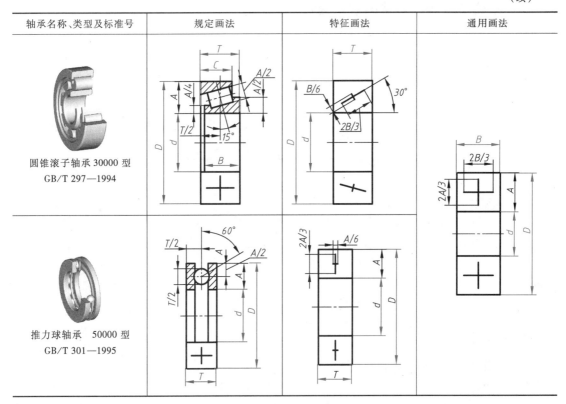

6.5 弹簧

在机器或设备中弹簧的应用也很多。弹簧是标准件，可用来减振、夹紧、储能和测力等。其特点是当外力去除后能立即恢复原状。

弹簧的种类很多，常用的有螺旋弹簧和蜗卷弹簧等，如图 6-26 所示。

弹簧应按照 GB/T 4459.4—2003《机械制图 弹簧表示法》来绘制。本节只介绍圆柱螺旋压缩弹簧的画法、尺寸计算和规定标记。圆柱螺旋压缩弹簧的尺寸和参数由 GB/T 2089—2009《普通圆柱螺旋压缩弹簧尺寸及参数（两端圈并紧磨平或制扁）》规定。

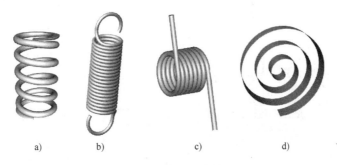

图 6-26 常用的弹簧

a）螺旋压缩弹簧 b）螺旋拉伸弹簧 c）螺旋扭转弹簧 d）平面蜗卷弹簧

6.5.1　圆柱螺旋压缩弹簧的规定画法

圆柱螺旋压缩弹簧的规定画法如图6-27和图6-28所示。

1）在平行于螺旋弹簧轴线的投影面的视图中，各圈的轮廓画成直线，如图6-27所示。

2）螺旋弹簧均可画成右旋，对必须保证的旋向要求应在"技术要求"中注明。

3）螺旋压缩弹簧，如要求两端并紧且磨平时，不论支承圈的圈数多少和末端贴紧情况如何，均按图6-27所示支承圈数为2.5圈的形式绘制；必要时也可按支承圈的实际结构绘制。

4）有效圈数在4圈以上的螺旋弹簧中间部分可省略。圆柱螺旋弹簧中间部分省略后，允许适当缩短图形的长度。

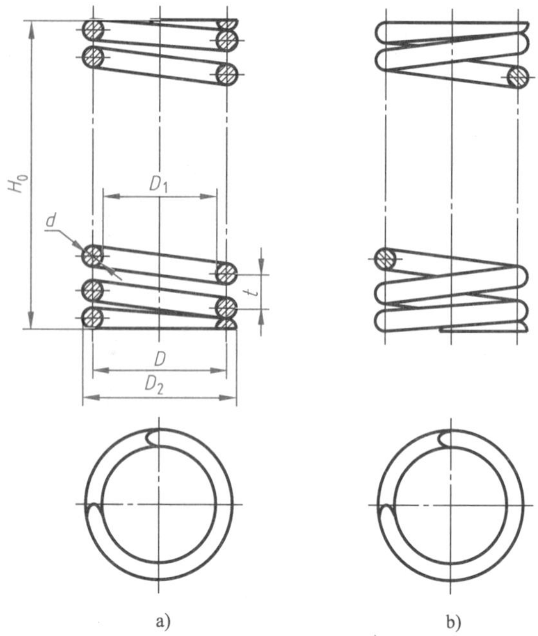

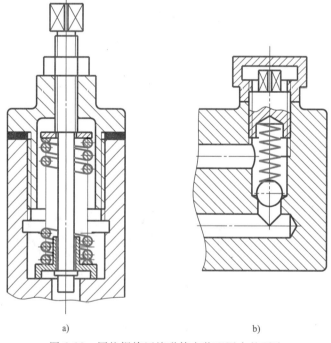

图6-27　圆柱螺旋压缩弹簧的规定画法
a）主视图为全剖视图　b）主视图为外形图

5）在装配图中，被弹簧挡住的结构一般不画出，可见部分应从弹簧的外轮廓线或从弹簧钢丝剖面的中心线画起，如图6-28a所示。

6）在装配图中，如弹簧钢丝（簧丝）断面的直径，在图形上小于或等于2mm时，允许用示意图表示，如图6-28b所示；当弹簧被剖切时，簧丝的断面也可以涂黑表示。

a）　　　　　　　　　　　b）

图6-28　圆柱螺旋压缩弹簧在装配图中的画法
a）不画挡住部分零件轮廓　b）弹簧示意图画法

6.5.2　圆柱螺旋压缩弹簧的术语、代号及尺寸关系

弹簧的参数及尺寸关系如图 6-27a 所示。

（1）材料直径 d　制造弹簧的钢丝直径。

（2）弹簧直径

弹簧中径 D：弹簧的平均直径。

弹簧内径 D_1：弹簧的最小直径，$D_1 = D - d$。

弹簧外径 D_2：弹簧的最大直径，$D_2 = D + d$。

（3）节距 t　除支承圈外，两相邻有效圈截面中心线的轴向距离。

（4）圈数

有效圈数 n：弹簧上能保持相同节距的圈数。

支承圈数 n_2：为使弹簧受力均匀，放置平稳，一般将弹簧的两端并紧、磨平。这些圈数工作时起支承作用，称为支承圈。支承圈一般有 1.5 圈、2 圈、2.5 圈三种，后两种较常见。

总圈数 n_1：有效圈数与支承圈数之和，称为总圈数，即 $n_1 = n + n_2$。

（5）自由高度 H_0　弹簧在不受外力作用时的高度，$H_0 = nt + (n_2 - 0.5)d$。

（6）展开长度 L　制造弹簧时坯料的长度，$L = n_1\sqrt{(\pi D)^2 + t^2}$。

6.5.3　圆柱螺旋压缩弹簧画图步骤示例

若已知弹簧的中径 D、簧丝直径 d、节距 t、有效圈数 n 和支承圈数 n_2，先算出自由高度 H_0，然后按以下步骤作图：

1）以 D 和 H_0 为边长，画出矩形，如图 6-29a 所示。

2）根据材料直径 d，画出两端支承部分的圆和半圆，如图 6-29b 所示。

3）根据节距 t，画有效圈部分的圆，当有效圈数在 4 圈以上，可省略中间的几圈，如图 6-29c 所示。

4）按右旋方向作相应圆的公切线并画剖面线。完成后的圆柱螺旋压缩弹簧如图 6-29d 所示。

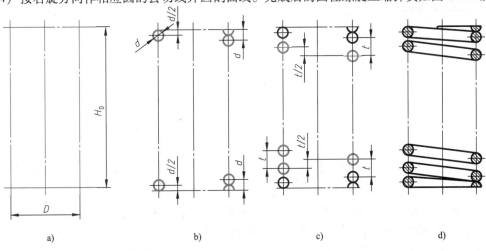

图 6-29　圆柱螺旋压缩弹簧的画图步骤

a）画矩形　b）画支承圈　c）画有效圈　d）作图结果

6.6 齿轮

齿轮只有部分结构、参数和画法有国家标准规定，没有完全标准化，所以齿轮归为一般零件。齿轮是机械传动中广泛应用的传动零件，它可以用来传递动力，改变转速和回转方向。齿轮的种类很多，图 6-30 所示为常见的三种齿轮传动型式：

圆柱齿轮传动——用于两平行轴之间的传动（图 6-30a）。

锥齿轮传动——用于两相交轴之间的传动（图 6-30b）。

蜗轮蜗杆传动——用于两交叉轴之间的传动（图 6-30c）。

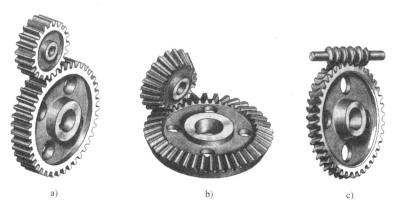

a)   b)   c)

图 6-30　常见的齿轮传动

a）圆柱齿轮　b）锥齿轮　c）蜗轮蜗杆

为使齿轮传动的运动平稳，齿轮轮齿的齿廓曲线加工成渐开线、摆线或圆弧，其中渐开线齿轮最为常用，而渐开线齿轮的参数中只有模数、齿形角是标准化的。下面主要介绍渐开线圆柱齿轮。

6.6.1 圆柱齿轮

圆柱齿轮按其齿线方向可分为：直齿、斜齿和人字齿等。

1. 圆柱齿轮各部分的名称和代号

以直齿圆柱齿轮为例，说明标准圆柱齿轮各部分的名称和代号，如图 6-31 所示。其中下标 1 为主动齿轮，下标 2 为从动齿轮。

（1）齿顶圆　通过齿轮齿顶的圆称为齿顶圆，其直径用 d_a 表示。

（2）齿根圆　通过齿轮齿根的圆称为齿根圆，其直径用 d_f 表示。

（3）分度圆　通过轮齿上齿厚等于齿槽宽度处的圆。分度圆是设计齿轮时进行各部分尺寸计算的基准圆，是加工齿轮的分齿圆，其直径用 d 表示。

（4）齿高、齿顶高和齿根高　齿顶圆和分度圆之间的径向距离称为齿顶高，用 h_a 表示；齿根圆和分度圆之间的径向距离称为齿根高，用 h_f 表示；齿顶圆与齿根圆之间的径向距离称为齿高，用 h 表示，$h = h_a + h_f$。

（5）齿距和齿厚　分度圆上相邻两齿廓对应点之间的弧长称为齿距，用 p 表示。每个

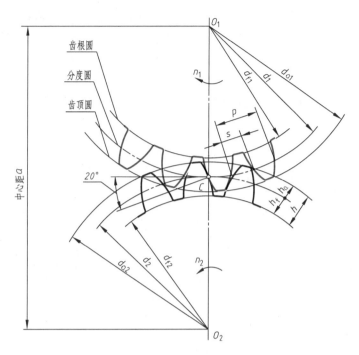

图 6-31　直齿圆柱齿轮各部分名称和代号

齿廓在分度圆上的弧长，称为分度圆齿厚，用 s 表示。对于标准齿轮来说，齿厚为齿距的一半，即 $s=p/2$。

（6）齿数　齿轮的轮齿个数称为齿数，用 z 表示。

（7）模数　模数是设计和制造齿轮的一个重要参数，用 m 表示。

设齿轮齿数为 z，则分度圆周长 $=\pi d=zp$，即 $d=\dfrac{p}{\pi}z$，令 $\dfrac{p}{\pi}=m$，则 $d=mz$。

这里，把 m 称为齿轮的模数，单位 mm。两啮合齿轮的模数 m 必须相等。

加工不同模数的齿轮要用不同的刀具，为了便于设计加工，国标已将模数标准化，其标准值见表 6-11。由模数的计算式可知：模数 m 越大，则齿距 p 越大，随之齿厚 s 也越大，因而齿轮的承载能力也越大。不同模数的齿轮，要用不同模数的刀具来加工制造。

表 6-11　通用机械和重型机械用圆柱齿轮的模数 （GB/T 1357—2008）

第一系列	1　1.25　1.5　2　2.5　3　4　5　6　8　10　12　16　20　25　32　40　50
第二系列	1.125　1.375　1.75　2.25　2.75　3.5　4.5　5.5　(6.5)　7　9　11　14　18　22　28　35　45

注：优先选用第一系列，应避免选用第二系列括号中的模数。

（8）齿形角 α　一对啮合齿轮的轮齿齿廓在接触点 C 处的公法线与两分度圆的内公切线之间的夹角，称为齿形角，用 α 表示。我国采用的齿形角一般为 20°。

（9）中心距　一对啮合齿轮轴线之间的最短距离称为中心距，用 a 表示。

在渐开线齿轮中，只有模数和齿形角都相等的齿轮，才能正确啮合。

进行齿轮设计时，确定齿轮的模数 m、齿数 z 后，齿轮其他几何要素可以由模数和齿数计算获得。直齿圆柱齿轮几何要素的尺寸计算公式见表 6-12。

（10）传动比 i　传动比 i 为主动齿轮的转速 n_1（r/min）与从动齿轮的转速 n_2（r/min）之比，即 n_1/n_2。用于减速的一对啮合齿轮，其传动比 $i > 1$，由 $n_1 z_1 = n_2 z_2$ 可得

$$i = \frac{n_1}{n_2} = \frac{z_2}{z_1}$$

表 6-12　直齿圆柱齿轮几何要素的尺寸计算公式

基本几何要素：模数 m，齿数 z

名　　称	代　号	计　算　公　式
分度圆直径	d	$d = mz$
齿顶圆直径	d_a	$d_a = m(z + 2)$
齿根圆直径	d_f	$d_f = m(z - 2.5)$
齿 顶 高	h_a	$h_a = m$
齿 根 高	h_f	$h_f = 1.25m$
齿 高	h	$h = 2.25m$
齿 距	p	$p = \pi m$
齿 厚	s	$s = p/2$
中 心 距	a	$a = m(z_1 + z_2)/2$

2. 圆柱齿轮的规定画法

国家标准对圆柱齿轮的画法规定如下：

（1）单个圆柱齿轮的画法

单个圆柱齿轮一般用全剖或不剖的非圆视图（主视图）和反映圆的端视图（左视图）这两个视图来表示，如图 6-32a、b 所示。

规定画法（图 6-32a、b）：

1）用粗实线画齿顶圆和齿顶线。

2）用点画线画分度圆和分度线（分度线的两端应超出轮廓线）。

3）在全剖的主视图中（图 6-32a 中右），当剖切平面通过齿轮的轴线时，轮齿按不剖画，齿根线用粗实线画。

4）不剖时用细实线画齿根线（图 6-32a 中左），齿根圆也用细实线画（图 6-32b）。齿根线和齿根圆也可省略不画。

5）斜齿与人字齿齿线的形状，可用三条与齿线方向一致的平行细实线在非圆外形视图中表示（图 6-32c、d）。

6）其他部分根据实际情况，按投影关系绘制。

（2）圆柱齿轮啮合的画法　两圆柱齿轮正确啮合时，它们的分度圆相切，分度圆此时也称作节圆。

齿轮啮合的画法：一般用剖切（也可不剖）的非圆视图（主视图）和反映圆的端视图（左视图）这两个视图来表示，如图 6-33 所示。

规定画法：

1）非啮合区。画法与单个圆柱齿轮的画法相同（图 6-32），即用粗实线画齿顶圆和齿顶线；用点画线画分度圆和分度线；在剖视图中，当剖切平面通过齿轮的轴线时，轮齿按

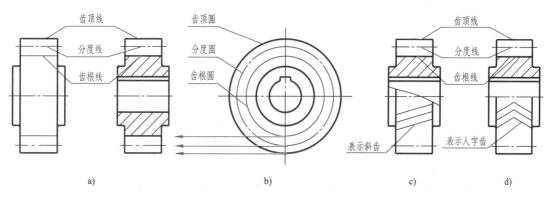

图 6-32　单个圆柱齿轮的画法

a）主视图（外形图和全剖视图）　b）左视图　c）斜齿　d）人字齿

不剖画，齿根线用粗实线画；不剖时齿根圆和齿根线可省略不画；其他部分按投影关系画。

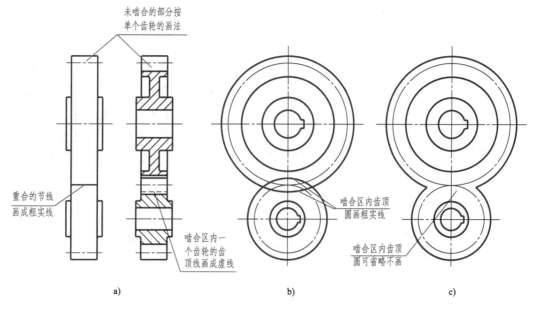

图 6-33　圆柱齿轮啮合的画法

a）主视图（外形图和全剖视图）　b）左视图表达方法一　c）左视图表达方法二

2）啮合区。如图 6-33a 中右图所示，在主视图采用剖视图时，两齿轮的节线重合，用一条点画线表示；一个齿轮的齿顶线用粗实线绘制，另一齿轮的齿顶线用虚线绘制；两个齿轮的齿根线均用粗实线绘制。如图 6-33a 中左图所示，在主视图画外形图时，啮合区两齿轮重合的节线画成粗实线，两齿轮的齿顶线和齿根线省略不画；左视图在啮合区有两种画法：一种在啮合区画出齿顶线，一种在啮合区不画齿顶线（图 6-33b、c）；如图 6-34 所示，因齿根高与齿顶高相差 $0.25m$，所以在一个齿轮的齿顶线与另一个齿轮的齿根线之间应有 $0.25m$ 的间隙。另外，图 6-34 也是两个不等宽齿轮啮合时的画法。

3）斜齿和人字齿可以在的主视图的外形图上用细实线表示轮齿的方向，画法同单个

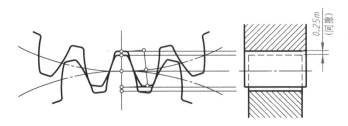

图 6-34　不等宽齿轮啮合区的画法

齿轮。

（3）齿轮齿条啮合的画法　齿条可以看做是一个直径无穷大的齿轮，此时其分度圆、齿顶圆、齿根圆和齿廓曲线都是直线。齿轮齿条传动可以将直线运动（或旋转运动）转换为旋转运动（或直线运动）。

齿条中轮齿的画法与圆柱齿轮相同，一般在主视图中画出几个齿形，如果齿条中的轮齿部分不是全齿条，则需要在相应的俯视图中用粗实线画出其起止点，如图 6-35a 所示。齿轮齿条的啮合画法与两圆柱齿轮啮合画法相同，只是注意齿轮的节圆与齿条的节线相切，如图 6-35b 所示。

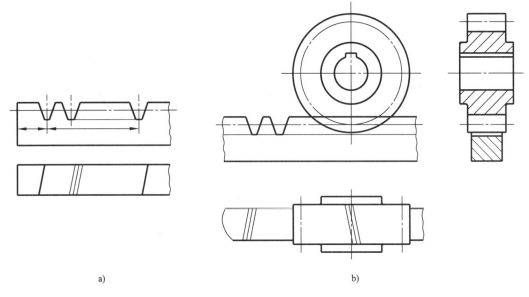

a)　　　　　　　　　　　　　　　　b)

图 6-35　齿轮齿条啮合画法
a）齿条的画法　b）齿轮、齿条的啮合画法

6.6.2　锥齿轮

锥齿轮是在圆锥面上加工出轮齿的齿轮，其特点是轮齿的一端大、一端小，齿厚、模数和分度圆也同样变化。工程上为设计和制造方便，规定以锥齿轮的大端端面模数来计算各部分的尺寸。

1. 锥齿轮各部分的名称和符号

锥齿轮各部分的名称和符号如图 6-36 所示。各参数的计算方法可参考相关资料。

2. 锥齿轮的规定画法

锥齿轮的规定画法与圆柱齿轮基本相同，只是作图方法更复杂。

（1）单个锥齿轮的画法　单个锥齿轮一般用全剖的非圆视图（主视图）和反映圆的视图（左视图）两个视图来表示，如图6-37a、b所示。

规定画法：

1）在全剖的主视图中（图6-37a），用粗实线画齿顶线，点画线画分度线。

2）当剖切平面通过齿轮的轴线时，轮齿按不剖画，齿根线用粗实线画。

3）在左视图中用粗实线画出锥齿轮大端和小端的齿顶圆，用细点画线画出大端的分度圆（图6-37b）。

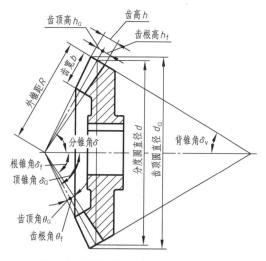

图 6-36　锥齿轮各部分的名称和符号

4）若为斜齿可用三条与齿线方向一致的平行细实线在外形视图中表示（图6-37c）。

5）其他部分根据实际情况，按投影关系绘制。

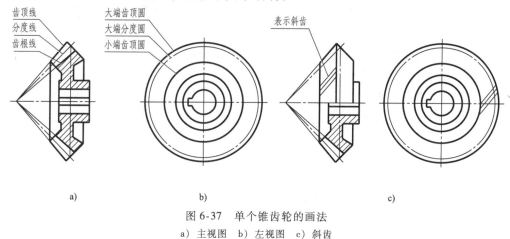

图 6-37　单个锥齿轮的画法

a）主视图　b）左视图　c）斜齿

（2）锥齿轮啮合的画法　锥齿轮啮合的画法，一般用剖视的非圆视图（主视图）和反映圆的端视图（左视图）来表示，如图6-38所示。

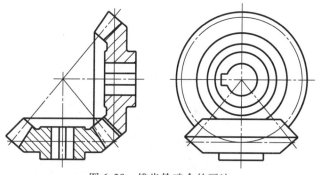

图 6-38　锥齿轮啮合的画法

6.6.3 蜗轮蜗杆

蜗轮蜗杆用来传递空间两个交叉轴间的回转运动，传动比可达 40～50。蜗轮实际上是斜齿圆柱齿轮，其分度圆为分度圆环面，同样的其齿顶和齿根也是圆环面。蜗杆实际上是螺旋角较大、分度圆较小、轴向长度较长的斜齿圆柱齿轮。

蜗轮、蜗杆各部分名称及画法如图 6-39 所示，蜗轮蜗杆啮合画法如图 6-40 所示。蜗轮、蜗杆的尺寸计算可查阅相关资料。

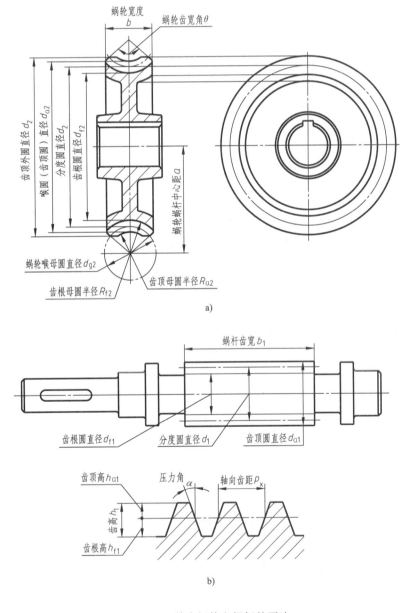

图 6-39　单个蜗轮和蜗杆的画法

a）蜗轮　b）蜗杆

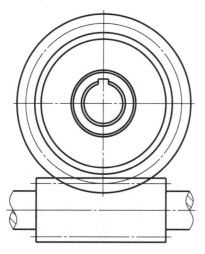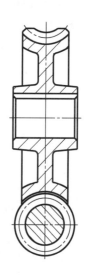

图 6-40 蜗轮蜗杆啮合画法

第7章

零 件 图

　　零件是组成一台机器、设备或部件的最小独立结构，相互关联的零件通过装配可以得到所需产品。描述表达零件的图样称为零件图。零件图是机械图样的主要组成部分，其作用是指导零件的制造和检验。本章主要介绍零件图的内容、视图选择、尺寸标注、技术要求、零件图的读图等。

7.1　零件图的内容

　　图 7-1 所示为阀杆零件的零件图。一张完整的零件图应包括下列内容：

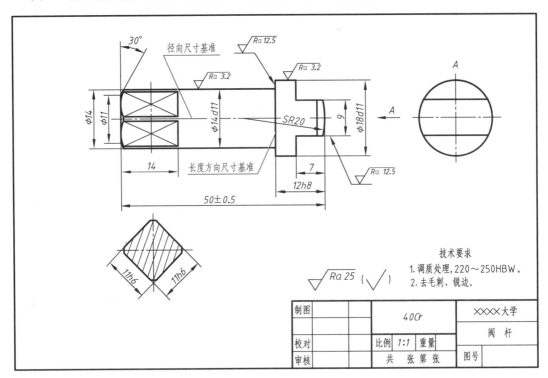

图 7-1　阀杆零件图

　　1. 一组视图

　　用一组视图（包括视图、剖视图、断面图、局部放大图等）完整、清晰地表达出零件各部分的结构和形状。

2. 完整的尺寸

正确、完整、清晰、合理地标注出制造和检验零件所必需的全部尺寸。

3. 技术要求

用规定的符号、代号、数字和简要的文字表达出零件在制造和检验时应达到的各项技术指标和要求。如表面粗糙度、尺寸公差、几何公差以及热处理等。

4. 标题栏

在零件图右下角，用于注写零件的名称、数量、材料，绘制该零件图所采用的比例和图号，以及设计、制图、校核人员的签名等。

7.2　零件图的视图选择和尺寸标注

7.2.1　视图选择和尺寸标注的原则

1. 视图选择的原则

零件图的视图选择就是根据需要选用适当的视图、剖视图、断面图等表达方法，将零件的结构形状和各部分的相互位置完整、清晰地表达出来。

视图的选择原则是：主视图的选择应符合零件在机器或部件中的工作位置或在机床上的主要加工位置，并反映该零件的主要形状特征。其他视图的选择则应以主视图为基础，根据零件的结构特征，完整、清晰、唯一地确定它的形状为线索进行选择，并力求便于画图和看图。

2. 尺寸标注的原则

零件图的尺寸注法关系到零件的加工、制造和加工质量。因此尺寸标注的要求是正确、完整、清晰、合理。所谓合理，指标注的尺寸既符合设计要求，又便于加工和测量。这就涉及零件设计和加工制造等方面的知识，因此对尺寸标注的合理性，本书只作一些简单的介绍。

标注尺寸时，首先要选择尺寸基准，零件在长、宽、高三个方向上至少要有一个尺寸基准。从基准出发，标注定位和定形尺寸。常用的基准有：零件的主要回转面（孔或轴）的轴线，底板的安装面、重要的端面、装配结合面、零件的对称面等。

对于零件上有配合要求的尺寸或影响零件质量、保证机器或部件性能的尺寸，应在零件图上直接标注出来，以保证在加工时达到要求。

7.2.2　不同类型零件的视图特点及尺寸标注

零件的结构形状千差万别，因此其视图选择和尺寸标注也各有特点。依据零件的结构形状，常见的零件主要分为四类：轴套类、盘盖类、叉架类和箱体类。

一般来说，后一类零件比前一类零件在形状结构上要复杂，因而需要的视图和尺寸也多些。下面就这四类零件分别作简要的介绍。

1. 轴套类零件

轴套类零件一般为同轴的细长回转体，主要在车床上加工。这类零件有各种轴、轴套等。

（1）视图选择　轴套类零件一般按照加工位置和形状特征原则选择主视图，即轴线水平放置，如图7-1所示。主视图表达阀杆的主要结构形状，阀杆左端的四棱柱采用了移出断面进行表达，右端采用A向局部视图，这样既便于表达零件的形状，又便于标注尺寸。

（2）尺寸注法　轴套类零件在标注尺寸时，都以水平放置的轴线作为径向尺寸基准（也就是高度与宽度方向的尺寸基准）。由此注出如图7-1所示的$\phi 14$、$\phi 11$、$\phi 14d11$、$\phi 18d11$等。

轴套类零件长度方向的尺寸基准常选用重要的端面、安装接触面或加工面等。图7-1选用阀杆右方轴肩的左端面（安装接触面）作为长度方向的尺寸基准，由此注出了尺寸12h8；选用阀杆最右端作为长度方向的辅助基准注出了50 ± 0.5、7等尺寸。

2. 盘盖类零件

盘盖类零件的基本形状都是扁平的盘状，它们主要在车床上进行加工，如法兰盘、端盖、阀盖、齿轮等。

（1）视图选择　盘盖类零件一般按主要加工位置和形状特征选择主视图，即轴线水平放置，如图7-2所示，同时由于盘盖类零件大多有回转结构，所以主视图经常采用剖切平面通过轴线的全剖视图。

对于这类零件上的各种形状的凸缘、均布的圆孔和肋等结构，需采用其他基本视图进行表达。图7-2中用左视图表达带圆角的方形凸缘和四个均布的通孔。

（2）尺寸标注　盘盖类零件标注尺寸时通常选用通过轴孔的轴线作为径向（高度方向和宽度方向）的尺寸基准。图7-2中选择了$\phi 20$的轴线作为径向尺寸基准，由此注出了$\phi 20$、$\phi 28.5$、$\phi 53$、75等尺寸。长度方向的尺寸基准常选用重要的端面、接触面。图7-2中

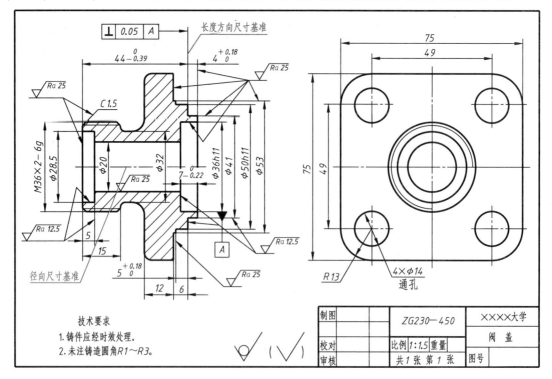

图7-2　阀盖零件图

的阀盖就以 $\phi50h11$ 圆柱右端面（装配接触面）作为长度方向的尺寸基准，由此注出 $4{}^{+0.18}_{0}$、$44{}^{0}_{-0.39}$ 等尺寸。

3. 叉架类零件

这类零件的结构比较复杂，通常是对铸造毛坯进行机械加工得到的，其加工位置经常发生变化。这类零件常见的有拨叉、连杆、支座等。

（1）视图选择　因叉架类零件的形状较复杂，在选择视图时，主要考虑工作位置和形状特征。一般需要两个或两个以上的基本视图，并采用局部视图、断面图等方法表达局部结构。

图 7-3a 所示零件的主视图就是按照工作位置和形状特征原则选择的。除了主视图外还采用了俯视图表达安装板、肋和轴承的宽度以及它们的相对位置，采用了 A 向局部视图表达安装板左端面的形状，用移出断面表达肋的断面形状。

图 7-3b 所示为踏脚座的另一种表达方案。右视图主要表达轴承和肋的宽度、安装板的形状等，但轴承和肋在主、俯视图中已经表达清楚了，右视图中就不需要表达了。如果用右视图主要是为了表达底板的形状，则采用图 7-3a 的 A 向视图更简洁。而且 T 形肋的表达采用图 7-3a 中的断面图更为合适。因此右视图是多余的。

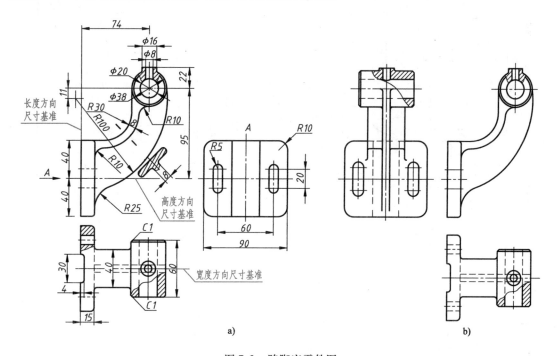

图 7-3　踏脚座零件图
a）表达方法一　b）表达方法二

比较可知，图 7-3a 的表达方案比图 7-3b 的表达方案要好。

（2）尺寸注法　叉架类零件标注尺寸时，一般选用安装基准面或零件上的对称面作为尺寸基准。如图 7-3a 中选择安装板的左端面作为长度方向的尺寸基准，注出尺寸 74 等；选择安装板的上下对称面作为高度方向的尺寸基准，注出尺寸 95 等；选择零件前后方向的对称面作为宽度方向的尺寸基准，注出尺寸 30、40 等。

4. 箱体类零件

箱体类零件是用来支承、容纳其他零件的。这类零件的结构形状比前面三类零件复杂，加工位置多变。泵体、阀体、减速机箱体等都属于这类零件。

（1）视图选择　箱体类零件主视图的选择主要考虑工作位置和形状特征。根据结构形状的不同，主视图可采用全剖、半剖、局部剖等方法。如图 7-4 所示的阀体主视图采用了全剖视图显示阀体的内部结构。

选择其他视图时要根据实际情况适当地采用剖视、断面、局部视图和斜视图等表达方法。如图 7-4 中采用半剖的左视图表达内部形状和对称的方形凸缘（包括四个螺孔）；俯视图用于表达零件的外形和顶部 90°角的限位凸块的形状。

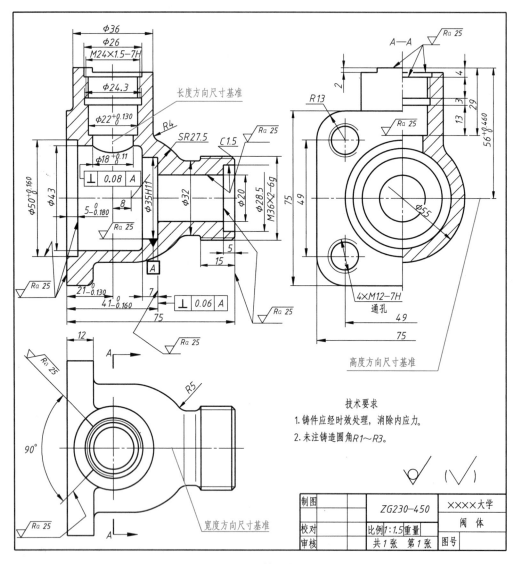

图 7-4　阀体零件图

（2）尺寸注法　箱体类零件一般选用轴线、重要的安装面、接触面和箱体的对称面作为尺寸基准。对于箱体上需要进行切削加工的部分要尽量按便于加工和检验的要求来标注尺寸。

如图 7-4 所示，选择容纳阀杆的阀体孔 $\phi 18^{+0.110}_{0}$ 的轴线作为长度方向的尺寸基准，由此注出长度方向的尺寸 $21^{0}_{-0.130}$、8 和 $\phi 36$、$\phi 26$ 等一系列直径尺寸，左端面是长度方向的辅助基准，由此注出 $5^{0}_{-0.180}$、$41^{0}_{-0.160}$ 等尺寸；选择阀体的前后对称平面作为宽度方向的尺寸基准，由此注出左端方形凸缘尺寸 75、49、$\phi 55$ 等尺寸；高度方向的尺寸基准选择容纳阀芯的阀体孔的轴线，由此注出尺寸 $56^{+0.460}_{0}$、$\phi 50^{+0.160}_{0}$、$\phi 35H11$、$M36 \times 2\text{-}6g$ 等一系列径向尺寸，并以凸块上端面作为高度方向的辅助尺寸基准，标注出 2、4、29 等尺寸。

7.3　零件上的工艺结构简介

通过对零件视图的选择、尺寸注法的分析可以看出：零件的结构形状主要是由它在机器或部件中所起的作用及它的制造工艺决定的。因此零件的结构除了满足使用要求外，还必须考虑制造工艺。下面列举一些常见的工艺结构，供画图时参考。

7.3.1　铸造零件的工艺结构

（1）铸件壁厚　在浇注零件时，为了避免各部分因冷却速度不同而在肥厚处产生缩孔或在断面突然变化处产生裂纹，应使铸件的壁厚保持等厚或者逐渐变化，如图 7-5 所示。

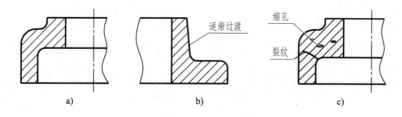

图 7-5　铸件壁厚

a）壁厚均匀　b）逐渐过渡　c）产生缩孔和裂纹

（2）铸造圆角　铸件各个表面的相交处应做成圆角（图 7-6a）。这样可以防止铁液冲坏砂型转角，还可避免在冷却收缩时铸件的尖角处开裂或产生缩孔。

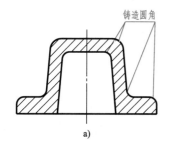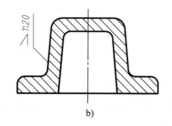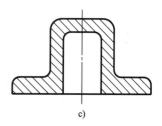

图 7-6　铸造圆角和起模斜度

a）铸造圆角　b）起模斜度　c）省略起模斜度

铸造圆角一般在视图上不予标注，而集中注写在技术要求中。

铸件表面常常需要进行切削加工，此时铸造圆角被削平成尖角或倒角（图 7-7）。

（3）起模斜度 铸造毛坯时为了便于取模，一般沿取出木模的方向做成约 1:20 的斜度，这个斜度就叫起模斜度，如图 7-6b 所示。这种斜度在图上一般不画出，也不予标注，如图 7-6c 所示。必要时，可在技术要求中用文字说明。

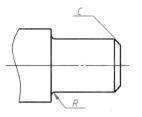

图 7-7 倒角和倒圆

7.3.2 零件加工面的工艺结构

（1）倒角或倒圆 为了便于装配和操作安全，加工时常将孔或轴的端部形成的尖角切削成倒角或倒圆的形式；为了避免应力集中，在轴肩转折处常常加工成倒圆（圆角过渡的形式），如图 7-7 所示。倒角和倒圆的尺寸系列可查阅附表 27、附表 28 或有关国家标准。

（2）螺纹退刀槽和砂轮越程槽 在切削加工中，为了便于刀具进入或退出切削加工面，可留出退刀槽，如图 7-8a、b 所示的加工外螺纹和内螺纹时的螺纹退刀槽。在进行磨削加工时，为了使砂轮稍稍越过加工面，通常先加工出砂轮越程槽，如图 7-9 a、b 所示的磨削外圆和磨削内圆时的砂轮越程槽。

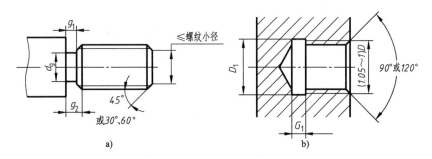

图 7-8 螺纹退刀槽

a）外螺纹退刀槽 b）内螺纹退刀槽

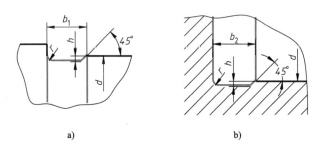

图 7-9 砂轮越程槽

a）磨削外圆 b）磨削内圆

螺纹退刀槽和砂轮越程槽的结构和尺寸系列，可查阅附表 29、附表 26 或有关国家标准。

（3）凸台和凹坑 为了减少零件表面的机械加工面积，保证零件表面之间的良好接触，常常在铸件表面设计凸台，或加工出凹坑等结构，如图 7-10 所示。

（4）钻孔结构 零件上经常有不同用途和不同结构的孔，这些孔常常使用钻头加工而成。图 7-11 所示为用钻头加工的盲孔和阶梯孔。盲孔的底部有一个约 120° 的锥角，阶梯孔

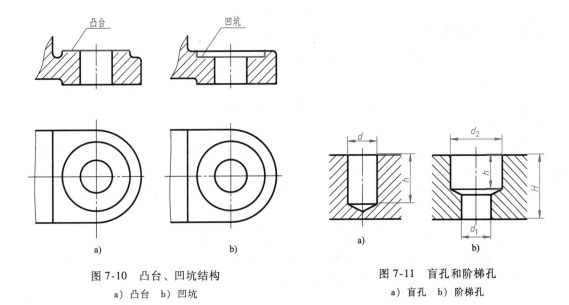

图 7-10 凸台、凹坑结构

a) 凸台 b) 凹坑

图 7-11 盲孔和阶梯孔

a) 盲孔 b) 阶梯孔

的过渡处也有一个锥角为 120°的圆台。

用钻头钻孔时要求钻头轴线尽量垂直于被钻孔的端面，如遇斜面、曲面时应先设计或加工出凸台或凹坑，以免钻孔时因钻头受力不匀使孔偏斜或使钻头折断，如图 7-12 所示。

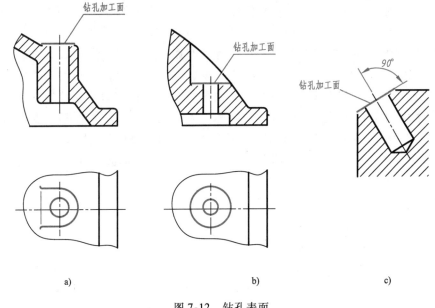

图 7-12 钻孔表面

a) 凸台 b) 凹坑 c) 斜面

7.4 零件图上的技术要求

零件图中应标注或说明制造和检验零件应达到的技术要求，如表面粗糙度、极限与配合（配合用于装配图）、几何公差等。

7.4.1　表面粗糙度简介

在零件图中，根据机器设备功能的需要，对零件的表面质量提出的精度要求称为表面结构，是表面粗糙度、表面波纹度、表面缺陷、表面纹理和表面几何形状的总称。本节主要以我国工程设计中常用的表面粗糙度为例，介绍其在图样中的表示法。

1. 基本概念

（1）表面轮廓　如图 7-13 所示，表面轮廓是指由一个指定平面与零件的实际表面相交所得的交线轮廓，是表面粗糙度轮廓、表面波纹度轮廓和原始轮廓综合作用的结果。

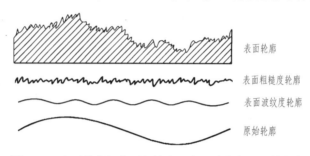

图 7-13　表面轮廓与表面粗糙度、表面波纹度、原始轮廓

（2）表面粗糙度　零件表面无论加工的多么光滑，放在显微镜下观察，加工表面总会留下高低不平的加工痕迹。这种加工表面上具有的较小间距的波峰和波谷组成的微观几何形状特征称为表面粗糙度，如图 7-13 所示。表面粗糙度与加工方法等因素有密切关系。表面粗糙度对零件的耐磨性、抗腐蚀性、密封性等都有影响，是评定零件表面质量的重要技术指标。

（3）表面波纹度　在机械加工过程中，由于机床、工件和刀具系统的振动，在工件表面上会形成间距比表面粗糙度大许多的波峰和波谷，这样产生的表面不平度称为表面波纹度，如图 7-13 所示。零件的表面波纹度是影响零件使用寿命和引起振动的重要因素。

（4）原始轮廓　原始轮廓是忽略了表面粗糙度轮廓和表面波纹度轮廓之后的总的轮廓。它具有宏观几何形状特征，一般是由机床、夹具等本身所具有的形状误差引起的。

2. 常用评定参数

表面结构的常用评定参数为轮廓参数，包括 R 参数（表面粗糙度参数）、W 参数（表面波纹度参数）、P 参数（原始轮廓参数）。

其中，R 参数是目前我国机械图样中最常用的表面结构评定参数，即表面粗糙度参数。下面仅介绍表面粗糙度参数中的常用参数：轮廓算术平均偏差（参数代号 Ra）和轮廓最大高度（参数代号 Rz），注意参数代号中的 a 和 z 为小写字母，不是下标。

（1）Ra（轮廓算术平均偏差）　指在一个取样长度 lr 内，纵坐标值 $Z(x)$ 绝对值的算术平均值（图 7-14）。

（2）Rz（轮廓最大高度）　轮廓最大高度是指在一个取样长度内最大轮廓峰高和最大轮廓谷深之和（图 7-14），它对某些不允许出现较大加工痕迹的零件表面具有实用意义。

3. 取样长度和评定长度

由于表面轮廓的不规则性，测量结果与测量段的长度密切相关。若测量段过短，不同位置

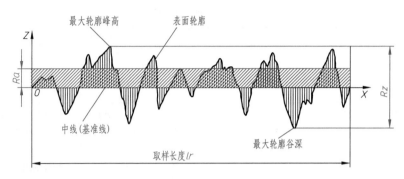

图 7-14 *Ra* 及 *Rz* 的定义

测量的结果会产生很大差异；若测量段过长，则测得的高度值将不可避免地包含表面波纹度的幅值。因此，需在 *X* 轴（图 7-14）上选取一段适当长度进行测量，该长度称为取样长度 *lr*。

但实际测量中，不同位置取样长度内的测得值通常是不相等的，为取得表面粗糙度的可靠值，一般在 *X* 轴上取一段长度（其中包含几个连续的取样长度）进行测量，并以各取样长度内的测量值的平均值作为测量结果。这段包含几个连续取样长度的测量段称为评定长度 *ln*。评定长度默认为 5 个取样长度，不是 5 个时应注明个数。例如：*Ra* 表示评定长度为 5 个取样长度，*Ra*3 表示评定长度为 3 个取样长度。

4. *Ra*、*lr* 及 *ln* 的选用

在工程中，*Ra* 最为常用，*Ra* 的数值及取样长度 *lr*、评定长度 *ln* 的值，见表 7-1。

表 7-1 *Ra* 及 *lr*、*ln* 的选用 （GB/T 1031—2009）

Ra（范围）/μm	≥0.008 ~ 0.02	>0.02 ~ 0.1		>0.1 ~ 2.0			>2.0 ~ 10.0		>10.0 ~ 80	
lr/mm	0.08	0.25		0.8			2.5		8.0	
ln/mm	0.4	1.25		4.0			12.5		40	
Ra（系列）/μm	0.008	0.025*	0.08	0.125	0.4*	1.25	2.5	8.0	12.5*	40
	0.01	0.032*	0.1*	0.16	0.5	1.6*	3.2*	10.0	16	50*
	0.012*	0.04		0.2*	0.63	2.0	4.0		20	63
	0.016	0.05*		0.25	0.8*		5.0		25*	80
	0.02	0.063		0.32	1.0		6.3*		32	

注：*Ra* 数值中加 " * " 为主系列，应优先采用。

5. 表面粗糙度代号

零件图中应标注表面粗糙度代号，以说明该表面完工后的表面质量要求。表面粗糙度代号即填写表面粗糙度参数的表面结构代号，由图形符号、参数代号、极限值和补充要求一起组成。

（1）图形符号 图形符号见表 7-2。图形符号的尺寸参见 GB/T 131—2006《产品几何技术规范（GPS） 技术产品文件中表面结构的表示法》。

（2）表面粗糙度代号中参数代号和补充要求的注写位置 表面粗糙度代号中标注参数代号和补充要求说明时应按图 7-15 中 *a* ~ *e* 的位置分别标注，各位置应标注的内容见表 7-3。

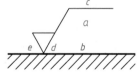

图 7-15 参数代号和补充要求的注写位置

表7-2　图形符号

符号类别	符　　号	意义及说明
基本图形符号		基本符号，表示表面可用任何方法获得。仅在简化代号标注中可单独绘制
扩展图形符号		基本符号加一短画，表示表面是用去除材料的方法获得的，如车、铣、钻、磨、剪切、抛光、腐蚀、电火花加工、气割等。仅在简化代号标注中可单独绘制
		基本符号加一小圆，表示表面是用不去除材料方法获得的，如铸、锻、冲压变形、热轧、冷轧、粉末冶金等。也可用于保持原供应状况的表面（包括保持上道工序形成的表面）。仅在简化代号标注中可单独绘制
完整图形符号	 APA　　MRR　NMR	在基本图形符号和扩展图形符号的长边上加一横线。标注表面粗糙度的参数和其他说明时应使用该符号。在报告和合同的文本中应使用符号下方的文字表示对应符号
工件各表面图形符号	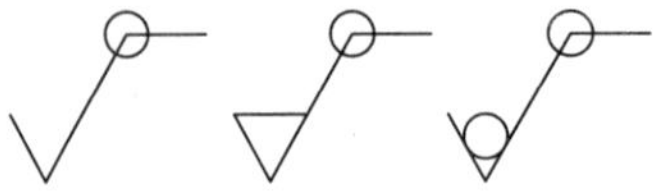	在上述三个符号上均可加一小圆，表示某视图中封闭轮廓的所有表面具有相同的表面粗糙度要求

表7-3　表面粗糙度代号中参数代号和补充要求的注写位置说明

位置序号	注　写　内　容
a	注写表面粗糙度单一要求，包括表面粗糙度参数代号、极限值等，如 Ra 6.3；注意：参数代号和极限值间应插入空格
b	若有多个要求，注写第二个表面粗糙度要求，方法同 a
c	注写加工方法、表面处理、涂层或其他加工工艺要求等
d	注写表面纹理种类和纹理的方向，纹理的标注请参阅 GB/T 131—2006 相关内容
e	注写所要求的加工余量，单位 mm

（3）表面粗糙度代号示例　表面粗糙度代号的示例见表7-4。

表7-4　表面粗糙度代号示例

代　　号	意　　义
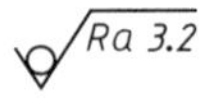 Ra 3.2	表示不允许去除材料，单向上限值，R 轮廓，算术平均偏差 3.2μm，评定长度为 5 个取样长度（默认），其他为默认值
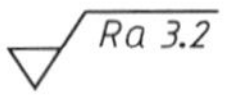 Ra 3.2	表示去除材料，单向上限值，R 轮廓，算术平均偏差 3.2μm，评定长度为 5 个取样长度（默认），其他为默认值
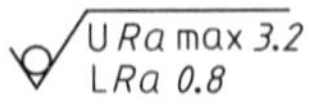 U Ra max 3.2 L Ra 0.8	表示不允许去除材料，双向极限值，R 轮廓，上限值为算术平均偏差 3.2μm，评定长度为 5 个取样长度（默认），下限值为算术平均偏差 0.8μm，评定长度为 5 个取样长度（默认），其他为默认值
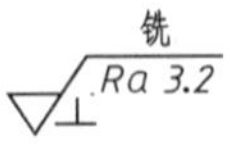 铣 Ra 3.2 ⊥	表示去除材料，单向上限值，R 轮廓，算术平均偏差 0.8μm，评定长度为 5 个取样长度（默认），其他为默认值，加工方法为铣削，表面纹理沿垂直方向

（4）表面粗糙度代号在图样中的注法　在同一图样上，每一表面一般只标注一次代号，并尽可能注在相应的尺寸及公差的同一视图上。所标注的表面粗糙度要求是对完工零件表面

的要求。同一图样上，数字大小应相同。

表面粗糙度代号在图样上的注写见表 7-5。

表 7-5　表面粗糙度代号注写

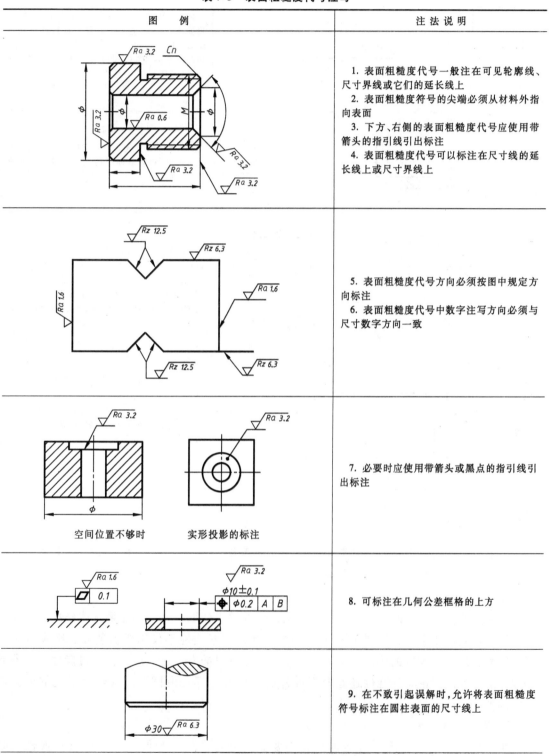

图　例	注法说明
	1. 表面粗糙度代号一般注在可见轮廓线、尺寸界线或它们的延长线上 2. 表面粗糙度符号的尖端必须从材料外指向表面 3. 下方、右侧的表面粗糙度代号应使用带箭头的指引线引出标注 4. 表面粗糙度代号可以标注在尺寸线的延长线上或尺寸界线上
	5. 表面粗糙度代号方向必须按图中规定方向标注 6. 表面粗糙度代号中数字注写方向必须与尺寸数字方向一致
空间位置不够时　　　实形投影的标注	7. 必要时应使用带箭头或黑点的指引线引出标注
	8. 可标注在几何公差框格的上方
	9. 在不致引起误解时，允许将表面粗糙度符号标注在圆柱表面的尺寸线上

（续）

图　　例	注 法 说 明
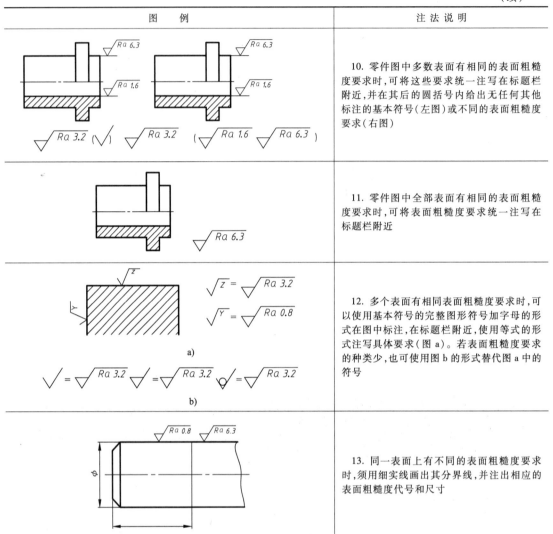	10. 零件图中多数表面有相同的表面粗糙度要求时，可将这些要求统一注写在标题栏附近，并在其后的圆括号内给出无任何其他标注的基本符号（左图）或不同的表面粗糙度要求（右图）
	11. 零件图中全部表面有相同的表面粗糙度要求时，可将表面粗糙度要求统一注写在标题栏附近
	12. 多个表面有相同表面粗糙度要求时，可以使用基本符号的完整图形符号加字母的形式在图中标注，在标题栏附近，使用等式的形式注写具体要求（图 a）。若表面粗糙度要求的种类少，也可使用图 b 的形式替代图 a 中的符号
	13. 同一表面上有不同的表面粗糙度要求时，须用细实线画出其分界线，并注出相应的表面粗糙度代号和尺寸

7.4.2　极限与配合简介

极限是零件图中重要的技术要求，配合是装配图（见第 8 章）中重要的技术要求。极限与配合也是检验产品质量的技术要求。

1. 零件的互换性

当装配部件或机器时，从一批规格相同的零部件中任取一件，不需挑选或修配，装配上去即能符合使用要求，这种性质称为零件的互换性。互换性不仅给机器装配、维修带来方便，还能满足生产部门的协作要求，更为现代化大批量的专业化生产提供了可能性。机器或部件中的零件，无论是标准件还是非标准件的互换性，都是由极限制（经标准化的公差与偏差制度）来保证的。

2. 尺寸公差

生产中零件的尺寸既不可能也没有必要做得绝对准确。为保证零件具有互换性，必须对零件的尺寸规定一个允许的变动量。这个允许的尺寸变动量就称为尺寸公差，简称公差。

下面以图 7-16 为例，介绍有关极限与配合制中的术语和尺寸公差带图。为表达清楚，图中的有关尺寸进行了放大。

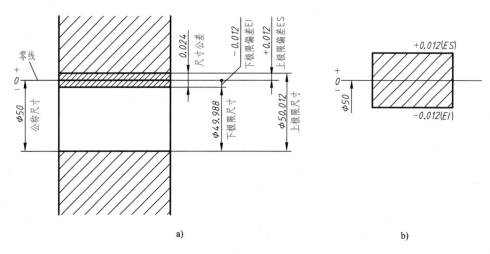

图 7-16　极限与配合制中的术语和公差带图

a）尺寸公差术语　b）尺寸公差带图

（1）公称尺寸　设计给定的理想要素尺寸，如图 7-16a 所示的 $\phi 50$。

（2）极限尺寸　允许零件尺寸变动的两个极限值，即上极限尺寸和下极限尺寸。

如图 7-16a 所示，孔的上极限尺寸 = 50.012mm，孔的下极限尺寸 = 49.988mm。

（3）极限偏差　极限尺寸减公称尺寸所得的代数差。即上极限尺寸和下极限尺寸减公称尺寸的代数差，分别为上极限偏差和下极限偏差，统称极限偏差。国家标准规定，孔和轴的上极限偏差分别用代号 ES 和 es 表示，孔和轴的下极限偏差分别用代号 EI 和 ei 表示。极限偏差可为正值、负值和零。如图 7-16a 所示

$$孔的上极限偏差\ ES = (50.012 - 50)mm = +0.012mm$$

$$孔的下极限偏差\ EI = (49.988 - 50)mm = -0.012mm$$

（4）尺寸公差（简称公差）　允许尺寸的变动量，即上极限尺寸减下极限尺寸，或上极限偏差减下极限偏差所得的代数差，公差总是正值。

如图 7-16a 所示，孔的公差为

$$50.012 - 49.988mm = 0.024mm$$

或　　　　　　　　　　$$|0.012 - (-0.012)|mm = 0.024mm$$

（5）零线　如图 7-16b 所示，在公差带图上，表示公称尺寸的直线称为零线，即零偏差线。正偏差位于零线的上方，负偏差位于零线的下方。

（6）公差带和公差带图　如图 7-16b 所示，公差带是表示公差大小和相对零线位置的一个区域。一般只画出上、下极限偏差所围成的一个矩形框，称为公差带图。

3. 配合

公称尺寸相同、相互结合的孔和轴公差带之间的关系，称为配合。因为加工后零件孔与轴的尺寸不同，配合后会产生间隙或过盈，孔的尺寸减去轴的尺寸为正时是间隙，为负时是

过盈。

根据使用要求的不同，孔和轴之间的配合有松有紧。国家标准规定有三类配合：间隙配合、过盈配合和过渡配合（图 7-17）。

（1）间隙配合（图 7-17a）　孔的公差带在轴的公差带之上，孔的实际尺寸总是大于轴的实际尺寸。这种配合总是产生间隙，有最大间隙和最小间隙。

（2）过盈配合（图 7-17c）　孔的公差带在轴的公差带之下。孔的实际尺寸总是小于轴的实际尺寸。这种配合总是产生过盈，有最大过盈和最小过盈。

（3）过渡配合（图 7-17b）　孔轴公差带相互重叠，孔的实际尺寸比轴的实际尺寸有时大，有时小，即有时产生间隙，有时产生过盈，是介于间隙和过盈之间的配合，这种配合会出现最大的间隙和最大的过盈。

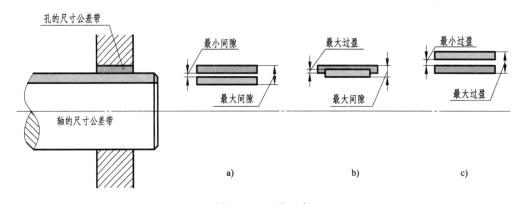

图 7-17　三种配合

a）间隙配合　b）过渡配合　c）过盈配合

4. 标准公差与基本偏差

为了满足不同的配合要求，国家标准规定，孔、轴公差带由"公差带大小"和"公差带位置"两个要素构成。公差带大小由标准公差确定，公差带位置由基本偏差确定，如图 7-18 所示。

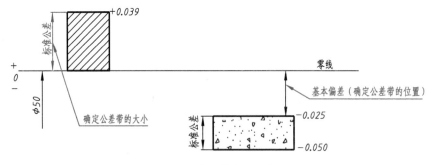

图 7-18　公差带大小和位置

（1）标准公差　标准公差是用来确定公差带大小的任意公差。由表 7-6 可知，在公称尺寸至 500mm 内，标准公差分为 20 个等级，即 IT01、IT0、IT1、IT2、…IT18。IT 表示标准公差，数字表示公差等级。IT01 公差值最小，精度最高；IT18 公差值最大，精度最低。一般 IT01 ~ IT12 用于配合。

表 7-6　标准公差数值（GB/T 1800.1—2009）

基本尺寸/mm		标准公差等级																		
		μm												mm						
大于	至	IT01	IT0	IT1	IT2	IT3	IT4	IT5	IT6	IT7	IT8	IT9	IT10	IT11	IT12	IT13	IT14	IT15	IT16	IT17	IT18
—	3	0.3	0.5	0.8	1.2	2	3	4	6	10	14	25	40	60	0.1	0.14	0.25	0.40	0.60	1.0	1.4
3	6	0.4	0.6	1	1.5	2.5	4	5	8	12	18	30	48	75	0.12	0.18	0.30	0.48	0.75	1.2	1.8
6	10	0.4	0.6	1	1.5	2.5	4	6	9	15	22	36	58	90	0.15	0.22	0.36	0.58	0.90	1.5	2.2
10	18	0.5	0.8	1.2	2	3	5	8	11	18	27	43	70	110	0.18	0.27	0.43	0.70	1.10	1.8	2.7
18	30	0.6	1	1.5	2.5	4	6	9	13	21	33	52	84	130	0.21	0.33	0.52	0.84	1.30	2.1	3.3
30	50	0.6	1	1.5	2.5	4	7	11	16	25	39	62	100	160	0.25	0.39	0.62	1.00	1.60	2.5	3.9
50	80	0.8	1.2	2	3	5	8	13	19	30	46	74	120	190	0.30	0.46	0.74	1.20	1.90	3.0	4.6
80	120	1	1.5	2.5	4	6	10	15	22	35	54	87	140	220	0.35	0.54	0.87	1.40	2.20	3.5	5.4
120	180	1.2	2	3.5	5	8	12	18	25	40	63	100	160	250	0.40	0.63	1.00	1.60	2.50	4.0	6.3
180	250	2	3	4.5	7	10	14	20	29	46	72	115	185	290	0.46	0.72	1.15	1.85	2.90	4.6	7.2
250	315	2.5	4	6	8	12	16	23	32	52	81	130	210	320	0.52	0.81	1.30	2.10	3.20	5.2	8.1
315	400	3	5	7	9	13	18	25	36	57	89	140	230	360	0.57	0.89	1.40	2.30	3.60	5.7	8.9
400	500	4	6	8	10	15	20	27	40	63	97	155	250	400	0.63	0.97	1.55	2.50	4.00	6.3	9.7

（2）基本偏差　基本偏差是用来确定公差带相对于零线位置的那些上极限偏差或下极限偏差的，一般是指最靠近零线的那个极限偏差。当公差带在零线上方时，基本偏差为下极限偏差；当公差带在零线下方时，基本偏差为上极限偏差，如图 7-19 所示。

国家标准规定，孔和轴各有 28 个基本偏差，代号用字母表示：孔用大写字母表示，轴用小写字母表示。从图 7-19 可看出，孔的基本偏差 A ~ H 在零线以上，其基本偏差为下极限偏差，正值；孔的基本偏差 J ~ ZC 在零线以下，其基本偏差为上极限偏差，负值。轴的基本偏差 a ~ h 在零线以下，其基本偏差为上极限偏差，负值；轴的基本偏差 j ~ zc 在零线以上，其基本偏差为下极限偏差，正值。孔的 JS 和轴的 js 的公差带对称分布于零线两边，孔和轴的上、下极限偏差均为 + IT/2、 – IT/2。

基本偏差系列图只表示公差带相对于零线的各种位置，不表示公差带的大小。因此，图中公差带远离零线的一端是开口的。开口一端由标准公差限定。

基本偏差和标准公差之间有以下关系

$$孔：ES = EI + IT \text{ 或 } EI = ES - IT$$
$$轴：ei = es - IT \text{ 或 } es = ei + IT$$

国家标准按不同的公称尺寸和公差等级确定了孔和轴的基本偏差数值（可查阅有关国家标准）。孔和轴的公差带代号由标准公差等级和基本偏差代号组成。例如：①φ50H7 指的是公称尺寸为 φ50 的孔，其公差带代号为 H7，其中孔的基本偏差代号为 H，公差等级代号为 IT7；②φ50f6 指的是公称尺寸为 φ50 的轴，其公差带代号为 f6，其中轴的基本偏差代号为 f，公差等级代号为 IT6。

5. 配合制

同一极限制的孔和轴组成的一种配合制度，称为配合制。即相互配合的孔和轴取其中之

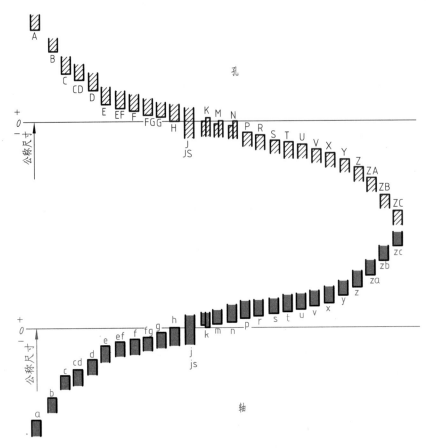

图 7-19　基本偏差系列图

一作为基准件，它的基本偏差是固定的，通过改变另一件的基本偏差来获得各种不同性质的配合制度。国家标准规定了基孔制和基轴制两种配合制。

（1）基孔制配合　指基本偏差为一定的孔的公差带与不同基本偏差的轴的公差带构成各种配合的　种制度。基孔制的孔称为基准孔，其基本偏差代号为 H，基准孔的下极限偏差为零（即它的下极限尺寸等于公称尺寸）。基本偏差一定的孔，与不同基本偏差的轴形成的三种配合如图 7-20 所示。

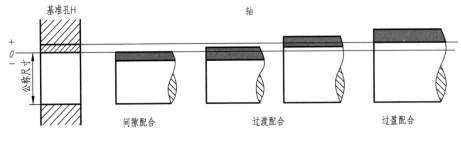

图 7-20　基孔制配合

从图 7-19 可看出，在基孔制前提下，轴的基本偏差为 a～h 时，属于间隙配合；轴的基本偏差为 j～zc 时，属于过渡和过盈配合。

（2）基轴制配合　基本偏差为一定的轴的公差带与不同基本偏差的孔的公差带构成各种配合的一种制度。基轴制的轴称为基准轴，其基本偏差代号为 h，基准轴的上极限偏差为零，即它的上极限尺寸等于公称尺寸。基本偏差一定的轴，与不同基本偏差的孔形成的三种配合如图 7-21 所示。

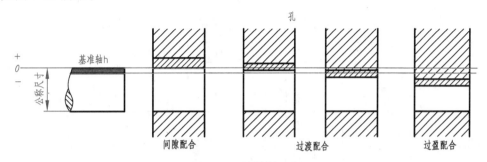

图 7-21　基轴制配合

从图 7-19 可看出，在基轴制的前提下，孔的基本偏差为 A～H 时，属于间隙配合；孔的基本偏差为 J～ZC 时，属于过渡和过盈配合。

6. 优先、常用配合

如前所述，标准公差有 20 个等级，基本偏差有 28 个位置，这样可以组成大量的配合形式。但过多的配合不但不能发挥标准的作用，也不利于现代化的生产。为此，国家标准规定了优先及常用配合。基孔制和基轴制中部分优先、常用配合见表 7-7 和表 7-8。基孔制常用配合 59 种，其中优先配合 13 种（用▲号标记）；基轴制常用配合 47 种，其中优先配合 13 种（用▲号标记）。配合代号由孔的公差带代号（分子）与轴的公差带代号（分母）以分式的形式组成，如：$\frac{F6}{h5}$ 等。

表 7-7　基孔制优先、常用配合

基准孔	轴																				
	a	b	c	d	e	f	g	h	js	k	m	n	p	r	s	t	u	v	x	y	z
	间隙配合								过渡配合			过盈配合									
H6						$\frac{H6}{f5}$	$\frac{H6}{g5}$	$\frac{H6}{h5}$	$\frac{H6}{js5}$	$\frac{H6}{k5}$	$\frac{H6}{m5}$	$\frac{H6}{n5}$	$\frac{H6}{p5}$	$\frac{H6}{r5}$	$\frac{H6}{s5}$	$\frac{H6}{t5}$					
H7						▲$\frac{H7}{f6}$	▲$\frac{H7}{g6}$	▲$\frac{H7}{h6}$	▲$\frac{H7}{js6}$	▲$\frac{H7}{k6}$	$\frac{H7}{m6}$	▲$\frac{H7}{n6}$	▲$\frac{H7}{p6}$	$\frac{H7}{r6}$	▲$\frac{H7}{s6}$	$\frac{H7}{t6}$	▲$\frac{H7}{u6}$	$\frac{H7}{v6}$	$\frac{H7}{x6}$	$\frac{H7}{y6}$	$\frac{H7}{z6}$
H8					$\frac{H8}{e7}$	▲$\frac{H8}{f7}$	$\frac{H8}{g7}$	▲$\frac{H8}{h7}$	$\frac{H8}{js7}$	$\frac{H8}{k7}$	$\frac{H8}{m7}$	$\frac{H8}{n7}$	$\frac{H8}{p7}$	$\frac{H8}{r7}$	$\frac{H8}{s7}$	$\frac{H8}{t7}$	$\frac{H8}{u7}$				
				$\frac{H8}{d8}$	$\frac{H8}{e8}$	$\frac{H8}{f8}$		$\frac{H8}{h8}$													
H9			$\frac{H9}{c9}$	▲$\frac{H9}{d9}$	$\frac{H9}{e9}$	$\frac{H9}{f9}$		▲$\frac{H9}{h9}$													
H10			$\frac{H10}{c10}$	$\frac{H10}{d10}$				$\frac{H10}{h10}$													
H11	$\frac{H11}{a11}$	$\frac{H11}{b11}$	▲$\frac{H11}{c11}$	$\frac{H11}{d11}$				▲$\frac{H11}{h11}$													
H12		$\frac{H12}{b12}$						$\frac{H12}{h12}$													

注：带▲的为优先配合。

表 7-8　基轴制优先、常用配合

基准轴	孔																					
	A	B	C	D	E	F	G	H	JS	K	M	N	P	R	S	T	U	V	X	Y	Z
	间隙配合								过渡配合			过盈配合										
h5					$\frac{F6}{h5}$	$\frac{G6}{h5}$	$\frac{H6}{h5}$		$\frac{JS6}{h5}$	$\frac{K6}{h5}$	$\frac{M6}{h5}$	$\frac{N6}{h5}$	$\frac{P6}{h5}$	$\frac{R6}{h5}$	$\frac{S6}{h5}$	$\frac{T6}{h5}$					
h6						$\frac{F7}{h6}$	▲$\frac{G7}{h6}$	▲$\frac{H7}{h6}$	$\frac{JS7}{h6}$	▲$\frac{K7}{h6}$	$\frac{M7}{h6}$	▲$\frac{N7}{h6}$	▲$\frac{P7}{h6}$	$\frac{R7}{h6}$	▲$\frac{S7}{h6}$	$\frac{T7}{h6}$	▲$\frac{U7}{h6}$				
h7					$\frac{E8}{h7}$	▲$\frac{F8}{h7}$		▲$\frac{H8}{h7}$	$\frac{JS8}{h7}$	$\frac{K8}{h7}$	$\frac{M8}{h7}$	$\frac{N8}{h7}$									
h8				$\frac{D8}{h8}$	$\frac{E8}{h8}$	$\frac{F8}{h8}$		$\frac{H8}{h8}$													
h9				▲$\frac{D9}{h9}$	$\frac{E9}{h9}$	$\frac{F9}{h9}$		▲$\frac{H9}{h9}$													
h10				$\frac{D10}{h10}$				$\frac{H10}{h10}$													
h11	$\frac{A11}{h11}$	$\frac{B11}{h11}$	▲$\frac{C11}{h11}$	$\frac{D11}{h11}$				▲$\frac{H11}{h11}$													
h12		$\frac{B12}{h12}$						$\frac{A12}{h12}$													

注：带▲的为优先配合。

7. 极限与配合在图样上的标注和查表方法

（1）极限在零件图上的标注形式　极限偏差数值在零件图上的标注有三种形式：

1）如图 7-22b 所示的 φ18H7，是在公称尺寸后直接注出公差带代号的标注形式，一般用于批量生产的零件图上。

2）如图 7-22c 所示的 $\phi14^{+0.043}_{+0.016}$ 和 $\phi18^{+0.029}_{+0.018}$，是在公称尺寸后直接注出上、下极限偏差的形式，一般用于单件或小批量生产的零件图上。

3）如图 7-22d 所示的 $\phi14h7(^{\ 0}_{-0.018})$，是在公称尺寸后注出公差带代号，在公差带代号后的圆括号中又注出上、下极限偏差数值，这种形式是一种通用标注形式，用于生产批量不定的零件图上。

（2）配合代号在装配图上的标注形式　配合代号在装配图上的标注采用组合式注法，写成分数形式。分子为孔的公差带代号，分母为轴的公差带代号。分子中含有 H 的一般为

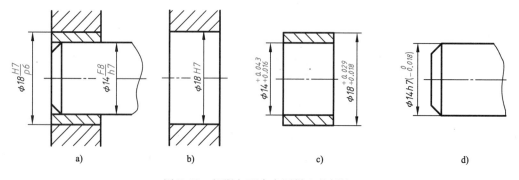

图 7-22　极限与配合在图样上的标注

基孔制配合，分母中含有 h 的一般为基轴制配合；若分子中含有 H，分母中也含有 h，则可认为是基孔制也可认为是基轴制。

如图 7-22a 所示，在公称尺寸 $\phi18$ 和 $\phi14$ 后面，分别用一组分式表示：分子 H7 和 F8 为孔的公差带代号，分母 p6 和 h7 为轴的公差带代号。$\phi18\dfrac{H7}{p6}$ 是基孔制，$\phi14\dfrac{F8}{h7}$ 是基轴制。

与标准件配合时，通常选择标准件为基准件，例如滚动轴承外圈与机座孔的配合为基轴制，内圈与轴的配合为基孔制。因此，在装配图中与滚动轴承配合的轴和孔，只标注轴或孔的公差带代号。如果孔的公称尺寸和公差带代号为 $\phi47J7$，轴的公称尺寸和公差带代号为 $\phi20k6$，它们与滚动轴承外圈和内圈配合时的标注如图 7-23 所示。滚动轴承内、外直径尺寸的极限偏差另有标准，一般不在图中标注。

（3）查表方法　根据配合代号，由表 7-7 和表 7-8 或相关国家标准，可确定配合种类。根据公称尺寸和公差带，可以通过查阅附表 20 和附表 21 或相关国家标准，查到相互配合的孔与轴的上、下极限偏差数值。

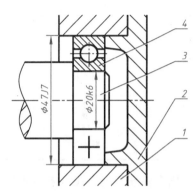

图 7-23　与滚动轴承配合图样的标注
1—座孔　2—端盖　3—轴　4—滚动轴承

例 7-1　说明 $\phi66\dfrac{H7}{p6}$ 的配合制度和配合种类，并查表确定 $\phi66\dfrac{H7}{p6}$ 中孔和轴的上、下极限偏差值。

解　在 $\phi66\dfrac{H7}{p6}$ 中，孔的公差带代号为 H7，轴的公差带代号为 p6，因此该配合制度为基孔制。由表 7-7 可查得，$\dfrac{H7}{p6}$ 的配合种类为优先配合中的过盈配合。

1）$\phi66H7$ 基准孔的上、下极限偏差可由附表 20 查得 "$^{+30}_{\ 0}$"（μm），化成 mm 为 "$^{+0.030}_{\ 0}$"，这就是基准孔的上、下极限偏差，写为 $\phi66^{+0.030}_{\ 0}$。

2）$\phi66p6$ 配合轴的上、下极限偏差可由附表 21 查到 "$^{+51}_{+32}$"（μm），化成 mm 为 "$^{+0.051}_{+0.032}$"，这就是配合轴的上、下极限偏差，写为 $\phi66^{+0.051}_{+0.032}$。

7.4.3　几何公差简介

在生产中不仅零件的尺寸不可能加工的绝对准确，而且零件表面的几何形状和相互位置也会产生误差。因此必须对零件表面的实际形状和实际位置与零件理想形状和理想位置之间的误差规定一个允许的变动量，这个规定的允许变动量称为几何公差，包括形状公差、方向公差、位置公差和跳动公差。GB/T 1182—2008《产品几何技术规范（GPS）几何公差形状、方向、位置和跳动公差标准》规定了几何公差标注的基本要求和方法。

1. 几何公差的项目及符号

几何公差的项目及符号见表 7-9。

表7-9　几何公差的项目及符号

分　类	名　称	符　号	分　类	名　称	符　号
形状公差	直线度	—	形状、方向、位置公差	线轮廓度	⌒
	平面度	▱		面轮廓度	⌓
	圆度	○	跳动公差	圆跳动	↗
	圆柱度	⌭		全跳动	⌰
方向公差	平行度	//	位置公差	位置度	⊕
	垂直度	⊥		同轴度（用于轴线）同心度（用于中心点）	◎
	倾斜度	∠		对称度	⌯

　　国家标准规定用代号来标注几何公差。几何公差代号由几何公差各项目的符号、框格和指引线、几何公差数值和其他有关符号以及基准要素符号等组成，如图7-24所示。

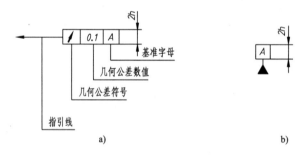

a)　　　　　　　　　　　　　　b)

图7-24　几何公差代号及基准要素符号
a）几何公差代号　b）基准要素符号

2. 几何公差标注示例

　　图7-25所示为气门阀杆零件的几何公差标注（附加的文字为标注说明，不需注写）。

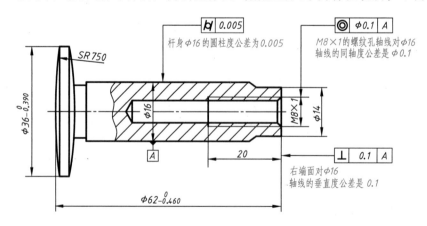

图7-25　气门阀杆零件的几何公差标注

7.5　读零件图

　　读零件图就是要求读者根据已给视图想象出零件的结构形状、弄清全部尺寸以及各项技术要求。

　　现以图 7-26 所示的支架零件图为例，说明读零件图的一般方法和步骤。

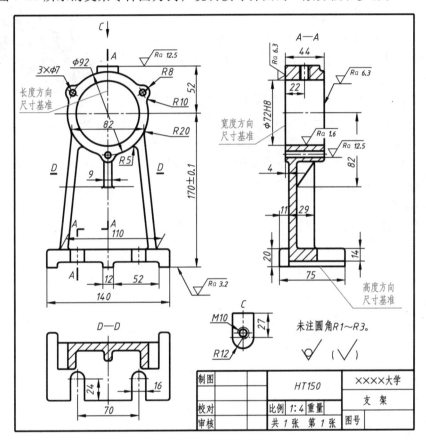

图 7-26　支架零件图

1．读标题栏

　　通过阅读标题栏，了解零件的名称、材料、画图的比例、重量等。

　　读图 7-26 的标题栏可知，零件为支架，属支架类零件。材料为 HT150（金属材料的牌号参阅附表 22 可知材料为灰铸铁）。

　　2．分析视图，想象结构形状

　　综观零件图中的一组视图，分清哪些是基本视图，哪些是辅助视图以及所采用的剖视图、断面图等表达方法，从而看出零件的内外形状以及局部或斜面的形状，同时从设计或加工方面的要求了解零件上一些结构的作用。

　　该零件图采用了三个基本视图和一个局部视图。根据视图的配置关系可知：主视图表达了支架的外部形状；俯视图采用 D—D 全剖视图，表达肋和底板的形状及相对位置关系；左视图采用 A—A 阶梯剖，表达支架的内部结构；而 C 向的局部剖视图主要表达凸台的形状。

通过对图 7-26 的分析，构思出如图 7-27 所示的立体形状。

3. 分析尺寸和技术要求

通过对零件图上的尺寸和技术要求的分析，了解零件各部分的定形、定位尺寸及零件的总体尺寸，以及注写尺寸时所用的基准，还要看懂技术要求中关于表面粗糙度、尺寸公差等内容。关于技术要求中零件的热处理概念，可参阅附表 24。

通过对支架视图的形体分析和尺寸分析可以看出：长度方向的尺寸基准为零件左右对称平面，并由此注出了安装定位尺寸 70、总长 140 等尺寸；高度方向的尺寸基准为支架的安装底面，并由此注出了尺寸 170 ± 0.1；宽度方向的尺寸基准是圆柱部分的后端面，由此注出了尺寸 4、44 等。

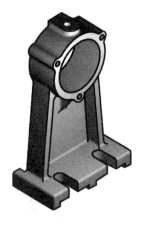

图 7-27　支架的立体图

同时还可以看到 $\phi72H8$ 等都有公差要求，其极限偏差数值可由公差带代号 H8 查表获得。整个支架中，$\phi72H8$ 孔的表面对表面粗糙度要求最高（数值最小）。文字部分的技术要求为"未注圆角 $R1 \sim R3$"。

4. 综合考虑

将看懂的零件结构形状、尺寸标注和技术要求等内容综合起来，就能比较全面地了解该零件了。

第 8 章

装 配 图

装配图是机械图样的主要组成部分。用来表示机器或部件的工作原理、结构形状、装配关系和技术要求等的机械图样称为装配图。装配图用于指导机器或部件的装配和检验。本章主要介绍装配图的画法、装配图的尺寸、由零件图拼画装配图，读装配图和零件、部件测绘等内容。

8.1 装配图的内容

图 8-1 所示为球阀的轴测图，图 8-2 所示为球阀的装配图。在管道中，球阀是控制流体通道启闭和通道中流体流量大小的部件。配合轴测图，可以从装配图看出：阀芯 4、阀体 1、阀盖 2、阀杆 12 等主要零件的结构形状以及组成球阀的各个部分之间的相对位置。

从图 8-1 中可以看到，一张完整的装配图应包括下列内容：

1. 一组视图

表明机器或部件的工作原理和结构特点、各组成零件之间的相对位置以及装配关系、主要零件的结构形状等。

2. 必要的尺寸

表明机器或部件的规格（性能）尺寸、零件之间的配合尺寸、外形尺寸、安装尺寸及其他一些重要尺寸。

3. 技术要求

说明机器或部件在装配、安装、检验和工作时应达到的技术要求，一般用代号或文字说明。

4. 零件序号、标题栏、明细栏

在装配图中对机器或部件上的每个零件的名称、材料、数量等内容应在图上编写零件序

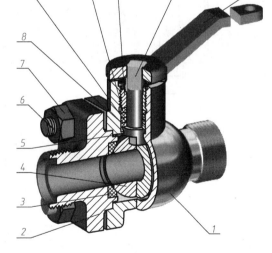

图 8-1　球阀轴测图

1—阀体　2—阀盖　3—密封盖　4—阀芯　5—调整垫

6—双头螺栓　7—螺母　8—填料垫　9—中填料

10—上填料　11—填料压紧套　12—阀杆　13—扳手

号，在标题栏上方填写明细栏的方式来说明。

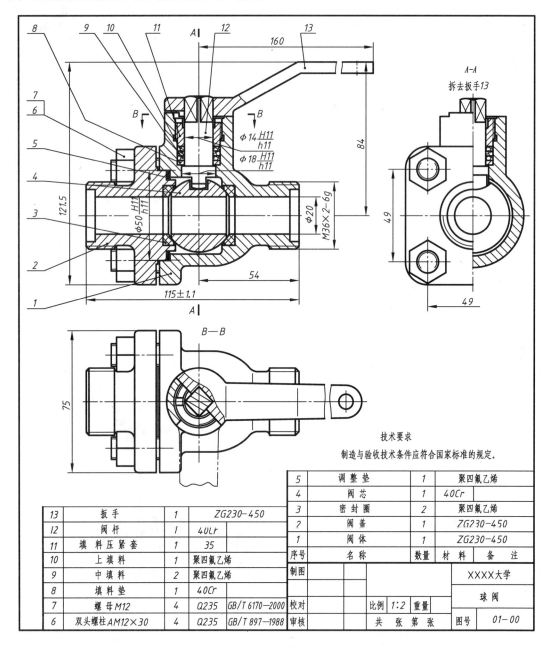

图 8-2 球阀装配图

8.2 装配图的表达方法

表达零件的各种方法在装配图中仍然适用，但装配图的表达目的与零件图不同，装配图主要用来表示机器（部件）的工作原理、结构形状、装配关系和技术要求，用以指导机器或部件的装配、检验、调试、操作及维修等。因此与零件图相比，装配图还有一些特殊的表达方法。

1. 规定画法

（1）相邻两零件接触面或配合表面的画法　一条线。如图 8-3 所示，轴承外圈与轴承盖伸入端是接触面，只画一条线；轴承外圈、轴承盖与座体孔的接触面，轴与轴承孔的接触面等，都只画一条线。

（2）相邻两零件不接触表面的画法　在装配图中，相邻两零件的不接触面，要画成两条线。如图 8-3 中的螺钉与螺钉孔是不接触的表面，即便间隙再小也应画成两条线（细小间隙可采用下面介绍的夸大画法画出）。

（3）相邻零件的剖面线画法　如图 8-3 所示，为了在装配图中区别不同的零件，相邻两金属零件的剖面线倾斜方向应相反；当三个零件相邻时，其中两个零件的剖面线倾斜方向一致，但要错开或间隔不等，另一个零件的剖面线方向相反。在各个视图中，同一个零件的剖面线倾斜方向和间隔应该相同（图 8-2）。

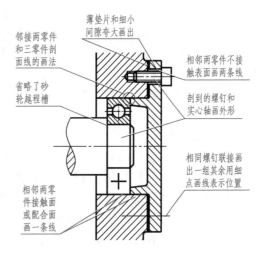

在装配图中，相邻两零件的接触面，只画

图 8-3　装配图的一些规定画法

（4）实心零件的画法　为了简化作图，在剖视图中，对于一些实心杆件（如轴、连杆等）和一些标准件（如螺栓、螺柱、螺母、键、销等），当剖切平面通过它们的轴线或对称平面时，这些零件按不剖画，即只画外形，不画剖面线。如图 8-3 所示，通过轴线剖切的螺钉和轴都按不剖画，只画外形。这种画法在第 6 章已经介绍过。如果实心零件上有些结构和装配关系需要表达时，可在实心零件上采用局部剖视的方法解决，如图 8-2 主视图中的实心手柄和图 8-16 主视图中的两个实心齿轮轴。

2. 特殊画法

（1）沿零件的结合面剖切和拆卸画法　在装配图中，当某些零件遮住了需要表达的结构或装配关系时，可假想沿某些零件的结合面剖切或假想将某些零件拆卸后绘制。在沿零件的结合面剖切时，结合面的区域内不画剖面线，但在被切断的零件断面上应画上剖面线。拆卸画法中需在图形上方加注"拆去××等"。如图 8-16 所示，齿轮油泵左视图是沿泵盖和垫片的结合面剖切并拆去垫片后画出的半剖视图，在垫片和泵体的结合面、齿轮端面不画剖面线，但在被切断的齿轮轴、螺钉和销的断面上必须画出剖面线，左视图还应加注"拆去垫片5"。图 8-2 中的左视图是拆去了扳手画出的半剖视图，因此在左视图的上方加注了"拆去扳手13"。

（2）夸大画法　在画装配图时，对薄片零件、细丝弹簧、微小间隙等，无法按全图绘图比例画出或表达清楚时，可不按比例而采用夸大画法适当夸大画出，如图 8-2 所示球阀装配图主视图中的调整垫（涂黑部分）就是用夸大画法画出的。图 8-3 中的垫片、螺钉与螺钉孔的间隙也是采用了夸大画法。

（3）假想画法　在装配图中如遇到下列情况可用假想画法：

1）当需要表达运动零件的运动范围或极限位置时，某一极限位置用粗实线画出，另一极限位置用双点画线画出它的轮廓，如图8-2所示球阀装配图俯视图中用双点画线表示了扳手的运动极限位置。

2）当需要表达部件与相邻零件或部件的相互关系时，可用双点画线画出相邻部件或零件的轮廓。在图8-16所示的齿轮油泵装配图的左视图中，表示了齿轮油泵与安装板用螺栓连接的情况。其中，安装板和螺栓、螺母均用双点画线表示。

（4）单独表达某个零件的画法　在装配图中可以单独画出某一零件的视图，但必须在所画视图上方注出该零件的视图名称，在相应的视图附近用箭头指明投射方向，并注上相同的字母。

3. 简化画法

（1）省略工艺结构的画法　在装配图中，零件的工艺结构，如倒角、圆角、退刀槽等允许省略不画。如图8-3中的阶梯轴过渡处就省略了砂轮越程槽。

（2）省略相同零件组的画法　对于装配图中若干相同的零件组如螺纹连接件等，可仅详细画出一组或几组，其余只需表明装配位置。如图8-3所示，两组螺钉连接详细画出了一组，另一组可省略不画，只要用细点画线表示出位置即可。

8.3　装配图的尺寸

在一张装配图中主要有以下几种尺寸：

1. 性能（规格）尺寸

用于表示机器或部件的规格、性能尺寸，是设计和使用机器或部件的依据，如图8-2中的阀芯尺寸 $\phi20$。

2. 装配尺寸

用于保证机器或部件的工作精度和性能要求的尺寸，包括表示零件间配合性质的配合尺寸，如图8-2中的配合尺寸 $\phi14$ H11/h11、$\phi18$ H11/h11 和 54。

3. 安装尺寸

用于表示机器安装到基础上或部件安装到机器上所需的尺寸，如图8-2中的160、84、M36 ×2。

4. 外形尺寸

用于表示机器或部件的总体长度、宽度、高度等的尺寸，是包装、运输、安装机器或部件的依据。如图8-2中的总长尺寸 115 ± 1.1、总宽尺寸 75 和总高尺寸 121.5。

5. 其他重要尺寸

这类尺寸是指在设计中确定的又不属于上述几种尺寸的一些重要尺寸，如运动零件的极限尺寸、主体零件的重要尺寸等。如图8-2左视图中的49和49是主体零件的重要尺寸。

以上五种尺寸，有的可以同时具有多种作用，应具体分析，然后标注。

8.4　装配图中的零件序号、明细栏、标题栏

装配图上必须对所有零、部件编写序号，并在标题栏上方填写明细栏。本课程中的标题

栏、明细栏建议采用第 1 章图 1-3 的格式和尺寸。

1. 零件序号的编写规则

1）序号的编写形式。在零、部件的可见轮廓线内画一圆点，从圆点用细实线画指引线到图形外，指引线的另一端用细实线画水平线或圆，在水平线上或圆内注写序号数字，数字高度比尺寸数字大一号，如图 8-4a 所示，也可按图 8-4b、c 所示的形式编写。当所指部分不宜画圆点（如很薄的零件或涂黑的剖面）时，可在指引线末端画一箭头代替圆点，见图 8-4d。

2）编写图样的序号时，可按顺时针方向或逆时针方向依次排列整齐。

3）指引线不可相交，且不与剖面线平行。必要时，指引线可以转折一次，见图 8-4e。

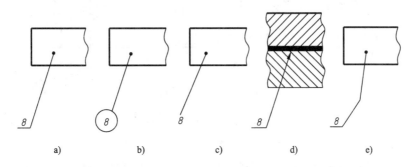

图 8-4　零件序号编写形式

4）一组紧固件（如螺柱、螺母、垫圈等）或零件组（如油杯、电动机、滚动轴承等），可以采用公共指引线，其编写形式如图 8-5 所示。

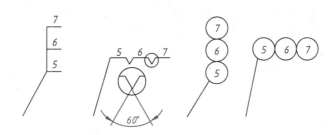

图 8-5　零件组序号编写形式

2. 明细栏

明细栏是机器或部件中全部零、部件的详细目录，其内容和形式国家标准没有统一规定。

填写明细栏时应遵循下列规定：

1）明细栏画在标题栏上方，序号自下而上填写，若位置不够可将明细栏分段画在标题栏左边。

2）"序号"栏内填写零件或部件的图样编号，"名称"栏内填写零件或部件的名称，"件数"栏内填写该部件或零件所需要的数量，"材料"栏内填写该零件或部件所用材料的名称及牌号，"备注"栏内可填写零件的热处理、标准件的规定标记、常用件的重要参数等，如图 8-2 和图 8-16 所示。

8.5 装配结构简介

只有装配结构合理才能保证机器或部件的性能，并给零件的加工和装拆带来方便。下面将常见的装配结构举例说明，以供参考。

1）两零件在同一方向只应有一组接触面，如图8-6所示。

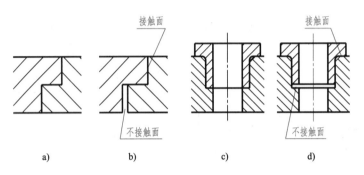

图 8-6 常见装配结构（一）

a）不合理 b）合理 c）不合理 d）合理

2）两零件在转角处为避免发生干涉，应将孔加工出倒角，或在轴的根部切槽，如图8-7所示。

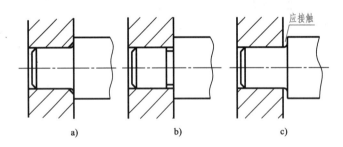

图 8-7 常见装配结构（二）

a）正确 b）正确 c）错误

3）为了保证两零件的装配精度，通常设制定位销结构，如图8-8所示。为了加工和装拆的方便，在可能的条件下孔最好做成如图8-8b所示的通孔结构。

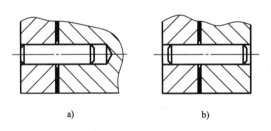

图 8-8 常见装配结构（三）

a）销定位 b）可能的条件下加工成通孔

8.6　由零件图画装配图

机器或部件都是由一些零件按照一定的相对位置和装配关系组装而成的，因此，根据完整的零件图即可拼画出装配图。现以图 8-2 所示的球阀为例，说明由零件拼画装配图的方法和步骤。球阀零件图中的阀杆、阀盖和阀体如图 7-1、图 7-2 和图 7-4 所示，其余零件如图 8-9 ~ 图 8-13 所示，调整垫片和标准件图略。

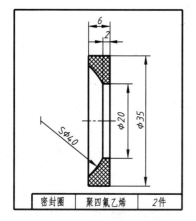

图 8-9　密封圈零件图

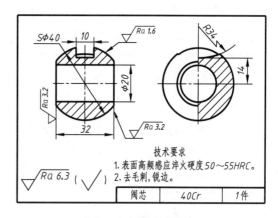

图 8-10　阀芯零件图

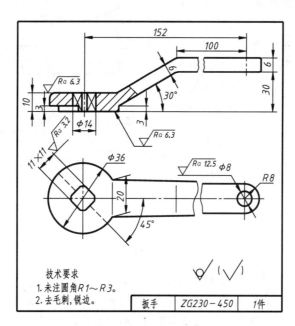

图 8-11　扳手零件图

画装配图前，应该对球阀的实物或装配示意图进行分析，详尽了解该部件的工作原理和结构情况，了解各个零件之间的装配关系（联接关系、传动关系）以及各个零件的表达方法。球阀的装配轴测图和装配示意图如图 8-1 和图 8-14 所示。

阀在管道系统中是用于启闭和调节流体流量的部件。球阀是阀的一种，因为它的阀芯为

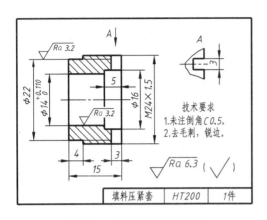

图 8-12 填料压紧套零件图

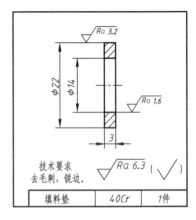

图 8-13 填料垫零件图

球形而得名。

1. 了解部件的装配关系（参见图 8-1、图 8-14）

阀体 1 和阀盖 2 均带有方形的凸缘，被双头螺柱 6（4 个）和螺母 7 连接，阀芯 4 与密封圈 3 之间的松紧度由调整垫 5 调整，阀杆 12 下部的凸块榫接阀芯 4 上的凹槽，扳手 13 上的方孔套入阀杆 12 上部的方头结构，阀体与阀杆之间的密封由填料垫 8、填料 9、10 和填料压紧套 11 完成。

2. 了解部件的工作原理

当扳手 13 处于图 8-1 所示位置时，阀芯 4 上的孔与阀盖 2 上的通道孔连通，球阀处于全开状态，当扳手 13 按顺时针旋转 90°后，阀门关闭。

3. 确定视图表达方案

主视图选择的位置应与部件的工作位置相符合，而且应最能清楚地反映主要装配关系和工作原理，并采用适当的剖视，以便清晰地表达各个主要零件以及零件间的相互关系。主视图选定后，再进一步分析还有哪些应该表达的内容

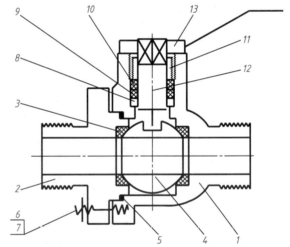

图 8-14 球阀的装配示意图

1—阀体 2—阀盖 3—密封圈 4—阀芯 5—调整垫 6—双头螺柱 7—螺母 8—填料垫 9—中填料 10—上填料 11—填料压紧套 12—阀杆 13—扳手

尚未表达清楚，可采用其他什么视图予以补充，并进一步充实，使视图表达方案趋于完善。最终确定用主、俯、左三个视图：主视图采用全剖（扳手除外），主要表达零件间的装配关系和工作原理等；俯视图采用 B—B 局部剖，主要表达限位结构和外形等；左视图采用 A—A 半剖视图（拆去扳手 13），为进一步表达与阀芯相关的阀杆、填料、填料压紧套等的装配关系，同时也表达了阀盖的外形等。

4. 画装配图

按照选定的表达方案，根据机器或部件的大小，选取适当的比例并考虑标题栏和明细栏

所需的幅面，确定图幅大小，然后按以下步骤画装配图。

1）布置视图、画出各视图的主要轴线、中心线和作图基准线。布图时，要注意为标注尺寸及序号留出足够的位置。

2）画底稿。从主视图入手，几个视图配合进行。画图时要特别注意使每个零件画在正确的位置上，并尽可能少画一些不必要的线条。画剖视图时以装配干线为准，由内而外逐个画出各个零件，也可由外而内画，视作图方便而定。

3）校核、画剖面符号、描深、注尺寸。

4）编写零、部件序号。

5）填写明细栏、标题栏，注写技术要求。

图 8-15 所示为画球阀装配图视图底稿的作图步骤。完成后的球阀装配图如图 8-2 所示。

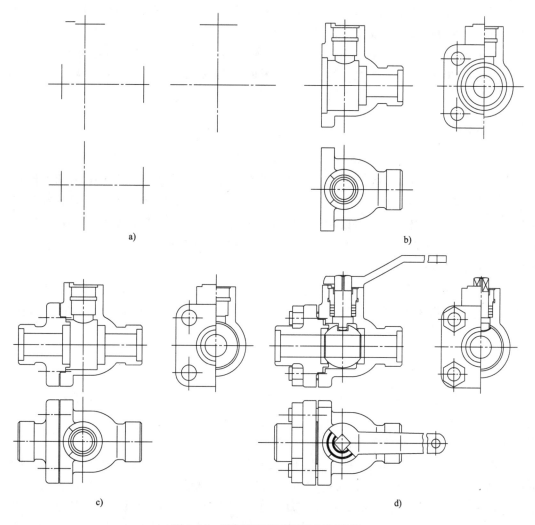

a）   b）

c）   d）

图 8-15　球阀装配图底稿的画图步骤

a）画出各视图的定位线和装配干线　b）画阀体的轮廓线　c）画阀盖的轮廓线　d）画其他零件，完成装配图

8.7 读装配图和由装配图拆画零件图

在设计、装配、安装、维修机器设备以及进行技术交流时，都需要读装配图，因此我们应该学习和掌握读装配图的一般方法。

8.7.1 读装配图的方法和步骤

（1）了解部件或机器的名称、用途、性能　通过看标题栏、明细栏、产品说明书和其他有关资料获知这些信息。

（2）分析视图，了解装配关系和工作原理　在分析视图的基础上弄清楚装配关系和工作原理。

（3）分析尺寸　分析装配图上所注的尺寸，可以进一步了解部件或机器的规格大小、零件间的配合性质以及部件或机器的安装方法等。

（4）由装配图拆画零件图　在基本看懂各零件结构形状的基础上，将零件的轮廓从装配体中分离出来，并整理画出零件工作图的过程称为由装配图拆画零件图，简称拆图。

8.7.2 读图举例

读齿轮油泵装配图（图8-16）：

（1）概括了解　齿轮油泵是机器中用来输送润滑油的一个部件。图8-16所示的齿轮油泵是由泵体，左、右端盖，运动零件（传动齿轮轴、齿轮轴等），密封零件以及标准件等组成的。对照零件序号及明细栏可以看出：齿轮油泵共由15种零件装配而成，采用两个视图表达。全剖视的主视图，反映了组成齿轮油泵各个零件间的装配关系。左视图是采用沿左端盖1与垫片5结合面剖切后拆去了垫片5的半剖视图*B—B*，它清楚地反映了这个油泵的外部形状，齿轮的啮合情况以及吸、压油的工作原理；再以局部剖视反映吸、压油口的情况。齿轮油泵的外形尺寸是118、85、95，由此知道这个齿轮油泵的体积不大。

（2）了解装配关系及工作原理　泵体6是齿轮油泵的主要零件之一，它的内腔容纳一对吸油和压油的齿轮。将齿轮轴2、传动齿轮轴3装入泵体后，两侧有左端盖1、右端盖7支承这一对齿轮轴的旋转运动。由销4将左、右端盖与泵体定位后，再用螺钉15将左、右端盖与泵体连接成整体。为了防止泵体与端盖结合面处以及传动齿轮轴3伸出端漏油，分别用垫片5及密封圈8、轴套9、压紧螺母10密封。

齿轮轴2、传动齿轮轴3、传动齿轮11是油泵中的运动零件。当传动齿轮11按逆时针方向（从左视图观察）转动时，通过键14，将转矩传递给传动齿轮轴3，经过齿轮啮合带动齿轮轴2，从而使后者作顺时针方向转动。图8-17所示为齿轮油泵的工作原理图，当一对齿轮在泵体内作啮合传动时，啮合区内右边空间的压力降低而产生局部真空，油池内的油在大气压力作用下进入油泵低压区内的吸油口，随着齿轮的转动，齿槽中的油不断沿箭头方向被带至左边的压油口把油压出，送至机器中需要润滑的部位。

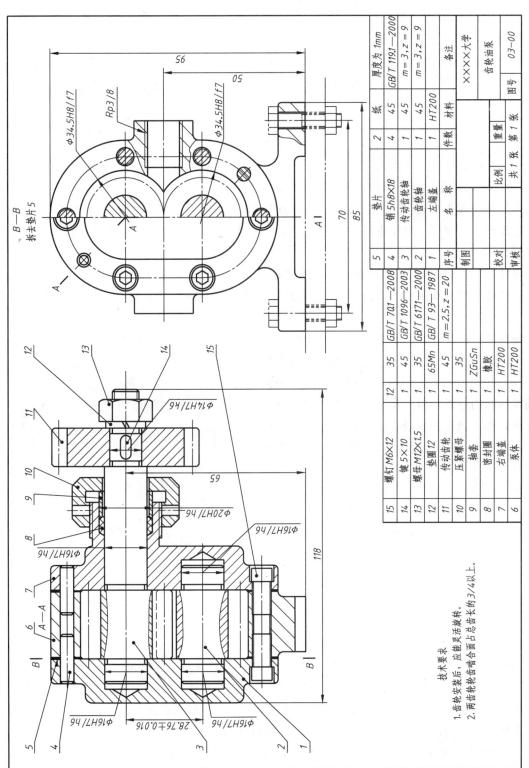

序号	名 称	件数	材 料	备 注
5	垫片	2	纸	厚度为 1mm
4	销 5h8×18	4	45	GB/T 119.1—2000
3	传动齿轮轴	1	45	m = 3, z = 9
2	齿轮轴	1	45	m = 3, z = 9
1	左端盖	1	HT200	

××××大学

齿轮油泵

比例		重量	图号 03-00
共 1 张	第 1 张		

制图

校对

审核

15	螺钉 M6×12	12	35	GB/T 701—2008
14	垫 5×10	1	45	GB/T 1096—2003
13	螺母 M12×1.5	1	35	GB/T 6171—2000
12	垫圈 12	1	65Mn	GB/T 93—1987
11	传动齿轮	1	45	m = 2.5, z = 20
10	压紧螺母	1	35	
9	轴套	1	ZCuSn	
8	密封圈	1	橡胶	
7	右端盖	1	HT200	
6	泵体	1	HT200	

图 8-16 齿轮油泵装配图

技术要求
1. 齿轮安装后，应能灵活旋转。
2. 两齿轮齿轮啮合面占总齿长的 3/4 以上。

（3）对齿轮油泵中一些配合尺寸的分析　根据零件在部件中的作用和要求，应注出相应的公差带代号。例如传动齿轮 11 要带动传动齿轮轴 3 一起转动，除了靠键 14 把两者联成一体传递转矩外，还需定出相应的配合。在图中可以看到，它们之间的配合尺寸是 $\phi14H7/k6$，这是基孔制的优先过渡配合。查附表 20、21 可得

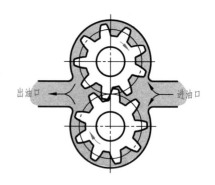

图 8-17　齿轮油泵的工作原理图

　　孔的尺寸是：$\phi14\,^{+0.018}_{\ \ 0}$，轴的尺寸是 $\phi14\,^{+0.012}_{+0.001}$

　　配合的最大间隙 = 0.018 − 0.001 = + 0.017

　　配合的最大过盈 = 0 − 0.012 = − 0.012

　　齿轮轴与端盖在支承处的配合尺寸是 $\phi16H7/h6$，轴套与右端盖的配合尺寸是 $\phi20H7/h6$，齿轮轴的齿顶圆与泵体内腔的配合尺寸是 $\phi34.5H8/f7$。它们各是什么样的配合，读者可自行分析。

　　尺寸 28.76 ± 0.016 是一对啮合齿轮的中心距，这个尺寸准确与否将直接影响齿轮的啮合传动精度。尺寸 65 是传动齿轮轴线距离泵体安装面的高度尺寸。28.76 ± 0.016 和 65 分别是设计和安装所要求的尺寸。

　　吸压油口的尺寸 $R_p3/8$ 为性能规格尺寸，底板上两个螺栓孔之间的尺寸 70 为安装尺寸。图 8-18 所示为齿轮油泵的装配轴测图，供对照参考。

　　（4）拆画右端盖零件图　现以右端盖 7 为例进行拆画零件图的分析。由图 8-16 主视图可见：右端盖下部有齿轮轴 2 轴颈的支承孔，上部有传动齿轮轴 3 穿过，在右部凸缘的外圆柱面上有螺纹，用压紧螺母 10 通过轴套 9 将密封圈 8 压紧在轴的四周，以防漏油。由左视图可见：右端盖的外形为长圆形，周围分布着六个螺钉沉孔和两个圆柱销孔。

　　拆画该零件时，先从主视图上分离出有端盖的视图轮廓，由于在装配图的主视图上，右端盖的一部分可见投影被其他零件遮挡，因而它是不完整的图形，如图 8-19 所示。根据此零件的作用及装配关系，可以

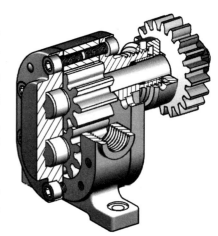

图 8-18　齿轮油泵装配轴测图

补全所缺的轮廓线。补全图线后采用全剖的右端盖主视图，如图 8-20 所示。这样的盘盖类零件，一般可用两个视图表达，从装配图主视图中拆画的右端盖的图形，显示了右端盖各部分的结构，仍可作为零件图的主视图，还需要增加右视图来表达端盖的形状和孔的分布情况。但当直接按照该零件在装配图中的位置拆画得到的零件图，不符合零件图本身视图选择要求时，可重新选择主视图的位置。因为这个右端盖上的同轴线的阶梯孔和其他孔用立式钻床加工更方便，所以它的加工位置应该是如图 8-21 的位置。

　　图 8-21 所示为一张完整的右端盖零件图。在图中按零件图的要求注全了尺寸和技术要求。图中的 6 个 M6 螺钉沉孔的尺寸是由附表 30 确定的。有关的尺寸公差是按装配图中已表达的要求注写的。图 8-22 所示为右端盖的轴测图。

如果在装配图中省略了该零件的一些工艺结构，如倒角、螺纹、退刀槽等，应该在拆画零件图时补画上。

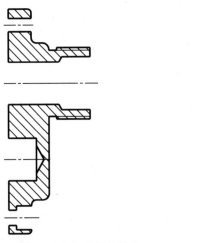

图 8-19　从装配图中分离的右端盖

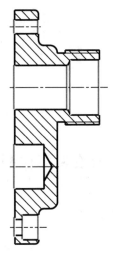

图 8-20　补全图线后的右端盖

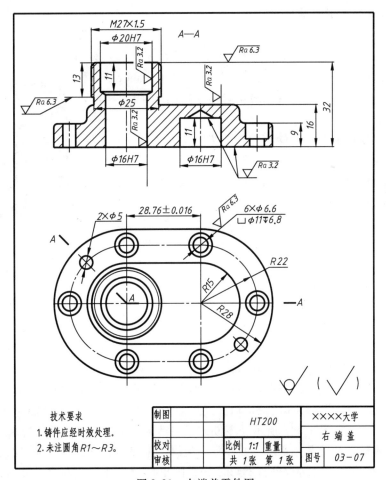

图 8-21　右端盖零件图

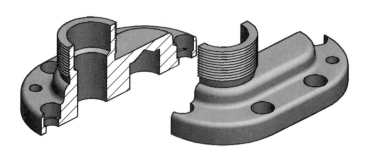

图 8-22　右端盖轴测图

8.8　零件测绘和部件测绘

8.8.1　零件测绘

零件测绘是根据实际零件画出零件草图，经过整理，最后画出零件图的过程。零件测绘也是部件测绘的一个重要环节。本节只讨论零件测绘的一般步骤及常用的尺寸测量方法。

1. 零件测绘的一般步骤

（1）分析零件形状结构，确定视图表达方案　在画零件草图之前，首先要对零件进行分析，了解零件的名称、用途、材料等，然后对零件进行结构分析，弄清各结构的功能、形状及加工方法。在此基础上，根据第 7 章中典型零件的表达特点，确定该零件的视图表达方案。图 8-23 所示为一个阀盖零件，可参考图 8-24d。

（2）零件草图的绘制　测绘零件的工作常在机器设备的现场进行，受条件限制，一般先绘制出零件草图。徒手绘制的图样称为草图，它是不借助绘图工具，用目测来估计物体的形状和大小，徒手绘制的图样。零件草图绝不是潦草图，零件草图的内容与零件工作图相同，只是线条等为徒手绘制而已。零件草图必须具备零件图的全部内容，即视图表达正确，尺寸完整，线型分明，图面整洁，技术要求合理。零件草图可徒手画在方格纸上，

图 8-23　阀盖的直观图

为了提高画草图的速度和准确性，在条件允许时也可采用简单仪器或工具绘制，如直尺、圆规等。

图 8-24 给出了画阀盖零件草图的步骤：（为保证图形的清晰，图 8-24 是用计算机绘制的）

1）根据零件实物的大小和视图数量，选定绘图比例并确定图幅。

2）画出各视图的中心线、轴线和作图基准线，定出各个视图的位置，如图 8-24a 所示。

3）详细地画出零件内外部的结构形状。一般先画主体结构，再画局部结构，各视图之间要符合投影规律，如图 8-24b 所示。零件的工艺结构应全部画出，不能遗漏，如倒角、铸造圆角、退刀槽等。对于零件缺陷，如沙眼、裂纹、摩擦痕迹等都不应画在图上。

4）选定尺寸基准，按结构分析和形体分析画出全部尺寸界线和尺寸线（含箭头）。仔细检查后，将图线按不同线型加深，如图 8-24c 所示。

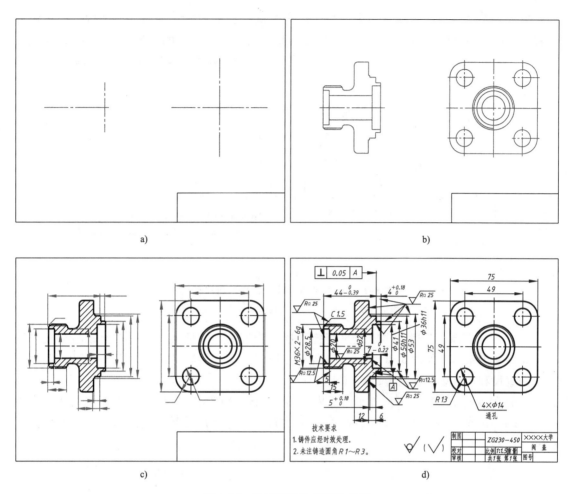

图 8-24 画阀盖零件草图的步骤

a）布图 b）画零件各视图 c）画尺寸线、尺寸界线和箭头 d）标注尺寸，写技术要求，加深完成零件草图

5）集中一次测量尺寸，填写尺寸数值。对于标准结构，如键槽、倒角、退刀槽、沉头螺钉的沉孔尺寸等，可直接查表确定尺寸数值；对于螺纹、齿轮经测量后与标准值核对，采用标准的结构尺寸，以利于制造；根据零件的设计要求和作用，注写合理的尺寸公差和表面粗糙度等技术要求；书写其他技术要求并填写标题栏，如图 8-24d 所示。

（3）画零件工作图

1）在画零件工作图之前，应对零件草图进行反复校对，检查零件的视图表达是否完整、清晰，尺寸标注是否齐全、合理，尺寸公差、表面粗糙度要求等是否恰当，如有问题应及时改正。

2）依据校核后零件草图的视图数量和视图表达情况，选择适当的比例（尽量采用1∶1）并确定标准图幅，然后绘出零件工作图。根据计算机绘图课程安排在测绘课的先后，可采用尺规绘制零件图，也可利用计算机来绘制零件图。

2. 常用的测量方法

测量是零件测绘工作不可或缺的重要步骤，以下简单介绍常用的测量工具和测量方法。

（1）测量线性尺寸 一般可用钢直尺或游标卡尺直接测量并读数。

（2）测量圆柱面的直径　用内、外卡钳测量圆柱面的内、外径时，要把内、外卡钳前后移动，测得最大值时小心将卡钳取下，在钢直尺上读出所测量的数值，如图 8-25a、b、c 所示。对于要求较高的表面，可用游标卡尺或千分尺测量并直接读出内、外径的数值。

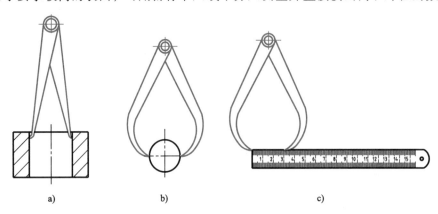

图 8-25　用内卡钳、外卡钳测量圆柱直径
a）用内卡钳测量内径　b）用外卡钳测量外径　c）用钢直尺读出测得数值

（3）测量壁厚　一般可用钢直尺直接测量，若不能直接量出，可用外卡钳与钢直尺配合，间接测出壁厚。如图 8-26 所示，底部壁厚用钢直尺直接测得，壁厚 $X = A - B$；侧面壁厚用钢直尺和外卡钳配合测得，$Y = C - D$。

（4）测量孔中心距　可用外卡钳、内卡钳（配合钢直尺）测量孔的中心距，孔的中心距 $L = A + \phi$，或 $L = B - \phi$，如图 8-27 所示。也可用游标卡尺测量，方法与内、外卡钳测量相同。

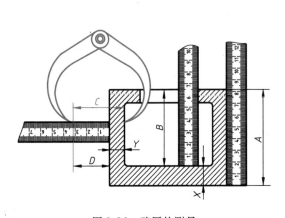

图 8-26　壁厚的测量

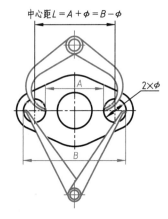

图 8-27　用内卡钳、外卡钳测量孔中心距

（5）测量中心高　用钢直尺和内卡钳可测得中心高。中心高 $H = A + \phi/2$，如图 8-28 所示。

（6）测量圆角　一般可用圆角规测量。每组圆角规有很多片，一半测量外圆角，一半测量内圆角。每一片上都标着圆角半径的数值。测量时，只要在圆角规中找到与零件被测圆角完全吻合的一片，就可以从圆角规上得知所测圆角的半径数值，图 8-29 给出了用内圆角规测量内圆角的方法，用外圆角规测量外圆角的方法与之相同。

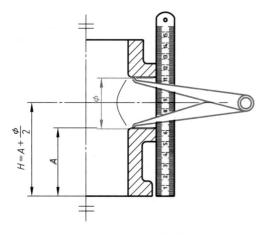

图 8-28　中心高的测量

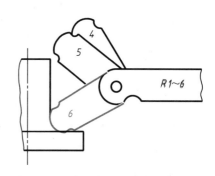

图 8-29　用内圆角规测量内圆角的半径

（7）测量螺纹　测量螺纹需要测出螺纹的直径和螺距。螺纹的牙型、旋向和线数可直接由观察确定。螺距可用螺纹规来测量，螺纹规是一组带有牙型槽口的、标有不同螺距的扁钢片。使用时只要找到一片与被测螺纹牙型完全吻合的钢片，从钢片上就可以得到该螺纹的螺距，如图 8-30 所示。测量外螺纹大径、内螺纹小径与测量圆柱直径的方法类似，可用游标卡尺来完成。一般要把测量出的螺距、螺纹大径、小径与螺纹标准对照（可与相应附表或螺纹的国家标准来对照），选取与其相近的标准值。

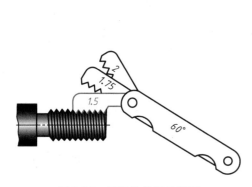

图 8-30　用螺纹规测量螺距

图 8-31　用拓印法测量曲面

（8）测量曲线、曲面　精确测量方法可用专门的测量仪，比如三坐标测量仪等。对精确度要求不高的曲面轮廓，可用拓印法（图 8-31）在纸上拓出它的轮廓形状，然后用几何作图的方法求出各圆弧的尺寸和中心位置。还可用铅丝法、坐标法等，具体测量方法可参考相关资料。

3. 零件测绘的注意事项

前面已经提及了零件测绘中应该注意的一些问题，下面做一个小结。

（1）徒手画零件草图

1）零件上的工艺结构，如铸造圆角、倒角、倒圆、退刀槽、越程槽、凸台、凹坑、中心孔等必须画出，不能忽略。

2）零件的制造缺陷，如砂眼、气孔、刀痕及长期使用所产生的磨损等，测绘时不应画出，而应予以修正。

（2）测量尺寸

1）应正确选择测量基准面，并根据零件尺寸的精确程度选用相应的量具。测量工作应在画好视图、注全尺寸界线和尺寸线后统一进行，切忌边画尺寸线、边测量、边标注尺寸。

2）零件的主要尺寸应优先注出。对一些重要尺寸要精确测量并予以验算；对有装配连接关系和结合面的尺寸，基本尺寸只需测量一个，而不必对相互连接和有配合面的几个零件逐一进行测量。

3）零件上的标准结构要素（如螺纹、键槽、螺孔深度、轮齿、中心孔等），应将测得的数值与有关标准核对，使尺寸符合国家标准系列。

4）当测得没有配合关系或不重要的尺寸为小数时，应圆整为整数。

（3）注写技术要求　零件的表面粗糙度、尺寸公差、几何公差要求及用文字表述的技术要求等，可根据零件的作用参考同类型产品的图样或有关资料确定。

（4）材料的选定　应根据设计要求，参照有关资料选定零件的材料。必要时可以用火花鉴别、取样分析、测量硬度等方法来确定材料类别。

8.8.2　部件测绘

部件测绘是根据现有的部件或机器，绘制出零件的草图，再根据这些草图绘制出装配图，再由零件草图和装配图绘制出零件工作图的过程。

部件测绘的方法和步骤如下：

1. 分析了解测绘对象

测绘前，要通过多种渠道，包括仔细阅读产品说明书等有关资料，并通过对实物的仔细观察，来了解它的用途、性能、工作原理、装配关系和结构特点等。

2. 拆卸部件

（1）拆卸部件注意事项　在拆卸部件时应注意以下几点：

1）正确使用拆卸工具，注意拆卸顺序，避免破坏性拆卸，以免破坏零部件或影响精度。

2）对于不方便拆卸或紧密连接（过盈或过渡）的零件，如果能判断它们的形状和结构时，尽量不拆，以免损坏。

3）要将所有拆下的零件进行编号，并在零件上挂上或贴上带有编号的标签。

4）拆下的零件要妥善保管，以免丢失，造成损失。

（2）拆卸准备　拆卸前先把所需要的工具准备齐全，熟悉相关资料，以保证顺利安全地拆下零、部件。常用的拆卸工具和用品有：扳手、螺钉旋具、锤子、冲针、台虎钳、细钢丝、铁盒、清洗剂、棉纱等，有条件时可备齐专用的拉出、压离工具。

资料的准备：如说明书、参考书、标准手册、登记表格、零件标签等。

（3）拆卸要求　在拆卸之前必须对部件的构成特点、连接方式进行分析，拟定正确的拆卸顺序。装配时，刚好相反，一般后拆的先装，先拆的后装。

（4）拆卸方法　根据部件的结构特点和连接方式，需采用正确的拆卸方法：

1）普通工具拆卸法。对零件间无相对运动的可拆连接，以及配合零件有间隙的活动连接，如螺纹连接、键联结、动轴与孔的连接，一般拆卸比较方便，只需用通常的工具就可以完成。

2）冲击力拆卸法。对于具有较小过盈量的过盈配合及过渡配合等半永久性的连接，可利用锤击产生的冲击力拆卸。为避免零件损坏和变形，常要采用导向套、导向柱，并在锤击部位垫上木材、铜垫等软质材料。

3）拉压拆卸法。对过盈量不大但为一些重要的零部件，可采用作用力均匀且易控制的压力机进行拆卸，有时利用专门螺旋拆卸工具。滚动轴承与轴、齿轮与轴等的拆卸，可采用拉压方法进行拆卸。

4）温差拆卸法。利用金属热胀冷缩的特点，加热孔使孔径增大，或冷却法使轴颈变小，这样使轴与孔的过盈量相对减小或出现间隙，拆装起来就比较方便。

3. 画装配示意图

对比较复杂的装配体需要画装配示意图。装配示意图是部件拆卸过程中所画的记录图样，是绘制装配图和重新进行装配的依据。它所表达的内容主要是各零件间的相互位置、装配与连接关系以及传动路线等。受测绘现场条件限制，装配示意图也是用徒手画在方格纸上的。

装配示意图的画法没有严格的规定，通常用简单的线条画出零件的大致轮廓，有些零件如轴、轴承、齿轮、弹簧等，可参考机构运动简图符号画出。装配示意图是把部件看成透明体画出的，既要画出外轮廓，又要画出内部构造，对各零件的表达一般不受前后层次的限制，其顺序可从主要零件着手，依次按装配顺序把其他零件逐个画出。示意图一般只画一至两个视图，并注意两零件接触面或配合面之间应留有间隙，以便于区别不同零件，这一点与装配图的画法不同。

图 8-32 所示为齿轮油泵的直观分解图（因拆卸顺序不唯一，图中采用了一种拆卸顺序

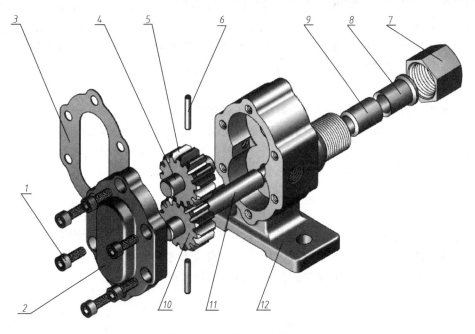

图 8-32　齿轮油泵直观图

1—6 个螺钉（螺钉 GB/T 70.1—2000 M6×16）　2—泵盖　3—垫片（纸板）　4—短轴　5—从动齿轮　6—2 个圆柱销（销 GB/T119.1—2000 4m6×26）　7—压紧螺母　8—填料压盖　9—填料（石棉绳）　10—主动齿轮　11—长轴　12—泵体

时的零件编号），图 8-33 所示为齿轮油泵的装配示意图。从图 8-33 可看出，图上的轴、螺钉等零件是按规定的符号画出的，而泵体与泵盖等零件没有规定的符号，只画出了大致轮廓。另外，示意图中的编号应该与拆卸时零件的编号一致，以便于对照，如图 8-32 和图 8-33 所示。

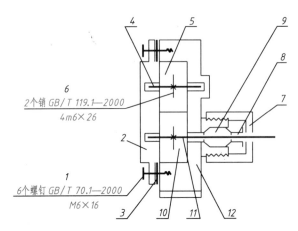

图 8-33　齿轮油泵装配示意图

4. 画零件草图

画零件草图的方法和步骤参考 8.8.1 节。

部件中的零件可分为两类：一类是标准件，一类是一般零件。

对于标准件，如螺栓、螺钉、垫圈、键、销、滚动轴承等，只要测出其规格尺寸，然后查阅相关附表或相关国家标准，找到与其最接近的规格尺寸，按规定进行标记，并将标记注写在装配示意图中即可，不必单独绘制零件草图和零件图。对于一般零件，应全部画出零件草图。对于一般零件上的标准结构，如齿轮的模数、键槽等尺寸，应量取有关参数然后查表取标准值。零件上螺纹紧固件通孔及沉头孔尺寸由附表 30 确定。

5. 画部件装配图

根据全套零件草图和装配示意图画出部件装配图，画装配图时必须一丝不苟地按所测得的草图来画，这样才能检查出所测的草图是否准确，如尺寸是否完全，相关尺寸是否协调，是否符合装配的工艺要求等。如发生问题，应及时对零件草图进行修改和补充，并修改相应的装配图部分。部件装配图中零件的序号应根据图形的具体情况编写，不要求一定与装配示意图保持一致。

6. 画零件图

根据装配图和修改、补充、完善后的零件草图，可完成零件图的绘制。在绘制零件图时，注意每个零件的表达方法要合适，尺寸应正确（参考第 7 章）。

零件图中零件的序号一定要与部件装配图中零件的序号一致。

一、螺纹

附表 1　普通螺纹（摘自 GB/T 193—2003，GB/T 196—2003）

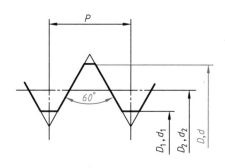

标记示例：

公称直径为 24mm，螺距为 3mm 的右旋粗牙普通螺纹的标记为：M24

公称直径为 24mm，螺距为 2mm 的左旋细牙普通螺纹的标记为：M24 × 1.5-LH

（单位：mm）

公称直径 D、d		螺距 P		粗牙小径 D_1、d_1	公称直径 D、d		螺距 P		粗牙小径 D_1、d_1
第一系列	第二系列	粗牙	细牙		第一系列	第二系列	粗牙	细牙	
3		0.5	0.35	2.459	16		2	1.5,1	13.835
4		0.7	0.5	3.242		18	2.5	2,1.5,1	15.294
5		0.8		4.134	20				17.294
6		1	0.75	4.917		22			19.294
8		1.25	1,0.75	6.647	24		3		20.752
10		1.5	1.25,1,0.75	8.376	30		3.5	(3),2,1.5,1	26.211
12		1.75	1.5,1.25,1	10.106	36		4	3,2,1.5	31.670
	14	2	1.5,1.25*,1	11.835		39			34.670

注：1. 应优先选用第一系列。

　　2. 括号内尺寸尽可能不用。

　　3. "＊"仅用于火花塞。

附表 2　管螺纹

55°非密封管螺纹：摘自 GB/T 7307—2001。
55°密封管螺纹：第 1 部分：圆柱内螺纹与圆锥外螺纹（摘自 GB/T 7306.1—2000）
　　　　　　　　第 2 部分：圆锥内螺纹与圆锥外螺纹（摘自 GB/T 7306.2—2000）

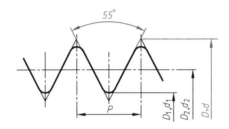

55°非密封管螺纹（GB/T 7307—2001）标记示例：
1. 尺寸代号 2，右旋，圆柱内螺纹，标记为：G2
2. 尺寸代号 3，A 级，右旋，圆柱外螺纹，标记为：G3A
3. 尺寸代号 2，左旋，圆柱内螺纹，标记为：G2LH
4. 尺寸代号 4，B 级，左旋，圆柱外螺纹，标记为：G4B-LH

55°密封管螺纹（GB/T 7306.1—2000）标记示例：
1. 尺寸代号 3/4，右旋，圆柱内螺纹，标记为：RP3/4
2. 尺寸代号 3，右旋，圆锥外螺纹，标记为：$R_1 3$
3. 尺寸代号 3/4，左旋，圆柱内螺纹，标记为：RP 3/4 LH

55°密封管螺纹（GB/T 7306.2—2000）标记示例：
1. 尺寸代号 3/4，右旋，圆锥内螺纹，标记为：Rc3/4
2. 尺寸代号 3，右旋，圆锥外螺纹，标记为：$R_2 3$
3. 尺寸代号 3/4，左旋，圆锥内螺纹，标记为：Rc 3/4 LH

（单位：mm）

尺寸代号	每25.4mm内所含的牙数 n	螺距 P	牙高 h	基本直径		
				大径 $d = D$	中径 $d_2 = D_2$	小径 $d_1 = D_1$
1/4	19	1.337	0.856	13.157	12.301	11.445
1/2	14	1.814	1.162	20.955	19.793	18.631
3/4	14	1.814	1.162	26.441	25.279	24.117
1	11	2.309	1.479	33.249	31.770	30.291
1 1/4	11	2.309	1.479	41.910	40.431	38.952
1 1/2	11	2.309	1.479	47.803	46.324	44.845
2	11	2.309	1.479	59.614	58.135	56.656
2 1/4	11	2.309	1.479	65.710	64.231	62.752
2 1/2	11	2.309	1.479	75.184	73.705	72.226
3	11	2.309	1.479	87.884	86.405	84.926

附表 3　梯形螺纹（摘自 GB/T 5796.2—2005）

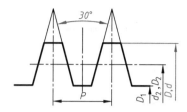

标记示例：

1. 公称直径 28mm，螺距 5mm，中径公差带为 7H 的单线右旋梯形内螺纹，其标记为：Tr28×5-7H
2. 公称直径 28mm，导程 10mm，螺距 5mm，中径公差带为 8e 的双线左旋梯形螺纹，其标记为：Tr28×10(P5)LH-8e-L

（单位：mm）

公称 直径	第一系列	10		12		16		20		24		28		32		36		40
	第二系列		11		14		18		22		26		30		34		38	
螺距	优先		2		3		4			5			6			7		
	一般	1.5	3		2					3,8				3,10				

注：优先选用第一系列。

二、螺栓

附表 4　六角头螺栓：C 级（摘自 GB/T 5780—2000）

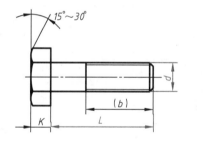

标记示例：

螺纹规格 *d* = M12，公称长度 *l* = 80mm，性能等级为 4.8 级，不经表面处理，产品等级为 C 级六角头螺栓的标记为：

螺栓 GB/T 5780—2000　M12×80

（单位：mm）

螺纹规格 *d*		M5	M6	M8	M10	M12	M16	M20	M24	M30	M36
b 参考	*l* ≤ 125	16	18	22	26	30	38	46	54	66	78
	125 < *l* ≤ 200	22	24	28	32	36	44	52	60	72	84
	l > 200	35	37	41	45	49	57	65	73	85	97
e	min	8.63	10.89	14.20	17.59	19.85	26.17	32.95	39.55	50.85	60.79
k	公称	3.5	4	5.3	6.4	7.5	10	12.5	15	18.7	22.5
s	公称	8	10	13	16	18	24	30	36	46	55
l（商品规格范围）		25 ~ 50	30 ~ 60	40 ~ 80	45 ~ 100	50 ~ 120	65 ~ 160	80 ~ 200	90 ~ 240	110 ~ 300	140 ~ 360
l 系列		25,30,35,40,45,50,(55),60,(65),70,80,90,100,110,120,130,140,150,160,180,200,220,240,260, 280,300,320,340,360									

注：1. 尽可能不用 *l* 系列中带括号的尺寸。

　　2. 常用的力学性能等级为 4.8 级。

三、螺柱

附表 5　双头螺柱

双头螺柱:$b_m = 1d$(摘自 GB/T 897—1988)
双头螺柱:$b_m = 1.25d$(摘自 GB/T 898—1988)
双头螺柱:$b_m = 1.5d$(摘自 GB/T 899—1988)
双头螺柱:$b_m = 2d$(摘自 GB/T 900—1988)

A 型　　　　　　　　　　　　　B 型

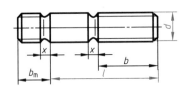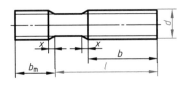

标记示例:

1. 两端均为粗牙普通螺纹,$d = 10$mm、$l = 50$mm、性能等级为 4.8 级、不经表面处理、B 型、$b_m = 1.5d$ 的双头螺柱的标记为:螺柱 GB/T 899—1988　M10 × 50

2. 旋入端为粗牙普通螺纹、紧固端为螺距 $P = 1$mm 的细牙普通螺纹、$d = 10$mm、$l = 50$mm、性能等级为 4.8 级、不经表面处理、A 型、$b_m = 1.5d$ 的双头螺柱的标记为:螺柱 GB/T 899—1988　AM10—M10 × 1 × 50

螺纹规格 d	b_m 公称				l/b
	GB/T 897 $b_m = 1d$	GB/T 898 $b_m = 1.25d$	GB/T 899 $b_m = 1.5d$	GB/T 900 $b_m = 2d$	
M10	10	12	15	20	$25 \sim 28/14, 30 \sim 38/16, 40 \sim 120/26, 130/32$
M12	12	15	18	24	$25 \sim 30/16, 32 \sim 40/20, 45 \sim 120/30, 130 \sim 180/36$
(M14)	14	18	21	28	$30 \sim 35/18, 38 \sim 50/25, 55 \sim 120/34, 130 \sim 180/40$
M16	16	20	24	32	$30 \sim 35/20, 40 \sim 55/30, 60 \sim 120/38, 130 \sim 200/44$
(M18)	18	22	27	36	$35 \sim 40/22, 45 \sim 60/35, 65 \sim 120/42, 130 \sim 200/48$
M20	20	25	30	40	$35 \sim 40/25, 45 \sim 65/35, 70 \sim 120/46, 130 \sim 200/52$
(M22)	22	28	33	44	$40 \sim 55/30, 50 \sim 70/40, 75 \sim 120/50, 130 \sim 200/56$
M24	24	30	36	48	$45 \sim 50/30, 55 \sim 75/45, 80 \sim 120/54, 130 \sim 200/60$
(M27)	27	35	40	54	$50 \sim 60/35, 65 \sim 85/50, 90 \sim 120/60, 130 \sim 200/66$
M30	30	38	45	60	$60 \sim 65/40, 70 \sim 90/50, 95 \sim 120/66, 130 \sim 200/72$
(M33)	33	41	49	66	$65 \sim 70/45, 75 \sim 95/60, 100 \sim 120/72, 130 \sim 200/78$
M36	36	45	54	72	$65 \sim 75/45, 80 \sim 110/60, 130 \sim 200/84, 210 \sim 300/97$
l(系列)	16,(18),20,(22),25,(28),30,(32),35,(38),40,45,50,(55),60,(65),70,(75),80,(85),90, (95),100,110,120,130,140,150,160,170,180,190,200,210,220,230,240,250,260,270,280,290,300				

注: 1. $x_{max} = 1.5P$（P 为粗牙螺纹的螺距）。
　　2. 尽可能不采用括号内的规格。
　　3. 常用的力学性能等级为 4.8 级。

四、螺钉

附表 6　开槽圆柱头螺钉（摘自 GB/T 65—2000）、**开槽盘头螺钉**（摘自 GB/T 67—2000）

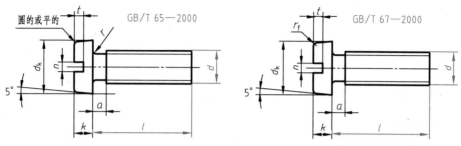

标记示例：

1. 螺纹规格 d＝M5、公称长度 l＝20mm、性能等级为 4.8 级、不经表面处理、产品等级为 A 级的开槽圆柱头螺钉标记为：螺钉　GB/T 65—2000　M5×20

2. 螺纹规格 d＝M5、公称长度 l＝20mm、性能等级为 4.8 级、不经表面处理、产品等级为 A 级的开槽盘头螺钉的标记为：螺钉　GB/T 67—2000　M5×20

（单位：mm）

螺纹规格 d	P	b_{min}	n 公称	r_{min}	l 公称	GB/T 65—2000			GB/T 67—2000			
						d_k max	k max	t min	d_k max	k max	t min	r_f 参考
M4	0.7	38	1.2	0.2	5~40	7	2.6	1.1	8	2.4	1	1.2
M5	0.8	38	1.2	0.2	6~50	8.5	3.3	1.3	9.5	3	1.2	1.5
M6	1	38	1.6	0.25	8~60	10	3.9	1.6	12	3.6	1.4	1.8
M8	1.25	38	2	0.4	10~80	13	5	2	16	4.8	1.9	2.4
M10	1.5	38	2.5	0.4	12~80	16	6	2.4	20	6	2.4	3
l 系列	5,6,8,10,12,(14),16,20,25,30,35,40,45,50,(55),60,(65),70,(75),80											

注：1. 常用的力学性能等级为 4.8 级。

　　2. 产品等级均为 A 级。

附表 7　开槽沉头螺钉（摘自 GB/T 68—2000）

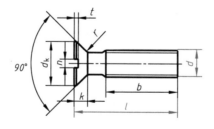

标记示例：

螺纹规格 d＝M5、公称长度 l＝20mm、性能等级为 4.8 级、不经表面处理的 A 级开槽沉头螺钉：

螺钉　GB/T 68—2000　M5×20

（单位：mm）

螺纹规格 d	M1.6	M2	M2.5	M3	M4	M5	M6	M8	M10
P	0.35	0.4	0.45	0.5	0.7	0.8	1	1.25	1.5
b	25	25	25	25	38	38	38	38	38
d_k	3.6	4.4	5.5	6.3	9.4	10.4	12.6	17.3	20

（续）

螺纹规格 d	M1.6	M2	M2.5	M3	M4	M5	M6	M8	M10
k	1	1.2	1.5	1.65	2.7	2.7	3.3	4.65	5
n	0.4	0.5	0.6	0.8	1.2	1.2	1.6	2	2.5
r	0.5	0.5	0.6	0.8	1	1.3	1.5	2	2.5
t	0.5	0.6	0.75	0.85	1.3	1.4	1.6	2.3	2.6
公称长度 l	2.5~16	3~20	4~25	5~30	6~40	8~50	8~60	10~80	12~80
l（系列）	2.5,3,4,5,6,8,10,12,(14),16,20,25,30,35,40,45,50,(55),60								

注：1. 尽可能不采用括号内的规格。

　　2. M1.6~M3 的螺钉，公称长度 l≤30mm 时，制出全螺纹。

　　3. M4~M10 的螺钉，公称长度 l≤45mm 时，制出全螺纹。

　　4. 常用的力学性能等级为4.8级。

　　5. 产品等级均为A级。

附表8　内六角圆柱头螺钉（摘自 GB/T 70.1—2000）

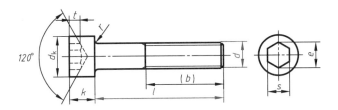

标记示例：

螺纹规格 d＝M5、公称长度 l＝20mm、性能等级为8.8级、表面氧化的 A 级内六角圆柱头螺钉的标记为：

螺钉　GB/T 70.1—2000　M5×20

（单位：mm）

螺纹规格 d	M3	M4	M5	M6	M8	M10	M12	M16	M20
P（螺距）	0.5	0.7	0.8	1	1.25	1.5	1.75	2	2.5
b 参考	18	20	22	24	28	32	36	44	52
d_k	5.5	7	8.5	10	13	16	18	24	30
k	3	4	5	6	8	10	12	16	20
r	0.1	0.2	0.2	0.25	0.4	0.4	0.6	0.6	0.8
t	1.3	2	2.5	3	4	5	6	8	10
s	2.5	3	4	5	6	8	10	14	17
e	2.87	3.44	4.58	5.72	6.86	9.15	11.43	16.00	19.44
t	1.3	2	2.5	3	4	5	6	8	10
公称长度 l	5~30	6~40	8~50	10~60	12~80	16~100	20~120	25~160	30~200
l≤表中数值时，制出全螺纹	20	25	25	30	35	40	45	55	65
l 系列	2.5,3,4,5,6,8,10,12,16,20,25,30,35,40,45,50,55,60,65,70,80,90,100,120,130,140,150,160,180,200								

注：1. 常用的力学性能等级为8.8级。

　　2. 产品等级均为A级。

附表9　开槽锥端紧定螺钉（摘自 GB/T 71—1985），开槽平端紧定螺钉（摘自 GB/T 73—1985），

开槽长圆柱端紧定螺钉（摘自 GB/T 75—1985）

GB/T 71—1985　　　　　　GB/T 73—1985　　　　　　GB/T 75—1985

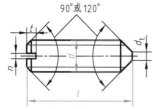 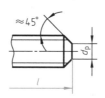 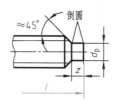

标记示例：

螺纹规格 d = M5，公称长度 l = 12mm，性能等级为 14H 级，表面氧化的开槽锥端紧定螺钉的标记为：

螺钉　GB/T 71—1985　M15×12

（单位：mm）

螺纹规格 d		M1.6	M2	M2.5	M3	M4	M5	M6	M8	M10	M12
P（螺距）		0.35	0.4	0.45	0.5	0.7	0.8	1	1.25	1.5	1.75
n（公称）		0.25	0.25	0.4	0.4	0.6	0.8	1	1.2	1.6	2
t		0.74	0.84	0.95	1.05	1.42	1.63	2	2.5	3	3.6
d_t		0.16	0.2	0.25	0.3	0.4	0.5	1.5	2	2.5	3
d_p		0.8	1	1.5	2	2.5	3.5	4	5.5	7	8.5
z		1.05	1.25	1.25	1.75	2.25	2.75	3.25	4.3	5.3	6.3
公称长度 l	GB/T 71	2~8	3~10	3~12	4~16	6~20	8~25	8~30	10~40	12~50	14~60
	GB/T 73	2~8	3~10	4~12	4~16	5~20	6~25	6~30	8~40	10~50	12~60
	GB/75	2.5~8	4~10	5~12	6~16	8~20	10~25	8~30	12~30	16~40	20~50
l系列		2,2.5,3,4,5,6,8,10,12,(14)16,20,25,30,35,40,45,50,(55),60									

注：尽可能不采用括号内的规格。

五、螺母

附表10　I型六角螺母（摘自 GB/T 6170—2000）

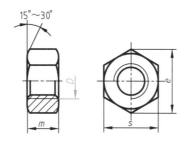

标记示例：

螺纹规格 D = M12，性能等级为 8 级、不经表面处理、产品等级为 A 级的 I 型六角螺母的标记为：

螺母　GB/T 6170—2000　M12

（单位：mm）

螺纹规格 D	M3	M4	M5	M6	M8	M10	M12	M16	M20	M24	M30	M36
m_{max}	2.4	3.2	4.7	5.2	6.8	8.4	10.8	14.8	18	21.5	25.6	31
s_{max}	5.5	7	8	10	13	16	·18	24	30	36	46	55
e_{min}	6.01	7.66	8.79	11.05	14.38	17.77	20.03	26.75	32.95	39.55	50.85	60.79

注：产品等级为 A 级和 B 级。A 级用于 $D \leqslant 16$ 的螺母；B 级用于 $D > 16$ 的螺母。

六、垫圈

附表 11　垫圈

小垫圈　A 级（摘自 GB/T 848—2002）　　　平垫圈　倒角型　A 级（摘自 GB/T 97.2—2002）
平垫圈　A 级（摘自 GB/T 97.1—2002）

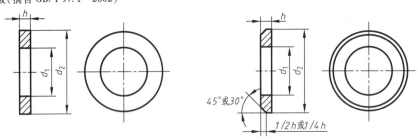

标记示例：

1. 标准系列、公称规格 8mm、由钢制造的硬度等级为 200HV 级、不经表面处理、产品等级为 A 级的平垫圈的标记为：垫圈　GB/T 97.1—2002　8

2. 小系列、公称规格 8mm、由钢制造的硬度等级为 200HV 级、不经表面处理、产品等级为 A 级的平垫圈的标记为：垫圈　GB/T 848—2002　8

（单位：mm）

公称规格（螺纹大径）d		4	5	6	8	10	12	16	20	24	30	36
d_1	GB/T 848—2002	4.3	5.3	6.4	8.4	10.5	13	17	21	25	31	37
	GB/T 97.1—2002	4.3	5.3	6.4	8.4	10.5	13	17	21	25	31	37
	GB/T 97.2—2002	—	5.3	6.4	8.4	10.5	13	17	21	25	31	37
d_2	GB/T 848—2002	8	9	11	15	18	20	28	34	39	50	60
	GB/T 97.1—2002	9	10	12	16	20	24	30	37	44	56	66
	GB/T 97.2—2002	—	10	12	16	20	24	30	37	44	56	66
h	GB/T 848—2002	0.5	1	1.6	1.6	1.6	2	2.5	3	4	4	5
	GB/T 97.1—2002	0.8	1	1.6	1.6	2	2.5	3	3	4	4	5
	GB/T 97.2—2002	—	1	1.6	1.6	2	2.5	3	3	4	4	5

附表 12　标准弹簧垫圈（摘自 GB/T 93—1987）

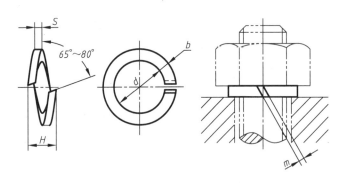

标记示例：

规格 16mm、材料为 65Mn、表面氧化的标准型弹簧垫圈的标记为：垫圈　GB/T 93—1987　16

（单位：mm）

规格（螺纹大径）	3	4	5	6	8	10	12	16	20	24	30
d	3.1	4.1	5.1	6.1	8.1	10.2	12.2	16.2	20.2	24.5	30.5
$S(b)$	0.8	1.1	1.3	1.6	2.1	2.6	3.1	4.1	5	6	7.5
H	1.6	2.2	2.6	3.2	4.2	5.2	6.2	8.2	10	12	15
$m \leqslant$	0.4	0.55	0.65	0.8	1.05	1.3	1.55	2.05	2.5	3	3.75

七、键

附表13　普通型平键（摘自 GB/T 1096—2003）

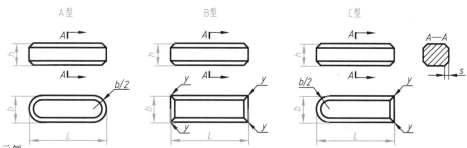

标记示例:
1. 宽度 b＝16mm、高度 h＝11mm、长度 L＝100mm 的普通 A 型平键的标记为:键 16×100　GB/T 1096—2003
2. 宽度 b＝16mm、高度 h＝11mm、长度 L＝100mm 的普通 B 型平键的标记为:键 B16×100　GB/T 1096—2003
3. 宽度 b＝16mm、高度 h＝11mm、长度 L＝100mm 的普通 C 型平键的标记为:键 C16×100　GB/T 1096—2003

（单位:mm）

宽度 b	基本尺寸		2	3	4	5	6	8	10	12	14	16	18	20	22
	极限偏差（h8）		0 −0.014		0 −0.018			0 −0.022		0 −0.027				0 −0.033	
高度 h	基本尺寸		2	3	4	5	6	7	8	8	9	10	11	12	14
	极限偏差（h14）	矩形（h11）	—		—			0 −0.090					0 −0.110		
		方形（h8）	0 −0.014		0 −0.018			—					—		
倒角或倒圆 s			0.16～0.25			0.25～0.40			0.40～0.60				0.60～0.80		

长度 L 基本尺寸	极限偏差（h14）	2	3	4	5	6	8	10	12	14	16	18	20	22
6	0 −0.36			—	—	—	—	—	—	—	—	—	—	—
8					—	—	—	—	—	—	—	—	—	—
10							—	—	—	—	—	—	—	—
12	0 −0.43							—	—	—	—	—	—	—
14									—	—	—	—	—	—
16										—	—	—	—	—
18											—	—	—	—
20	0 −0.52											—	—	—
22		—			标准								—	—
25		—												—
28		—												
32	0 −0.62	—												
36		—										—	—	—
40		—	—									—	—	—
45		—	—					长度				—	—	—
50		—	—	—										—
56		—	—	—										—
63	0 −0.74	—	—	—	—									
79		—	—	—	—									
80		—	—	—	—	—								
90		—	—	—	—	—					范围			
100	0 −0.87	—	—	—	—	—	—							
110		—	—	—	—	—	—							
125		—	—	—	—	—	—	—						
140	0 −1.00	—	—	—	—	—	—	—						
160		—	—	—	—	—	—	—						
180		—	—	—	—	—	—	—	—		—			
200	0 −1.36	—	—	—	—	—	—	—	—		—			
220		—	—	—	—	—	—	—	—				—	—
250		—	—	—	—	—	—	—	—	—			—	—

八、键联结

附表14　普通平键键槽的剖面尺寸与公差（摘自 GB/T 1095—2003）

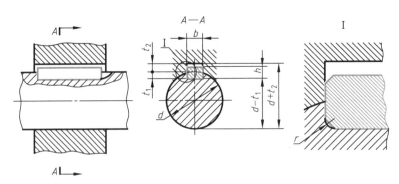

（单位：mm）

键尺寸 $b \times h$	基本尺寸	正常联接 轴 N9	正常联接 毂 JS9	紧密联接 轴和毂 P9	松联接 轴 H9	松联接 毂 D10	轴 t_1 公称尺寸	轴 t_1 极限偏差	毂 t_2 公称尺寸	毂 t_2 极限偏差	半径 r 最小	半径 r 最大
2×2	2	-0.004 / -0.029	±0.0125	-0.006 / -0.031	+0.025 / 0	+0.060 / +0.020	1.2	+0.1 / 0	1.0	+0.1 / 0	0.08	0.16
3×3	3	-0.004 / -0.029	±0.0125	-0.006 / -0.031	+0.025 / 0	+0.060 / +0.020	1.8	+0.1 / 0	1.4	+0.1 / 0	0.08	0.16
4×4	4	0 / -0.030	±0.015	-0.012 / -0.042	+0.030 / 0	+0.078 / +0.030	2.5	+0.1 / 0	1.8	+0.1 / 0	0.16	0.25
5×5	5	0 / -0.030	±0.015	-0.012 / -0.042	+0.030 / 0	+0.078 / +0.030	3.0	+0.1 / 0	2.3	+0.1 / 0	0.16	0.25
6×6	6	0 / -0.030	±0.015	-0.012 / -0.042	+0.030 / 0	+0.078 / +0.030	3.5	+0.1 / 0	2.8	+0.1 / 0	0.16	0.25
8×7	8	0 / -0.036	±0.018	0.015 / -0.051	+0.036 / 0	+0.098 / +0.040	4.0	+0.1 / 0	3.3	+0.1 / 0	0.25	0.40
10×8	10	0 / -0.036	±0.018	0.015 / -0.051	+0.036 / 0	+0.098 / +0.040	5.0	+0.1 / 0	3.3	+0.1 / 0	0.25	0.40
12×8	12	0 / -0.043	±0.0215	-0.018 / -0.061	+0.043 / 0	+0.120 / +0.050	5.0	+0.2 / 0	3.3	+0.2 / 0	0.25	0.40
14×9	14	0 / -0.043	±0.0215	-0.018 / -0.061	+0.043 / 0	+0.120 / +0.050	5.5	+0.2 / 0	3.8	+0.2 / 0	0.25	0.40
16×10	16	0 / -0.043	±0.0215	-0.018 / -0.061	+0.043 / 0	+0.120 / +0.050	6.0	+0.2 / 0	4.3	+0.2 / 0	0.25	0.40
18×11	18	0 / -0.043	±0.0215	-0.018 / -0.061	+0.043 / 0	+0.120 / +0.050	7.0	+0.2 / 0	4.4	+0.2 / 0	0.25	0.40
20×12	20	0 / -0.052	±0.026	-0.022 / -0.074	+0.052 / 0	+0.149 / +0.065	7.5	+0.2 / 0	4.9	+0.2 / 0	0.40	0.60
22×14	22	0 / -0.052	±0.026	-0.022 / -0.074	+0.052 / 0	+0.149 / +0.065	9.0	+0.2 / 0	5.4	+0.2 / 0	0.40	0.60
25×14	25	0 / -0.052	±0.026	-0.022 / -0.074	+0.052 / 0	+0.149 / +0.065	9.0	+0.2 / 0	5.4	+0.2 / 0	0.40	0.60
28×16	28	0 / -0.052	±0.026	-0.022 / -0.074	+0.052 / 0	+0.149 / +0.065	10.0	+0.2 / 0	6.4	+0.2 / 0	0.40	0.60

注：在零件图中，轴槽深用（$d - t_1$）标注，（$d - t_1$）的偏差值应取负号，轮毂槽深用（$d + t_2$）标注。

九、销

附表 15　圆锥销（摘自 GB/T 117—2000）

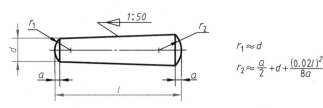

$$r_1 \approx d$$
$$r_2 \approx \frac{a}{2} + d + \frac{(0.02l)^2}{8a}$$

标记示例:

公称直径 $d = 10\text{mm}$，公称长度 $l = 60\text{mm}$，材料为 35 钢、热处理硬度为 28～38HRC，表面氧化处理的 A 型圆锥销的标记为:

销　GB/T 117—2000　10×60

（单位:mm）

公称直径 d	4	5	6	8	10	12	16	20	25	30
$a \approx$	0.5	0.63	0.8	1	1.2	1.6	2	2.5	3	4
公称长度 l	14～55	18～60	22～90	22～120	26～160	32～180	40～200	45～200	50～200	55～200
l 系列	2、3、4、5、6、8、10、12、14、16、18、20、22、24、26、28、30、32、35、40、45、50、55、60、65、70、75、80、85、90、95、100、120、140、160、180、200…									

附表 16　圆柱销（摘自 GB/T 119.1—2000）

标记示例:

公称直径 $d = 6\text{mm}$、公差为 m6、长度 $l = 30\text{mm}$、材料为钢、不经淬火、不经表面处理的圆柱销的标记为:

销　GB/T 119.1—2000　6m6×30

（单位：mm）

公称直径 d	3	4	5	6	8	10	12	16	20	25	30	40	50
$c \approx$	0.5	0.5	0.8	1.2	1.6	2.0	2.5	3.0	3.5	4.0	5.0	6.3	8.0
公称长度 l	8～30	8～40	10～50	12～60	14～80	18～95	22～140	26～180	35～200	50～200	60～200	80～200	95～200
L 系列	8、10、12、14、16、18、20、22、24、26、28、30、32、35、40、45、50、55、60、65、70、75、80、85、90、95、100、120、140、160、180、200…												

十、滚动轴承

附表 17　深沟球轴承（摘自 GB/T 276—1994）

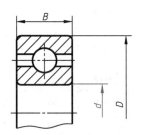

类型代号:60000 型

标记示例:滚动轴承　6012　GB/T 276—1994

（续）

轴承型号	外形尺寸/mm			轴承型号	外形尺寸/mm		
	d	D	B		d	D	B
6004	20	42	12	6304	20	52	15
6005	25	47	12	6305	25	62	17
6006	30	55	13	6306	30	72	19
6007	35	62	14	6307	35	80	21
6008	40	68	15	6308	40	90	23
6009	45	75	16	6309	45	100	25
6010	50	80	16	6310	50	110	27
6011	55	90	18	6311	55	120	29
6012	60	95	18	6312	60	130	31
6013	65	100	18	6313	65	140	33
6014	70	110	20	6314	70	150	35
6015	75	115	20	6315	75	160	37
6016	80	125	22	6316	80	170	39
6017	85	130	22	6317	85	180	41
6018	90	140	24	6318	90	190	43
6019	95	145	24	6319	95	200	45
6020	100	150	24	6320	100	215	47
6204	20	47	14	6404	20	72	19
6205	25	52	15	6405	25	80	21
6206	30	62	16	6406	30	90	23
6207	35	72	17	6407	35	100	25
6208	40	80	18	6408	40	110	27
6209	45	85	19	6409	45	120	29
6210	50	90	20	6410	50	130	31
6211	55	100	21	6411	55	140	33
6212	60	110	22	6412	60	150	35
6213	65	120	23	6413	65	160	37
6214	70	125	24	6414	70	180	42
6215	75	130	25	6415	75	190	45
6216	80	140	26	6416	80	200	48
6217	85	150	28	6417	85	210	52
6218	90	160	30	6418	90	225	54
6219	95	170	32	6419	95	240	55
6220	100	180	34	6420	100	250	58

(1)0 尺寸系列（6004～6020）　　(0)3 尺寸系列（6304～6320）　　(0)2 尺寸系列（6204～6220）　　(0)4 尺寸系列（6404～6420）

附表18　圆锥滚子轴承（摘自 GB/T 297—1994）

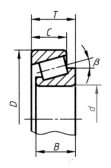

类型代号:30000 型
标记示例:滚动轴承　30205　GB/T 297—1994

轴承类型		外形尺寸/mm					轴承类型		外形尺寸/mm				
		d	D	T	B	C			d	D	T	B	C
02 尺寸 系列	30204	20	47	15.25	14	12	22 尺寸 系列	32204	20	47	19.25	18	15
	30205	25	52	16.25	15	13		32205	25	52	19.25	18	16
	30206	30	62	17.25	16	14		32206	30	62	21.25	20	17
	30207	35	72	18.25	17	15		32207	35	72	24.25	23	19
	30208	40	80	19.75	18	16		32208	40	80	24.75	23	19
	30209	45	85	20.75	19	16		32209	45	85	24.75	23	19
	30210	50	90	21.75	20	17		32210	50	90	24.75	23	19
	30211	55	100	22.75	21	18		32211	55	100	26.75	25	21
	30212	60	110	23.75	22	19		32212	60	110	29.75	28	24
	30213	65	120	24.75	23	20		32213	65	120	32.75	31	27
	30214	70	125	26.25	24	21		32214	70	125	33.25	31	27
	30215	75	130	27.25	25	22		32215	75	130	33.25	31	27
	30216	80	140	28.25	26	22		32216	80	140	35.25	33	28
	30217	85	150	30.50	28	24		32217	85	150	38.50	36	30
	30218	90	160	32.50	30	26		32218	90	160	42.50	40	34
	30219	95	170	34.50	32	27		32219	95	170	45.50	43	37
	30220	100	180	37	34	29		32220	100	180	49	46	39
03 尺寸 系列	30304	20	52	16.25	15	13	23 尺寸 系列	32304	20	52	22.25	21	18
	30305	25	62	18.25	17	15		32305	25	62	25.25	24	20
	30306	30	72	20.75	19	16		32306	30	72	28.75	27	23
	30307	35	80	22.75	21	18		32307	35	80	32.75	31	25
	30308	40	90	25.25	23	20		32308	40	90	35.25	33	27
	30309	45	100	27.25	25	22		32309	45	100	38.25	36	30
	30310	50	110	29.25	27	23		32310	50	110	42.25	40	33
	30311	55	120	31.50	29	25		32311	55	120	45.50	43	35
	30312	60	130	33.50	31	26		32312	60	130	48.50	46	37
	30313	65	140	36	33	28		32313	65	140	51	48	39
	30314	70	150	38	35	30		32314	70	150	54	51	42
	30315	75	160	40	37	31		32315	75	160	58	55	45
	30316	80	170	42.50	39	33		32316	80	170	61.50	58	48
	30317	85	180	44.50	41	34		32317	85	180	63.50	60	49
	30318	90	190	46.50	43	36		32318	90	190	67.50	64	53
	30319	95	200	49.50	45	38		32319	95	200	71.50	67	55
	30320	100	215	51.50	47	39		32320	100	215	77.50	73	60

附表 19　推力球轴承（摘自 GB/T 301—1995）

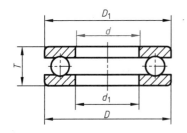

类型代号:51000 型

滚动轴承:51210　GB/T 301—1995

轴承类型		外形尺寸/mm					轴承类型		外形尺寸/mm				
		d	D	T	d_1	D_1			d	D	T	d_1	D_1
11尺寸系列（5 1000型）	51104	20	35	10	21	35	13尺寸系列（5 1000型）	51304	20	47	18	22	47
	51105	25	42	11	26	42		51305	25	52	18	27	52
	51106	30	47	11	32	47		51306	30	60	21	32	60
	51107	35	52	12	37	52		51307	35	68	24	37	68
	51108	40	60	13	42	60		51308	40	78	26	42	78
	51109	45	65	14	47	65		51309	45	85	28	47	85
	51110	50	70	14	52	70		51310	50	95	31	52	95
	51111	55	78	16	57	78		51311	55	105	35	57	105
	51112	60	85	17	62	85		51312	60	110	35	62	110
	51113	65	90	18	67	90		51313	65	115	36	67	115
	51114	70	95	18	72	95		51314	70	125	40	72	125
	51115	75	100	19	77	100		51315	75	135	44	77	135
	51116	80	105	19	82	105		51316	80	140	44	82	140
	51117	85	110	19	87	110		51317	85	150	49	88	150
	51118	90	120	22	92	120		51318	90	155	50	93	155
	51120	100	135	25	102	135		51320	100	170	55	103	170
12尺寸系列（5 1000型）	51204	20	40	14	22	40	14尺寸系列（5 1000型）	51405	25	60	24	27	60
	51205	25	47	15	27	47		51406	30	70	28	32	70
	51206	30	52	16	32	52		51407	35	80	32	37	80
	51207	35	62	18	37	62		51408	40	90	36	42	90
	51208	40	68	19	42	68		51409	45	100	39	47	100
	51209	45	73	20	47	73		51410	50	110	43	52	110
	51210	50	78	22	52	78		51411	55	120	48	57	120
	51211	55	90	25	57	90		51412	60	130	51	62	130
	51212	60	95	26	62	95		51413	65	140	56	68	140
	51213	65	100	27	67	100		51414	70	150	60	73	150
	51214	70	105	27	72	105		51415	75	160	65	78	160
	51215	75	110	27	77	110		51416	80	170	68	83	170
	51216	80	115	28	82	115		51417	85	180	72	88	177
	51217	85	125	31	88	125		51418	90	190	77	93	187
	51218	90	135	35	93	135		51420	100	210	85	103	205
	51220	100	150	38	103	150		51422	110	230	95	113	225

十一、极限与配合

附表 20　优先配合中孔的上、下极限偏差值（摘自 GB/T 1801—2009 和 GB/T 1800.2—2009）

（单位：μm）

公称尺寸/mm		公差带												
大于	至	C	D	F	G	H				Js	K	N	P	S
		11	9	8	7	7	8	9	11	7	7	7	7	7
—	3	+120 / +60	+45 / +20	+20 / +6	+12 / +2	+10 / 0	+14 / 0	+25 / 0	+60 / 0	+5 / −5	0 / −10	−4 / −14	−6 / −16	−14 / −24
3	6	+145 / +70	+60 / +30	+28 / +10	+16 / +4	+12 / 0	+18 / 0	+30 / 0	+75 / 0	+6 / −6	+3 / −9	−4 / −16	−8 / −20	−15 / −27
6	10	+170 / +80	+76 / +40	+35 / +13	+20 / +5	+15 / 0	+22 / 0	+36 / 0	+90 / 0	+7 / −7	+5 / −10	−4 / −19	−9 / −24	−17 / −32
10	14	+205 / +95	+93 / +50	+43 / +16	+24 / +6	+18 / 0	+27 / 0	+43 / 0	+110 / 0	+9 / −9	+6 / −12	−5 / −23	−11 / −29	−21 / −39
14	18	+205 / +95	+93 / +50	+43 / +16	+24 / +6	+18 / 0	+27 / 0	+43 / 0	+110 / 0	+9 / −9	+6 / −12	−5 / −23	−11 / −29	−21 / −39
18	24	+240 / +110	+117 / +65	+53 / +20	+28 / +7	+21 / 0	+33 / 0	+52 / 0	+130 / 0	+10 / −10	+6 / −15	−7 / −28	−14 / −35	−27 / −48
24	30	+240 / +110	+117 / +65	+53 / +20	+28 / +7	+21 / 0	+33 / 0	+52 / 0	+130 / 0	+10 / −10	+6 / −15	−7 / −28	−14 / −35	−27 / −48
30	40	+280 / +120	+142 / +80	+64 / +25	+34 / +9	+25 / 0	+39 / 0	+62 / 0	+160 / 0	+12 / −12	+7 / −18	−8 / −33	−17 / −42	−34 / −59
40	50	+290 / +130	+142 / +80	+64 / +25	+34 / +9	+25 / 0	+39 / 0	+62 / 0	+160 / 0	+12 / −12	+7 / −18	−8 / −33	−17 / −42	−34 / −59
50	65	+330 / +140	+174 / +100	+76 / +30	+40 / +10	+30 / 0	+46 / 0	+74 / 0	+190 / 0	+15 / −15	+9 / −21	−9 / −39	−21 / −51	−42 / −72
65	80	+340 / +150	+174 / +100	+76 / +30	+40 / +10	+30 / 0	+46 / 0	+74 / 0	+190 / 0	+15 / −15	+9 / −21	−9 / −39	−21 / −51	−48 / −78
80	100	+390 / +170	+207 / +120	+90 / +36	+47 / +12	+35 / 0	+54 / 0	+87 / 0	+220 / 0	+17 / −17	+10 / −25	−10 / −45	−24 / −59	−58 / −93
100	120	+400 / +180	+207 / +120	+90 / +36	+47 / +12	+35 / 0	+54 / 0	+87 / 0	+220 / 0	+17 / −17	+10 / −25	−10 / −45	−24 / −59	−66 / −101
120	140	+450 / +200	+245 / +145	+106 / +43	+54 / +14	+40 / 0	+63 / 0	+100 / 0	+250 / 0	+20 / −20	+12 / −28	−12 / −52	−28 / −68	−77 / −117
140	160	+460 / +210	+245 / +145	+106 / +43	+54 / +14	+40 / 0	+63 / 0	+100 / 0	+250 / 0	+20 / −20	+12 / −28	−12 / −52	−28 / −68	−85 / −125
160	180	+480 / +230	+245 / +145	+106 / +43	+54 / +14	+40 / 0	+63 / 0	+100 / 0	+250 / 0	+20 / −20	+12 / −28	−12 / −52	−28 / −68	−93 / −133
180	200	+530 / +240	+285 / +170	+122 / +50	+61 / +15	+46 / 0	+72 / 0	+115 / 0	+290 / 0	+23 / −23	+13 / −33	−14 / −60	−33 / −79	−105 / −151
200	225	+550 / +260	+285 / +170	+122 / +50	+61 / +15	+46 / 0	+72 / 0	+115 / 0	+290 / 0	+23 / −23	+13 / −33	−14 / −60	−33 / −79	−113 / −159
225	250	+570 / +280	+285 / +170	+122 / +50	+61 / +15	+46 / 0	+72 / 0	+115 / 0	+290 / 0	+23 / −23	+13 / −33	−14 / −60	−33 / −79	−123 / −169
250	280	+620 / +300	+320 / +190	+137 / +56	+69 / +17	+52 / 0	+81 / 0	+130 / 0	+320 / 0	+26 / −26	+16 / −36	−14 / −66	−36 / −88	−138 / −190
280	315	+650 / +330	+320 / +190	+137 / +56	+69 / +17	+52 / 0	+81 / 0	+130 / 0	+320 / 0	+26 / −26	+16 / −36	−14 / −66	−36 / −88	−150 / −202
315	355	+720 / +360	+350 / +210	+151 / +62	+75 / +18	+57 / 0	+89 / 0	+140 / 0	+360 / 0	+28 / −28	+17 / −40	−16 / −73	−41 / −98	−169 / −226
355	400	+760 / +400	+350 / +210	+151 / +62	+75 / +18	+57 / 0	+89 / 0	+140 / 0	+360 / 0	+28 / −28	+17 / −40	−16 / −73	−41 / −98	−187 / −244
400	450	+840 / +440	+385 / +230	+165 / +68	+83 / +20	+63 / 0	+97 / 0	+155 / 0	+400 / 0	+31 / −31	+18 / −45	−17 / −80	−45 / −108	−209 / −272
450	500	+880 / +480	+385 / +230	+165 / +68	+83 / +20	+63 / 0	+97 / 0	+155 / 0	+400 / 0	+31 / −31	+18 / −45	−17 / −80	−45 / −108	−229 / −292

附表21　优先配合中轴的上、下极限偏差值（摘自 GB/T 1801—2009 和 GB/T 1800.2—2009）

（单位：μm）

公称尺寸/mm 大于	至	c 11	d 9	f 7	g 6	h 6	h 7	h 9	h 11	js 7	k 6	n 6	p 6	s 6
—	3	−60 / −120	−20 / −45	−6 / −16	−2 / −8	0 / −6	0 / −10	0 / −25	0 / −60	+5 / −5	+6 / 0	+10 / +4	+12 / +6	+20 / +14
3	6	−70 / −145	−30 / −60	−10 / −22	−4 / −12	0 / −8	0 / −12	0 / −30	0 / −75	+6 / −6	+9 / +1	+16 / +8	+20 / +12	+27 / +19
6	10	−80 / −170	−40 / −76	−13 / −28	−5 / −14	0 / −9	0 / −15	0 / −36	0 / −90	+7 / −7	+10 / +1	+19 / +10	+24 / +15	+32 / +23
10	14	−95 / −205	−50 / −93	−16 / −34	−6 / −17	0 / −11	0 / −18	0 / −43	0 / −110	+9 / −9	+12 / +1	+23 / +12	+29 / +18	+39 / +28
14	18	−95 / −205	−50 / −93	−16 / −34	−6 / −17	0 / −11	0 / −18	0 / −43	0 / −110	+9 / −9	+12 / +1	+23 / +12	+29 / +18	+39 / +28
18	24	−110 / −240	−65 / −117	−20 / −41	−7 / −20	0 / −13	0 / −21	0 / −52	0 / −130	+10 / −10	+15 / +2	+28 / +15	+35 / +22	+48 / +35
24	30	−110 / −240	−65 / −117	−20 / −41	−7 / −20	0 / −13	0 / −21	0 / −52	0 / −130	+10 / −10	+15 / +2	+28 / +15	+35 / +22	+48 / +35
30	40	−120 / −280	−80 / −142	−25 / −50	−9 / −25	0 / −16	0 / −25	0 / −62	0 / −160	+12 / −12	+18 / +2	+33 / +17	+42 / +26	+59 / +43
40	50	−130 / −290	−80 / −142	−25 / −50	−9 / −25	0 / −16	0 / −25	0 / −62	0 / −160	+12 / −12	+18 / +2	+33 / +17	+42 / +26	+59 / +43
50	65	−140 / −330	−100 / −174	−30 / −60	−10 / −29	0 / −19	0 / −30	0 / −74	0 / −190	+15 / −15	+21 / +2	+39 / +20	+51 / +32	+72 / +53
65	80	−150 / −340	−100 / −174	−30 / −60	−10 / −29	0 / −19	0 / −30	0 / −74	0 / −190	+15 / −15	+21 / +2	+39 / +20	+51 / +32	+78 / +59
80	100	−170 / −390	−120 / −207	−36 / −71	−12 / −34	0 / −22	0 / −35	0 / −87	0 / −220	+17 / −17	+25 / +3	+45 / +23	+59 / +37	+93 / +71
100	120	−180 / −400	−120 / −207	−36 / −71	−12 / −34	0 / −22	0 / −35	0 / −87	0 / −220	+17 / −17	+25 / +3	+45 / +23	+59 / +37	+101 / +79
120	140	−200 / −450	−145 / −245	−43 / −83	−14 / −39	0 / −25	0 / −40	0 / −100	0 / −250	+20 / −20	+28 / +3	+52 / +27	+68 / +43	+117 / +92
140	160	−210 / −460	−145 / −245	−43 / −83	−14 / −39	0 / −25	0 / −40	0 / −100	0 / −250	+20 / −20	+28 / +3	+52 / +27	+68 / +43	+125 / +100
160	180	−230 / −480	−145 / −245	−43 / −83	−14 / −39	0 / −25	0 / −40	0 / −100	0 / −250	+20 / −20	+28 / +3	+52 / +27	+68 / +43	+133 / +108
180	200	−240 / −530	−170 / −285	−50 / −96	−15 / −44	0 / −29	0 / −46	0 / −115	0 / −290	+23 / −23	+33 / +4	+60 / +31	+79 / +50	+151 / +122
200	225	−260 / −550	−170 / −285	−50 / −96	−15 / −44	0 / −29	0 / −46	0 / −115	0 / −290	+23 / −23	+33 / +4	+60 / +31	+79 / +50	+159 / +130
225	250	−280 / −570	−170 / −285	−50 / −96	−15 / −44	0 / −29	0 / −46	0 / −115	0 / −290	+23 / −23	+33 / +4	+60 / +31	+79 / +50	+169 / +140
250	280	−300 / −620	−190 / −320	−56 / −108	−17 / −49	0 / −32	0 / −52	0 / −130	0 / −320	+26 / −26	+36 / +4	+66 / +34	+88 / +56	+190 / +158
280	315	−330 / −650	−190 / −320	−56 / −108	−17 / −49	0 / −32	0 / −52	0 / −130	0 / −320	+26 / −26	+36 / +4	+66 / +34	+88 / +56	+202 / +170
315	355	−360 / −720	−210 / −350	−62 / −119	−18 / −54	0 / −36	0 / −57	0 / −140	0 / −360	+28 / −28	+40 / +4	+73 / +37	+98 / +62	+226 / +190
355	400	−400 / −760	−210 / −350	−62 / −119	−18 / −54	0 / −36	0 / −57	0 / −140	0 / −360	+28 / −28	+40 / +4	+73 / +37	+98 / +62	+244 / +208
400	450	−440 / −840	−230 / −385	−68 / −131	−20 / −60	0 / −40	0 / −63	0 / −155	0 / −400	+31 / −31	+45 / +5	+80 / +40	+108 / +68	+272 / +232
450	500	−480 / −880	−230 / −385	−68 / −131	−20 / −60	0 / −40	0 / −63	0 / −155	0 / −400	+31 / −31	+45 / +5	+80 / +40	+108 / +68	+292 / +252

十二、常用金属材料和非金属材料

附表 22　常用金属材料

种　类	牌　号		应　用	说　明
灰铸铁 GB/T 9439—2010	HT100		机床中受轻负荷、磨损无关重要的铸件,如托盘、盖、罩、手轮、把手等形状简单且性能要求不高的零件	"HT"为"灰铁"两字汉语拼音的声母,表示灰铸铁,其后的数字表示抗拉强度(N/mm^2) 如 HT100 表示抗拉强度为 $100N/mm^2$ 的灰铸铁
	HT150		承受中等弯曲应力,摩擦面间压强高于 500kPa 的铸件,如多数机床的底座;有相对运动和磨损的零件,如工作台、汽车中的变速箱、排气管、进气管等	
	HT200		承受较大弯曲应力,要求保持气密性的铸件,如机床立柱、刀架、齿轮箱体、多数机床床身滑板、箱体、液压缸、泵体、阀体、飞轮、气缸盖、带轮、轴承盖等	
	HT250		炼钢用轨道板、气缸套、齿轮、机床立柱、齿轮箱体、机床床身、磨床转体、液压缸泵体、阀体等	
	HT300		承受高弯曲应力、拉应力,要求保持高度气密性的铸件,如重型机床床身、多轴机床主轴箱、卡盘齿轮、高压液压缸、泵体、阀体等	
	HT350		轧钢滑板、辊子、齿轮、支承轮座等	
铸钢 GB/T 11352—2009	ZG200—400 ZG230—450		低碳铸钢,韧性及塑性均好,但强度和硬度较高,低温冲击韧性大,脆性转变温度低,磁导、电导性能良好,焊接性好,但铸造性差。主要用于受力不大,但要求韧性的零件,ZG200—400 用于机座、变速箱体等;ZG230—450 用于轴承盖、底板、阀体、机座、侧架、轧钢机架、箱体等	"ZG"为"铸钢"两字汉语拼音的声母,其后的数字分别表示屈服强度和抗拉强度(N/mm^2) 如 ZG200—400 表示屈服强度为 $200N/mm^2$,抗拉强度为 $400N/mm^2$ 的铸钢
	ZG270—500 ZG310—570		中碳铸钢,有一定的韧性及塑性,强度和硬度较高,切削性能良好,焊接性尚可,铸造性能比低碳铸钢好。ZG270—500 应用广泛,如水压机工作缸、机架、蒸汽锤气缸、轴承座、连杆、箱体、曲拐等;ZG310—570 用于重负荷零件,如联轴器、大齿轮、缸体、气缸、机架、制动轮、轴及辊子等	
普通碳素结构钢 GB/T 700—2006	Q215	A 级	有较高的伸长率,具有良好的焊接性和韧性,常用于制造地脚螺栓、铆钉、低碳钢丝、薄板、焊管、拉杆、短轴、心轴、凸轮(轻载)、吊钩、垫圈、支架及焊接件等	"Q"为碳素钢屈服强度"屈"字汉语拼音的声母,其后的数字表示屈服强度数值(N/mm^2) 如 Q215 表示屈服强度为 $215N/mm^2$ 的碳素结构钢
		B 级		
	Q235	A 级	有一定的伸长率和强度,韧性及铸造性均良好,且易于冲击及焊接。广泛用于制造一般机械零件,如连杆、拉杆、销轴、螺栓、钩子、套圈盖、螺母、螺栓、气缸、齿轮、支架、机架横撑、机架、焊接件、建筑结构桥梁等用的角钢、工字钢、槽钢、垫板、钢筋等	
		B 级		
		C 级		
		D 级		
	Q275		有较高的强度,一定的焊接性,切削加工性及塑性均较好,可用于制造较高强度要求的零件,如齿轮心轴、转轴、销轴、链轮、键、螺母、螺栓、垫圈等	
优质碳素结构钢 GB/T 699—1999	25		用于制作焊接构件以及经锻造、热冲压和切削加工,且负荷较小的零件,如辊子、轴、垫圈、螺栓、螺母、螺钉等	牌号的两位数字表示平均含碳量,称碳的质量分数

（续）

种　类	牌　号	应　用	说　明
优质碳素结构钢 GB/T 699—1999	45	适用于制作较高强度的运动零件,如空压机、泵的活塞、蒸汽轮机的叶轮,重型及通用机械中的轧制轴、连杆、蜗杆、齿条、齿轮、销子等	如 45 号钢表示碳的质量分数为 0.45%,表示平均含碳量为 0.45% 碳的质量分数 ≤ 0.25% 的碳钢属低碳钢(渗碳钢)
	30Mn	一般用于制造低负荷的各种零件,如杠杆、拉杆、小轴、制动踏板、螺栓、螺钉和螺母等	碳的质量分数在 0.25% ~ 0.6% 之间的碳钢属中碳钢(调质钢)
	65Mn	用于制造中等负载的板弹簧、螺旋弹簧、弹簧垫圈、弹簧卡环、弹簧发条、轻型汽车的离合器弹簧、制动弹簧、气门弹簧以及受摩擦、高弹性、高强度的机械零件机床主轴、机床丝杠等	碳的质量分数 ≥ 0.6% 的碳钢属高碳钢 锰的质量分数较高的钢,需加注化学符号"Mn"
合金结构钢 GB/T 3077—1999	20Mn2	用于制造渗碳的小齿轮、小轴、力学性能要求不高的十字头销、活塞销、柴油机套筒、气门顶杆、变速齿轮操纵杆、钢套等	钢中加入一定量的合金元素,提高了钢的力学性能和耐磨性,也提高了钢在热处理时的淬透性,保证在较大截面上获得高的力学性能
	20Cr	用于制造小截面、形状简单、较高转速、载荷较小、表面耐磨、心部强度较高的各种渗碳或液体碳氮共渗零件,如小齿轮、小轴、阀、活塞销、托盘、凸轮、蜗杆等	
	38CrMoAl	用于制造高疲劳强度、高耐磨性、较高强度的小尺寸渗氮零件,如气缸套、座套、底盖、活塞螺栓、检验规、精密磨床主轴、车床主轴、精密丝杆和齿轮、蜗杆等	
	40Cr	制造中速、中载的调质零件,如机床齿轮、轴、蜗杆、花键轴、顶尖套等;制造表面高硬度耐磨的调质表面淬火零件,如主轴、曲轴、心轴、套筒、销子、连杆以及淬火回火后重载零件等	
	40CrNi	用于制造锻造和冲压且截面尺寸较大的重要调质件,如连杆、圆盘、曲轴、齿轮、轴、螺钉等	
铸造铜合金 GB/T 1176—1987	ZCuSn5Pb5Zn5 5-5-5 锡青铜	在较高负荷、中等滑动速度下工作的耐磨、耐腐蚀零件,如轴瓦、衬套、缸套、活塞、离合器、泵件压盖以及蜗轮等	"Z"为铸造汉语拼音的首位字母,各化学元素后面的数字表示该元素含量的百分数
	ZCuSn10Pbl 10-1 锡青铜	用于高负荷(20MPa 以下)和高滑动速度(8m/s)下工作的耐磨零件,如连杆、衬套、轴瓦、齿轮、蜗轮等耐蚀、耐磨零件、形状简单的大型铸件,如衬套、齿轮、蜗轮	ZCuZn25Al6-Fe3Mn3 适用于高强度、耐磨零件,如桥梁支承板、螺母、螺杆、耐磨板、滑块和蜗轮
	ZCuAl 10Fe3 10-3 铝青铜	要求强度高、耐磨、耐蚀的重型铸件,如轴套、螺母、蜗轮以及在 250℃ 以下工作的管配件	
	ZCuAl10Fe3Mn 10-3-2 铝青铜		
	ZCuZn38 38 黄铜	一般结构件和耐蚀零件,如法兰、阀座、支架、手柄和螺母等	
	ZcuZn40Pb2 40-2 铅黄铜	一般用途的耐磨、耐蚀零件,如轴套、齿轮等	

种 类	牌 号	应 用	说 明
铸造铝合金 GB/T 1173—1995	ZAlSi12 ZL102 铝硅合金	用于制造形状复杂、负荷小、耐腐蚀的薄壁零件以及工作温度≤200℃的高气密性零件	ZL102 表示硅的质量分数 10%～13%，其余为铝的铝硅合金
	ZAlSi9Mg ZL104 铝硅合金	用于制造形状复杂、高温静载荷下工作的复杂零件	
	ZAlMg5Si1 ZL303 铝硅合金	用于制造高温耐蚀性或在高温下工作的零件	

附表 23　常用非金属材料

种 类	名称、牌号或代号	应 用
工程塑料	尼龙（尼龙6、尼龙9、尼龙66、尼龙610、尼龙1010）	具有良好的力学强度和耐磨性，广泛用作机械、化工及电气零件，如轴承、齿轮、凸轮、滚子、辊轴、泵叶轮、风扇叶轮、蜗轮、螺钉、螺母、垫圈、高压密封圈、阀座、输油管、贮油容器等
	Mc 尼龙	强度特高，适于制造大型齿轮、蜗轮、轴套、大型阀门密封面、导向环、导轨、滚动轴承保持架、船尾轴承、汽车吊索绞盘蜗轮、柴油发动机燃料泵齿轮、水压机立柱导套、大型轧钢机辊道轴瓦等
	聚甲醛	具有良好的耐磨损性能和良好的干摩擦性能，用于制造轴承、齿轮、滚轮、辊子、阀门上的阀杆螺母、垫圈、法兰、垫片、泵叶轮、鼓风机叶片、弹簧、管道等
	聚碳酸酯	具有高的冲击韧性和优异的尺寸稳定性，用于制造齿轮、蜗轮、蜗杆、齿条、凸轮、心轴、轴承、滑轮、铰链、传动链、螺栓、螺母、垫圈、铆钉、泵叶轮、汽车化油器部件、节流阀、各种外壳等
	ABS	作一般结构零件、耐磨受力传动零件和耐腐蚀设备，用 ABS 制成的泡沫夹层板可做小轿车车身
	硬聚氯乙烯 PVC GB/T 22789.1—2008	制品有管、棒、板、焊条及管件，除作日常生活用品外，主要用作耐腐蚀的结构材料或设备衬里材料及电气绝缘材料
	聚丙烯	作一般结构零件、耐腐蚀的化工设备和受热的电气绝缘零件
工业用硫化橡胶	普通橡胶板 1074、1804、1608、1708	有一定的硬度和较好的耐磨性、弹性等性能，能在一定压力下，温度为 -30～+60℃的空气中工作，制作密封垫圈、垫板和密封条等
	耐油橡胶板 3707、3807、3709、3809	有较高硬度和耐溶剂膨胀性能，可在温度为 -30～+80℃的机油、变压器油、润滑油、汽油等介质中工作，适用于冲制各种形状的垫圈
软钢纸板	软钢纸板	供汽车、拖拉机及其他工业设备上制作密封连接处的垫片
工业用毛毡	工业用平面毛毡 n 314—81	用作密封、防滑油、防振、缓冲衬垫等，按需要选用细毛、半粗毛、粗毛
	毡圈 PJ 145—79、JB/ZQ 4606—1986	用于轴伸端处、轴与轴承盖之间的密封（密封处速度 $v<5m/s$ 的脂润滑及转速不高的稀油润滑）
石棉	石棉橡胶板 XB200、XB350、XB450	三种牌号分别用于温度为 200℃、350℃、450℃，压力为 150MPa、400MPa、600MPa 以下的水、水蒸气等介质的设备，管道法兰连接处的密封衬垫材料
	耐油石棉橡胶板	可用于各种油类为介质的设备、管道法兰连接处的密封衬垫材料
工业有机玻璃	工业有机玻璃	有板材、棒材和管材等型材，可用于要求有一定强度的透明结构材料，如各种油标的面罩板等

十三、热处理

附表24　常用的热处理名词解释

热处理方法	解　释	应　用
退火	退火是将钢件（或钢坯）加热到适当温度,保温一段时间,然后再缓慢地冷下来（一般用炉冷）	用来消除铸锻件的内应力和组织不均匀及晶粒粗大等现象。消除冷轧坯件的冷硬现象和内应力,降低硬度以便切削
正火	正火是将坯件加热到相变点以上30~50℃,保温一段时间,然后用空气冷却,冷却速度比退火快	用来处理低碳和中碳结构钢件及渗碳机件,使其组织细化增加强度与韧性。减少内应力,改善低碳钢的切削性能
淬火	淬火是将钢件加热到相变点以上某一温度,保温一段时间,然后在水、盐水或油中（个别材料在空气中）急冷下来,使其得到高硬度	用来提高钢的硬度和强度,但淬火时会引起内应力使钢变脆,所以淬火后必须回火
表面淬火高频表面淬火	表面淬火是使零件表面获得高硬度和耐磨性,而心部则保持塑性和韧性 利用高频感应电流使钢件表面迅速加热,并立即喷水冷却,淬火表面具有高的力学性能,淬火时不易氧化及脱碳,变形小,淬火操作及淬火层易实现精确的电控制与自动化,生产率高	对于各种在动负荷及摩擦条件下工作的齿轮、凸轮轴、曲轴及销子等,都要经过这种处理 表面淬火必须采用$w_C > 0.35\%$的钢,因为碳含量低淬火后增加硬度不大,一般都是些淬透性较低的碳钢及合金钢（如45,40Cr,40Mn2,9CrSi等）
回火	回火是将淬硬的钢件加热到相变点以下的某一种温度后,保温一定时间,然后在空气中或油中冷却下来	用来消除淬火后的脆性和内应力,提高钢的冲击韧度
调质	淬火后高温回火,称为调质	用来使钢获得高的韧性和足够的强度,很多重要零件是经过调质处理的
渗碳	渗碳是向钢表面层渗碳,一般渗碳温度900~930℃,使低碳钢或低碳合金钢的表面碳的质量分数增高到0.8%~1.2%,经过适当热处理,表面层得到的高的硬度和耐磨性,提高疲劳强度	为了保证心部的高塑性和韧性,通常采用碳的质量分数为0.08%~0.25%的低碳钢和低合金钢,如齿轮、凸轮及活塞销等
渗氮	渗氮是向钢表面层渗氮,目前常用气体氮化法,即利用氨气加热时分解的活性氮原子渗入钢中	氮化后不再进行热处理,用于某种含铬、钼或铝的特种钢,以提高硬度和耐磨性,提高疲劳强度及耐蚀能力
碳氮共渗	碳氮共渗是同时向钢表面渗碳及渗氮,常用液体碳化法处理,不仅比渗碳处理有较高硬度和耐磨性,而且兼有一定耐磨蚀和较高的抗疲劳能力。在工艺上比渗碳或渗氮时间短	增加表面硬度、耐磨性、疲劳强度和耐蚀性用于要求硬度高,耐磨的中、小型及薄片零件和刀具等
发黑发蓝	使钢的表面形成氧化膜的方法叫"发黑、发蓝"	钢铁的氧化处理（发黑、发蓝）可用来提高其表面耐腐蚀能力和使外表美观,但其抗腐蚀能力并不理想,一般只能用于空气干燥及密闭的场所
硬度	硬度指材料抵抗硬物压入其表面的能力。因测定方法不同而有布氏、洛氏、维氏等几种。 HBW（布氏硬度见 GB/T 231.1—2002） HRC（洛氏硬度见 GB/T 230—1991） HV（维氏硬度见 GB/T 4340—1999）	硬度 HBW 用于退火、正火、调质的零件及铸件;硬度 HRC 用于经淬火、回火及表面渗碳、渗氮等处理的零件;硬度 HV 用于薄层硬化零件

十四、常用机械加工规范和零件结构要素

附表 25　标准尺寸（摘自 GB/T 2822—2005）

R10	1.00,1.25,1.60,2.00,2.50,3.15,4.00,5.00,6.30,8.00,10.0,12.5,16.0,20.0,25.0,31.5,40.0,50.0,63.0,80.0,100.0,125,160,200,250,315,400,500,630,800,1000
R20	1.12,1.40,1.80,2.24,2.80,3.55,4.50,5.60,7.10,9.00,11.2,14.0,18.0,22.4,28.0,35.5,45.0,56.0,71.0,90.0,112,140,180,224,280,355,450,560,710,900,1000
R40	13.2,15.0,17.0,19.4,21.2,23.6,26.5,30.0,33.5,37.5,42.5,47.5,53.0,60.0,67.0,75.0,85.0,95.0,106,118,132,150,170,190,212,236,265,300,335,375,425,475,530,600,670,750,850,950,1000

注：1. 本表仅摘录了 1～1000mm 范围内优先数系 R 系列中的标准尺寸。

　　2. 使用时按优先顺序（R10、R20、R40）选取标准尺寸。

附表 26　砂轮越程槽（摘自 GB/T 6403.5—2008）

磨削外圆　　　　　　　　　　　磨削内圆

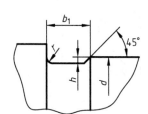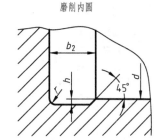

（单位：mm）

b_1	0.6	1.0	1.6	2.0	3.0	4.0	5.0	8.0	10
b_2	2.0	3.0		4.0		5.0		8.0	10
h	0.1	0.2		0.3	0.4		0.6	0.8	1.2
r	0.2	0.5		0.8		1.0	1.6	2.0	3.0
d	~10			10~50		50~100		100	

注：1. 越程槽内与直线相交处，不允许产生尖角。

　　2. 越程槽深度 h 与圆弧半径 r，要满足 $r \leqslant 3h$。

附表 27　倒圆、倒角尺寸系列值

倒圆、倒角型式

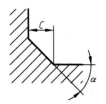

（单位：mm）

R、C	0.1	0.2	0.3	0.4	0.5	0.6	0.8	1.0	1.2	1.6	2.0	2.5	3.0
	4.0	5.0	6.0	8.0	10	12	16	20	25	32	40	50	—

注：α 一般采用 45°，也可采用 30° 或 60°。

附表 28　倒圆、倒角尺寸系列值

内角、外角分别为倒圆（或倒角为 45°）的装配型式

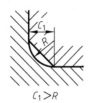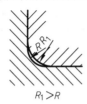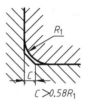

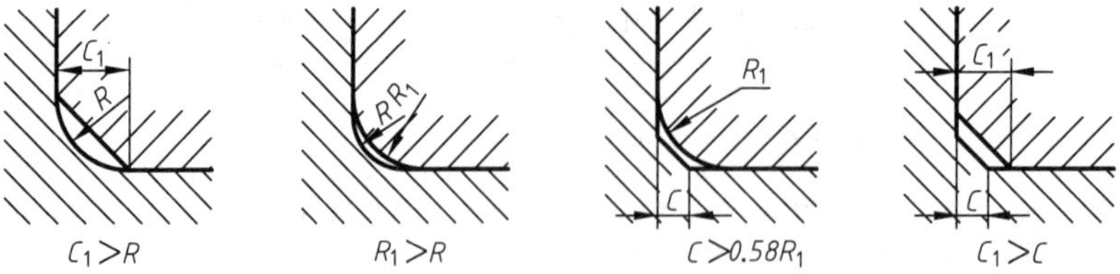

$C_1 > R$　　　　　$R_1 > R$　　　　　$C > 0.58R_1$　　　　　$C_1 > C$

（单位：mm）

R_1	0.2	0.3	0.4	0.5	0.6	0.8	1.0	1.2	1.6	2.0	2.5	3.0	4.0	5.0	6.0	8.0	10	12
C_{max}	0.1	0.1	0.2	0.2	0.3	0.4	0.5	0.6	0.8	1.0	1.2	1.6	2.0	2.5	3.0	4.0	5.0	6.0

附表 29　普通螺纹退刀槽尺寸（摘自 GB/T 3—1997）

下图分别为外螺纹和内螺纹端部倒角的尺寸，外螺纹和内螺纹的退刀槽尺寸见附表 30。

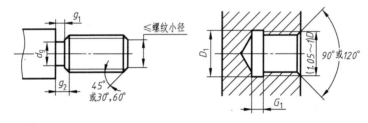

螺距	外螺纹			内螺纹		螺距	外螺纹			内螺纹	
	g_{2max}	g_{1min}	d_g	G_1	D_g		g_{2max}	g_{1min}	d_g	G_1	D_g
0.5	1.5	0.8	$d-0.8$	2		1.57	5.25	3	$d-2.6$	7	
0.7	2.1	1.1	$d-1.1$	2.8	$D+0.3$	2	6	3.4	$d-3$	8	
0.8	2.4	1.3	$d-1.3$	3.2		2.5	7.5	4.4	$d-3.6$	10	$D+0.5$
1	3	1.6	$d-1.6$	4		3	9	5.2	$d-4.4$	12	
1.25	3.75	2	$d-2$	5	$D+0.5$	3.5	10.5	6.2	$d-5$	14	
1.5	4.5	2.5	$d-2.3$	6		4	12	7	$d-5.7$	16	

附表 30　紧固件通孔及沉头孔尺寸

螺纹规格 d			5	6	8	10	12	14	16	18	20	22	24	27
螺栓和螺钉通孔 GB/T 5277—1985	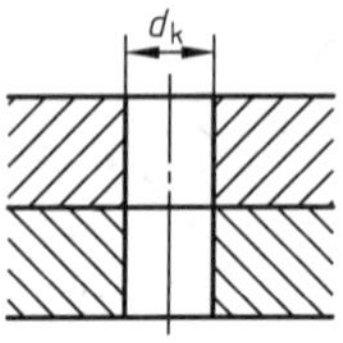	精装配	5.3	6.4	8.4	10.5	13	15	17	19	21	23	25	28
		中等装配	5.5	6.6	9	11	13.5	15.5	17.5	20	22	24	26	30
		粗装配	5.8	7	10	12	14.5	16.5	18.5	21	24	26	28	32

（续）

螺纹规格 d		5	6	8	10	12	14	16	18	20	22	24	27
六角头螺栓和螺母用的沉孔 GB/T 152.4—1988	d_1	5.5	6.6	9.0	11.0	13.5	15.5	17.5	20.0	22.0	24	26	30
	d_2	11	13	18	22	26	30	33	36	40	43	48	53
	d_3	—	—	—	—	16	18	20	22	24	26	28	33
沉头螺钉用沉孔 GB/T 152.2—1988	d_1	5.5	6.6	9	11	13.5	15.5	17.5	—	22	—	—	—
	d_2	10.6	12.8	17.6	20.3	24.4	28.4	32.4	—	40.4	—	—	—
	t	2.7	3.3	4.6	5.0	6.0	7.0	8.0	—	10.0	—	—	—
内六角圆柱头螺钉用的圆柱沉孔 GB/T 152.3—1988	d_1	5.5	6.6	9.0	11.0	13.5	15.5	17.5	—	22.0	—	26.0	—
	d_2	10.0	11.0	15.0	18.0	20.0	24.0	26.0	—	33.0	—	40.0	—
	d_3	—	—	—	—	16	18	20	—	24	—	28	—
	t	5.7	6.8	9.0	11.0	13.0	15.0	17.5	—	21.5	—	25.5	—
开槽圆柱头螺钉用的圆柱沉孔	d_1	5.5	6.6	9.0	11.0	13.5	15.5	17.5	—	22.0	—	—	—
	d_2	10	11	15	18	20	24	26	—	33	—	—	—
	d_3	—	—	—	—	16	18	20	—	24	—	—	—
	t	4.0	4.7	6.0	7.0	8.0	9.0	10.5	—	12.5	—	—	—

注：对 GB/T 152.4—1988，尺寸 t 只要能制出与通孔轴线垂直的圆平面即可，常称锪平。

十五、机械零件上常见孔的尺寸标注

附表31　常见孔的尺寸标注

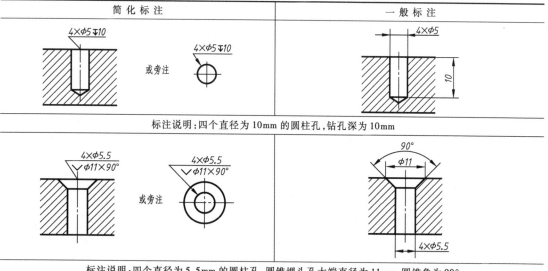

简化标注	一般标注
标注说明：四个直径为10mm的圆柱孔，钻孔深为10mm	
标注说明：四个直径为5.5mm的圆柱孔，圆锥埋头孔大端直径为11mm，圆锥角为90°	

（续）

简 化 标 注	一 般 标 注
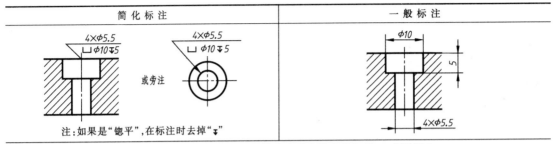	
注：如果是"锪平"，在标注时去掉"▽"	
标注说明：四个直径为 5.5mm 的圆柱孔，圆柱沉孔直径为 10mm，沉孔深 5mm	

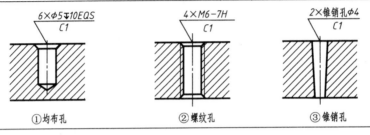

① 均布孔　　　　② 螺纹孔　　　　③ 锥销孔

标注说明：

① 6 个直径为 5mm 的圆柱孔（均布孔），孔深 10mm，孔的倒角尺寸 C1 表示圆台高 1mm、角度为 45°；

② 4 个公称直径为 6mm 的螺纹孔，螺纹孔的倒角尺寸解释同①；

③ 2 个圆锥销孔，φ4 指圆锥销孔对应圆锥销的公称直径为 4mm，倒角尺寸解释同①。

注：这三类孔也可按照表中介绍的简化标注或一般标注进行尺寸标注。

参 考 文 献

［1］ 叶玉驹.机械制图手册［M］.4 版.北京:机械工业出版社,2008.

［2］ 谭建荣,张树友,陆国栋.图学基础教程［M］.2 版.北京:高等教育出版社,2006.

［3］ 何铭新,钱可强,徐祖茂.机械制图［M］.6 版.北京:高等教育出版社,2010.

［4］ 大连理工大学工程画教研室.画法几何学［M］.6 版.北京:高等教育出版社,2003.

［5］ 杨惠英,王玉坤.机械制图［M］.2 版.北京:清华大学出版社,2010.

［6］ 冯开平,左宗义.画法几何与机械制图［M］.6 版.广州:华南理工大学出版社,2007.

［7］ 钱可强,王槐德.零部件测绘实训教程［M］.2 版.北京:高等教育出版社,2011.

《工程图学基础教程(第3版)》

叶 琳 主编

信息反馈表

尊敬的老师：

您好！感谢您多年来对机械工业出版社的支持和厚爱！为了进一步提高我社教材的出版质量,更好地为我国高等教育发展服务,欢迎您对我社的教材多提宝贵意见和建议。另外,如果您在教学中选用了本书,欢迎您对本书提出修改建议和意见。

一、基本信息

姓名：_____ 性别：_____

职称：_____ 职务：_____ 任教课程：_____

工作单位：_____校/院_____系

邮编：_____ 地址：_____

学生层次、人数/年_____ 电话：_____—_____(H)_____(O)

电子邮件：_____ 手机：_____

二、您对本书的意见和建议

（欢迎您指出本书的疏误之处）

三、您对我们的其他意见和建议

请与我们联系：

100037 北京百万庄大街 22 号·机械工业出版社·高等教育分社 舒恬 收

Tel:010-8837 9217(O)   Fax:010-68997455

E-mail:shutiancmp@ gmail. com